国家“双高计划”水利水电建筑工程高水平专业群活页式教材

# 海绵城市建设

主　编　靳晓颖　冯　峰
副主编　刘　翠　张鹏飞

中国水利水电出版社
www.waterpub.com.cn
·北京·

## 内 容 摘 要


本书是国家“双高计划”水利水电建筑工程高水平专业群活页式系列教材之一，是根据国家“双高计划”水利水电建筑工程高水平专业群人才培养方案要求，按照海绵城市工程设计与施工课程教学标准编写的。本书根据实际工程中海绵城市工程设计与施工的工作任务及相关标准和规范组织内容，共有海绵城市建设理念、典型海绵设施的结构与功能、海绵城市建设一般要求、低影响开发设施的施工技术、海绵城市建设案例及技术创新与未来展望等6个学习项目，并在每个单元设置了同步测试和课下活动模块。

本书可作为高职高专水利水电建筑工程专业、水生态修复技术专业的教材，也可供水利类、环境工程类相关专业教学使用，或作为相关工程技术人员的参考用书。



### 图书在版编目（CIP）数据

海绵城市建设 / 靳晓颖，冯峰主编. -- 北京 : 中国水利水电出版社，2023.7

国家“双高计划”水利水电建筑工程高水平专业群活页式教材

ISBN 978-7-5226-1711-4

Ⅰ. ①海… Ⅱ. ①靳… ②冯… Ⅲ. ①城市建设—高等职业教育—教材 Ⅳ. ①TU984

中国国家版本馆CIP数据核字(2023)第141980号

| | |
|---|---|
| 书　　名 | 国家“双高计划”水利水电建筑工程高水平专业群活页式教材<br>**海绵城市建设**<br>HAIMIAN CHENGSHI JIANSHE |
| 作　　者 | 主　编　靳晓颖　冯　峰<br>副主编　刘　翠　张鹏飞 |
| 出版发行 | 中国水利水电出版社<br>（北京市海淀区玉渊潭南路1号D座　100038）<br>网址：www.waterpub.com.cn<br>E-mail：sales@mwr.gov.cn<br>电话：（010）68545888（营销中心） |
| 经　　售 | 北京科水图书销售有限公司<br>电话：（010）68545874、63202643<br>全国各地新华书店和相关出版物销售网点 |
| 排　　版 | 中国水利水电出版社微机排版中心 |
| 印　　刷 | 北京市密东印刷有限公司 |
| 规　　格 | 184mm×260mm　16开本　13.5印张　320千字 |
| 版　　次 | 2023年7月第1版　2023年7月第1次印刷 |
| 印　　数 | 0001—1000册 |
| 定　　价 | **49.00**元 |

# 前言

2015年10月11日，《国务院办公厅关于推进海绵城市建设的指导意见》（国办发〔2015〕75号）发布，提出了海绵城市建设的工作目标：通过海绵城市建设，综合采取“渗、滞、蓄、净、用、排”等措施，最大限度地减少城市开发建设对生态环境的影响，将70%的降雨就地消纳和利用。到2020年，城市建成区20%以上的面积达到目标要求；到2030年，城市建成区80%以上的面积达到目标要求。2016年2月6日，中共中央、国务院印发了《关于进一步加强城市规划建设管理工作的若干意见》，其中第二十条关于推进海绵城市建设的意见中提出，要大幅度减少城市硬覆盖地面，推广透水建材铺装，大力建设雨水花园、储水池塘、湿地公园、下沉式绿地等雨水滞留设施，让雨水自然积存、自然渗透、自然净化，不断提高城市雨水就地蓄积、渗透比例。

在城市开发过程中，必须改变以工程解决问题的习惯思维，应以可持续发展理念为指导，充分认识到水环境资源的承载力，认识和尊重自然生态的本质价值，识别工程与环境、周边和上下游之间的影响关系，既考虑当代需求，也兼顾子孙后代的需求，合理利用自然资源，采用补偿工程和管理手段，实现开发与保护的平衡。这一理念要求企业承担社会责任，资源利用者负担由于资源利用而产生的对环境影响的成本。因此，在城市开发建设中，既要考虑市政工程实施后极端暴雨导致的洪涝风险控制，又要兼顾流域的水资源利用和本底水生态、环境的保护。

自财政部、住房和城乡建设部、水利部在2015—2016年先后批准两批30个试点建设城市，在2021—2022年先后批准两批45个示范建设城市以来，我国系统化全域推进海绵城市建设工作如火如荼开展起来，海绵城市建设成为发展前景广阔的新兴产业。该项工作因涉及较多新技术、新工法、新材料应用，需要规划、建筑、园林、水利、给排水、道路、地质勘察等多专业的协调，需要规划、住建、财政、水务等多部门的合作，需要设计、施工、验收、运营、维护等多环节的管理。为此，本书在编写过程中结合工作开展流程，充分考虑学生认知规律，以培养学生创新思维和创新能力为出发点，在全面介绍海绵城市建设理念的基础上，阐述常见海绵设施的结构、功能、设计要求和施工要点，并在每个单元设置同步测试和课下活动模块，有效延展第一课堂，注重理论与实践结合。

本书由黄河水利职业技术学院和苏州市清泽环境技术有限公司共同承担编写工作，由靳晓颖、冯峰担任主编，刘翠、张鹏飞担任副主编。编写人员及分工如下：靳晓颖编写项目一、项目三，冯峰编写项目二、项目五，刘翠编写项目四的单元一、单元二，张鹏飞编写项目四的单元三、单元四，樊婷婷编写项目四的单元五、单元六和单元七，郭天鹏编写项目六。

由于编者水平有限，书中不足之处在所难免，恳请读者，特别是使用本书的师生或工程技术人员提出批评和改进建议，以便今后对本教材进一步修订完善。

**编者**

2023 年 11 月

# 目录

# 项目一

# 海绵城市建设理念

**【项目学习导语】**

《海绵城市建设技术指南——低影响开发雨水系统构建（试行）》中对海绵城市的定义如下：海绵城市是指城市能够像海绵一样，在适应环境变化和应对自然灾害等方面具有良好的“弹性”，下雨时吸水、蓄水、渗水、净水，需要时将蓄存的水“释放”并加以利用。

海绵城市的本质是解决城镇化与资源环境的协调和谐问题。传统城市开发方式改变了原有的水生态，海绵城市则保护原有的水生态；传统城市的建设模式是粗放式、破坏式的，海绵城市对周边水生态环境则是低影响的；传统城市建成后，地表径流量大幅增加，海绵城市建成后，地表径流量能尽量保持不变。因此，海绵城市建设又被称为低影响设计和低影响开发。

当然，不同专业、不同背景的人对海绵城市的理念有不同的认知。我国在大量的生态城市规划、海绵城镇规划实践中，也积累了对海绵城市独特的认识。

首先，海绵城市建设视雨洪为资源，重视生态环境。海绵城市建设的出发点是顺应自然环境、尊重自然环境。城市的发展应该给雨洪储蓄留有足够的空间，根据地形地势，保留和规划更多的湿地、湖泊，并尽可能避免在洪泛区内搞建设，使之成为蓄洪区、湿地公园、农业用地等，以减少城市内涝。与此同时，也保证了水资源的安全。

其次，海绵城市建设的目标就是要减少地表径流和减少面源污染，要量化年径流量控制率、综合径流系数、湿地面积率、水面面积率、下凹式绿地率等指标，指导城市生态基础设施建设。减少地表径流，就能减少面源污染，这对水系水质保障和水质安全很重要。减少地表径流，雨水就能就地下渗，这对地下水补充很重要。因此，某种意义上讲，海绵城市设计，就是要最大限度地争取雨水的就地下渗。

另外，海绵城市建设将会降低洪峰和减小洪流量，保证城市的防洪安全。当海绵城市面临强降雨时，由于有足够的容水空间（湿地、湖泊、洪泛区、河漫滩、农地、公园、下沉式绿地等）及良好的就地下渗系统，城市的防洪能力会更强，洪流量、洪峰都会大大降低，暴雨的危害性也会降低。

但是，必须强调，海绵城市在不同尺度下含义是不同的。海绵城市在小尺度的小社区和小区域的建设，是目前所提倡的海绵城市建设的理念、技术、设计。但是，许多城市所面临的内涝、防洪防旱、水资源安全、水生态安全等问题，仅靠小区、城区范围的海绵城市建设是很难奏效的，必须在流域尺度和水系整体打造的尺度上进行海绵城市建设，这些问题才能得以解决。

## 单元一 海绵城市建设的背景

**【学习目标】**

知识目标：1. 了解城市化进程对水环境产生的影响。
2. 了解国外雨洪管理理念，并理解其实践经验对我国海绵城市建设的启示。
3. 了解我国海绵城市建设历程及发展前景。

能力目标：1. 会从海绵城市建设视角分析我国城市化进程中遇到的"水"问题。
2. 会根据工程资料分析项目需要解决的"水"问题。

近几十年来，快速大规模的城镇化建设波及全球。预计到 2030 年，全球生活在城市的人口比例可增长到 60%。水不仅是城市经济发展的大动脉，更是人类赖以生存的重要环境资源。如何解决城镇化与资源环境的协调和谐问题，是国内外专家学者和政府部门共同面临的重要课题。

城市在开发过程中，对水环境的影响主要体现在三个方面：

(1) 水文循环和水量平衡。城镇化进程改变了天然状态下的水文条件，破坏了自然界长期形成的良性水文循环，增加了洪涝风险，进而影响城市安全。

(2) 水质。城市的面源和点源污染影响水体水质，威胁人类健康。

(3) 水生生物多样性。城市开发改变了当地的水系结构和水文条件，降低了生物多样性。

### 一、城市化对水环境的影响

#### (一) 水文循环

自然水文循环包括降水、蒸散发、径流等环节。

水文循环过程可以用水量均衡方程来描述：

$$P=R+I+ET+\Delta S \tag{1-1}$$

式中 $P$——降水；
$R$——地表径流；
$I$——下渗；
$ET$——蒸发蒸腾；
$\Delta S$——地表储蓄量。

天然土壤在储存及运送雨水的过程中起着关键作用。土壤的有机质和矿物颗粒凝聚成稳定体，构成土壤结构，增加土壤孔隙度，提供活性水存储量。浅层地下水沿水力坡降方向缓慢向下移动，经过若干小时、若干天甚至若干周后才能穿过包气带。

但是，城市发展导致下垫面条件发生改变，地表增加不透水层，破坏了原有的自然水文循环过程，降雨径流等水文过程也发生了改变。不透水下垫面不仅阻碍了地表水下渗，还切断了城市区域地表水与地下水之间的水文联系，使更多的雨水直接进入市政管网，然后排至城市河道，导致壤中流和基流减少。

**（二）水量**

由于不透水下垫面导致雨水无法下渗，城市径流总量增加，径流峰值升高，汇流时间缩短，城市洪涝风险增加。同时，部分城市建设侵占水体，改变河道断面，导致河道断面收窄处成为潜在的易涝点。

除此之外，某些涵洞和桥梁在建设时没有考虑上游城市开发增加的径流量，也没有预留足够的过水断面，导致水位上涨时行洪受阻，从而进一步壅高上游水位。

区域的排水能力和调蓄容量是保障城市水安全的重要因素。当区域不透水面积增加引起径流总量增加和峰值升高，同时城市建设不断侵占原有的调蓄容积时，洪水发生的可能性会大大增加，引发城市内涝。

**（三）水质**

城市化对水质的影响是多方面的。城市活动带来的污染物随着雨水径流进入河湖水系，导致受纳水域的水质恶化。在世界各地的许多城镇，水体水质随着城市开发逐渐变差的状况普遍存在。

机动车尾气、工厂排放废气以及其他污染物随着降雨落到地表；粉尘泥沙等颗粒物、化肥农药等污染物、垃圾等固体废弃物在不透水地表沉积，并随着雨水进入河湖等水体；城市中的不透水地表和雨水管道加速了污染物的转移和扩散，并在下游形成高浓度的累积。有些污染物会在水流静止处沉积下来，有些则会在雨水冲刷过程中溶解或降解，进而改变雨水的物理和化学成分，甚至发生有毒的化学反应，加重水质污染。

城市化进程中，影响水质的污染物主要包括以下 8 种类型：

（1）悬浮沉积物。悬浮沉积物包括泥土、有机颗粒物、粉尘等。悬浮沉积物会降低水体透明度，影响水生动植物生存；加重河道淤积，堵塞河口等。

（2）耗氧物质。来自土壤中的有机物和植物碎屑随着雨水径流进入水体后，逐渐被细菌分解，同时降低了水中的氧气含量，影响水生动植物生存。水中氧气消耗量通常由化学需氧量（COD）、有机碳总量（TOC）和生物需氧量（BOD）这三项指标来衡量。

（3）病原体。病原体是导致疾病的细菌和病毒，通常来源于下水道。粪大肠菌通常作为水体病原微生物的衡量指标。

（4）金属。微量金属化合物，例如锌、铅、铜、铬等的化合物，常常以固体或溶解的形式进入雨水径流。金属污染是持久的，不能被分解，并会在微生物、植物和动物（如滤食性贝类）的体内累积。当水体和土壤的金属含量过高时，可能会诱发生物畸形和肿瘤。

（5）碳氢化合物。雨水中的碳氢化合物一般和机动车的使用有关，它们通常以油滴或油乳胶的形式存在于液体中或吸附于沉积物上。

（6）微量有毒有机物。雨水中已发现多种有机残留物，其中最主要的是多环芳烃（PAHs）。多环芳烃含有超过 100 种不同的化学元素，产生于煤、石油和天然气的不完全燃烧。狄氏剂、七氯等有机农药是另一类主要有毒有机物。

（7）营养盐。雨水里的营养物质通常是氮和磷的化合物，它能刺激植物和藻类生长，从而消耗受纳水体中的溶解氧。

（8）垃圾。垃圾是雨水中最常见的污染物类型，影响视觉和感官舒适度，对公众健康有较大影响。

**（四）水生态**

城市化改变了城市水文循环，影响了水量和水质，同时也使水生生态系统遭到破坏，水生生物多样性降低。水生生物尤其是大型无脊椎动物和鱼类，常被用来指示水体的健康状况。各种大型无脊椎动物的存在，能表明良好的水体水质和稳定的水系结构。鱼类是水体健康的另一个晴雨表，其在很大程度上能反映水生态系统状况。

随着城市开发，河道洪峰流量、峰现频次增加，河岸冲刷、水土流失导致水体沉积物增多。沉积物会填充河床，破坏河岸结构。部分城市建设活动破坏了滨水植被带，导致河岸土壤裸露，进而更容易受到侵蚀。河岸结构不稳定对水生生态系统的健康影响很大，沉积物会降低水体的透光性、堵塞鱼鳃、影响滤食性贝类生长、改变底栖生物的栖息地甚至扼杀底栖生物。

城市河道常被“渠化”，以提升其排水能力，但“渠化”过程改变了河流本来的生态特性，如河道曲线以及河滨带、浅滩结构，作为大型无脊椎动物及鱼类食源的水生植物和浮游生物会因为这一改变而消失。城市建设采用的涵洞、堤堰以及其他构筑物常常成为鱼群迁徙的障碍物。例如，某些涵洞高于基流的位置，从涵洞流出的水流一般比较急，导致鱼类无法通过，从而阻碍鱼类在水体中的活动。

## 二、国外城市雨洪管理

### （一）国外城市雨洪管理发展历程

1．水量管理时期

19 世纪初，伴随着西方国家高速工业化和城市化的进程，雨水排放成为城市建设亟须解决的问题。最初，人们利用沟渠来收集和排放城市中的雨水及生活污水，后来逐渐过渡到通过雨污合流管道、雨污分流管道来高效地排除及处理城市雨水。总体上，与城市供水和污水处理相比，城市雨水的利用和管理在这一时期没有得到重视。随后，人们注意到，雨污分流管道系统会导致河流下游洪水以及河道侵蚀。由此，人们开始考虑用场地滞留的理念来解决雨水排放问题。美国第一个关于雨洪滞留的法案于 20 世纪 70 年代初期颁布。随着计算机技术的发展，通过流域尺度的水文模型和水力学模型来进行不同条件下的模拟和预测分析成为可能，这也使得雨水总体规划在 70 年代末得以诞生。相对于场地雨水滞留，雨水总体规划采用了区域协调的指导思想，这在当时还是较为先进的。然而，在实践过程中，雨水总体规划由于缺乏相关规章制度和实施的配套协调，难以达到预期的效果。

2．水质管理时期

进入 20 世纪 80 年代，大量研究表明，城市及农耕区的雨水径流是导致河湖等自然水体水质下降的重要原因。在美国，国会和环保署开始将注意力转移到雨水的污染治理上来。第一批雨水水质标准始于 1987 年颁布的《水污染防治法》（修正版）和 1986 年颁布的《国家城市径流报告》等，这些法案、标准的出台，标志着雨水管理的新阶段——水质管理时期的到来。由此，人们开始反思那些未经检验的工程技术与设施对水质的负面影响。

经过一段时间的摸索和总结，人们提出了一些相对有效的雨水水质模型和标准。美国环保署也着手第二批雨水控制规范和标准的制定。这一阶段，与雨水有关的市政基础设施也经历了巨大转变：排水沟渠以浅草沟（Grass Swales）的形式重新出现在城市中；滨河的狭长地带也被改造成滨水过滤带（Riparian filter strips），同时布满了水处理装置，像一个小型的污水处理厂。与前一时期相比，此时的雨水管理和设计变得相对复杂，但许多设计仅从经验出发，缺乏综合监测手段来验证各种模型和措施的有效性。

3. 可持续管理时期

20 世纪 90 年代以来，随着人们对城市雨洪管理研究与实践的不断深入，一些在可持续发展思想指导下的价值标准逐渐形成。经过二三十年的发展，已经形成了比较成熟的理论和技术体系，例如美国的最佳管理措施（Best Management Practices，BMPs）和绿色雨水基础设施（Green Stormwater Infrastructure，GSI），英国的可持续城市排水系统（Sustainable Urban Discharge System，SUDS），澳大利亚的水敏型城市设计（Water Sensitive Urban Design，WSUD），新西兰的低影响城市设计与开发（Low Impact Urban Design and Development，LIUDD），德国的分散式雨洪管理（Decentralized Rainwater/stormwater Management，DRSM）和雨水利用（Stormwater Harvesting），日本的雨水储存渗透，等等。

**（二）国外城市雨洪管理经验**

目前，美国、德国、澳大利亚、新西兰、英国等发达国家已广泛采用低影响开发（Low Impact Development，简称 LID）技术，几乎在所有新建和改建的场地都不同程度地应用 LID 措施，加强城市建筑、道路、公园、停车场、公共空间等不同功能区的生态排水系统建设，以降低区域径流量，涵养本地水资源，就地削减污染物，降低洪涝灾害频率，最大限度地减少和降低土地开发对于周围生态环境的影响。此外，在技术的推广和应用过程中，政府配套了比较完善的关于城市雨洪利用的法律法规和政策保障措施，形成了设计、管理和维护的标准化体系，也促使雨洪管理与利用相关的设施、材料、服务等实现规模化和产业化。相关做法值得我们参考借鉴。

1. 美国低影响开发（LID）和绿色基础设施（GI）

雨洪最佳管理措施（Stromwater BMPs）在 1987 年《清洁水法》修正案中被提出，用于非点源污染管理，主要依靠雨水塘、雨水湿地、渗透池等末端措施实现，在控制径流污染方面发挥了重要作用。这类设施通常是为某一特定降雨而设计，如 25 年一遇 24h 降雨，对其他量级的降雨不可能完全达到控制指标。单纯依靠这种相对集中的末端处理方式，并不能有效解决所有雨水系统问题，还存在投入大、效率低、实施困难等挑战。

BMPs 发展至今，已被许多国家借鉴和引用，且其含义已不局限于起初的非点源污染末端控制，控制目标也延伸到水量、水质和水生态等多方面。

针对传统灰色排水设施及末端集中处理设施的不足，20 世纪 90 年代初，美国马里兰州乔治王子郡环境资源署首次提出 LID 的理念，旨在从源头避免城市化或场地开发对水环境的负面影响，强调利用小型分散的生态技术措施来维持或恢复场地开发前的水文循环，更加经济、高效、稳定地解决雨水系统综合问题。美国环保局对LID的定义是："在新建或改造项目中，结合生态化措施在源头管理雨水径流的理念与方法。"2004年以来，美国已积累了大量LID相关的技术文件、法规政策和工程实践，其相关产业也受到关注。实践证明，这些主要针对高频次、小降雨事件的分散型LID措施普遍有着很好的环境效益和经济效益，弥补了传统灰色措施在径流减排利用和污染控制方面的不足。尽管各国引用LID时在概念、措施和适用范围等方面有所延伸或有不同的解读，但从其目标来看，针对中小降雨事件，在场地尺度从源头进行控制的核心理念从未改变，它对流域大暴雨事件峰流量控制能力的局限性也显而易见。

近年来，美国环保局越来越多地采用绿色基础设施（Green Infrastructure，GI）的概念。2007年4月，美国环保局发布了《GI意向声明》，此后又连续发布了《2008 GI行动策略》及《2011 GI战略议程》，宣传和推广GI。事实上，LID和GI虽有共通之处，但在应用尺度、控制目标、技术范畴等方面仍有显著不同。相对于LID，GI可以包括一些更大规模的设施或方法（如景观水体、绿色廊道、大型湿地等），并应用在多尺度场地区域规划或设计中，控制不同频率的降雨，替代更多传统排水或灰色调蓄设施的使用，进而更有效地实现雨洪控制、自然水文条件生态系统的保护或修复等综合目标。而且GI强调与城市规划、景观设计、生态和生物保护（最近的研究还包括道路交通）等学科的结合和跨专业应用，采用较大尺度的生态规划和土地利用规划等方法进行绿色网络系统布局和设施设计，保护与重建至少与灰色基础设施同等重要的自然系统。在雨洪管理方面，它要求各专业大力协作，更广泛地设计雨水塘、湿地、景观水体、滞蓄洪区等自然设施，来维持良性的水文循环，保障水环境的健康，同时保护自然物种，改善城市和社区环境质量等。

2. 英国可持续城市排水系统（SUDS）

1999年英国在最佳管理措施（BMPs）理念的基础上，将可持续发展理念纳入排水体制系统中，建立了可持续城市排水系统（Sustainable Urban Drainage System，SUDS）。为解决传统排水体制产生的多发洪涝、严重污染和对环境破坏等问题，2007年，英国发布了《可持续城市排水系统实践规范》，提出实施可持续城市排水系统的思路方法及技术规范。

SUDS的理念旨在将排水系统设计做到效益最大化，并尽量减小已开发地区地表水径流问题带来的负面影响。SUDS的设计方法是在已开发地区减少地表径流量，并降低地表径流过量导致的环境污染问题的风险等，这些方法是通过在场地表面收集、浸润、减缓、储存并输送地表径流来实现的。通过采用这些方法，SUDS能够加强绿地与城市绿网的联系，同时也为野生动物的栖息和繁殖提供场所。在社区实践中应用SUDS可以改善居民健康，提高居民幸福度和生活质量，同时可以提高当地经济收入水平，保护人民生命和财产免受由城市发展带来的洪水危险；防止地表水和地下水资源被开发地区的径流污染；保持河流湖泊的自然形态；通过保护生物多样性和生态链建立自然栖息地和相关生态环境；提高地下水位，增加土壤水分；提供额外的水资源；创造集生活、工作和娱乐于一体的建筑环境和具有吸引力的绿色空间；增加人们对地表径流管理以及对使用SUDS管理径流的优势的了解；更好地适应气候变化。与传统排水设施相比，

SUDS 设计仅需要较少的自然资源并产生较低的碳排放量。

SUDS 是一个多层次、全过程的体系，将传统的以“排放”为核心的排水系统上升到维护良性水循环高度的可持续排水系统，在设计时综合考虑径流的水质、水量、景观潜力和生态价值等。这不但要考虑雨水，而且要考虑城市污水与再生水，通过综合措施来改善城市整体水循环，实现整个区域水系的优化和可持续发展。“管理链”是设计可持续城市排水系统的最基本的概念，即运用预防控制、源头控制、场地控制、区域控制等 4 个层面的一系列技术综合管理各种地表水体，实现分级削减和控制。

SUDS 设计也强调与城市规划体系的结合，注重多学科的共同参与，其技术措施与最佳管理措施（BMPs）和低影响开发（LID）类似，包括源头控制、中途控制和末端控制的工程和非工程措施。与传统城市排水系统相比，可持续排水系统具有以下特点：

（1）科学管理径流流量，减少城市化带来的洪涝问题。

（2）提高径流水质，保护水环境。

（3）排水系统与环境格局协调并符合当地社区的需求。

（4）在城市水道中为野生生物提供栖息地。

（5）鼓励雨水入渗，补充地下水等。

3. 澳大利亚水敏型城市设计（WSUD）

水敏型城市设计（WSUD）通过整合城市规划设计与整个水循环的保护、修复和管理来提高城市可持续性，同时创造更加有吸引力、人性化的生存环境。从雨水管理和规划的视角，WSUD 的关键原则包括以下几个方面：

（1）保护自然系统。在城市开发的同时，保护和强化自然水系统（溪流河流、湿地）。

（2）保护水质。改善城市开发后水体的水质。

（3）整合雨洪管理和景观设计。在景观设计中使用多目标雨洪管理手段，从而达到多重效益。

（4）减少径流和洪峰流量。通过场地滞蓄调节措施，减少城市开发带来的径流总量和峰值流量，同时使不透水面积最小化等。

WSUD 包含了与水相关的多个子系统，但在许多学术交流和工程实践场合，雨洪管理往往作为 WSUD 中最重要的子系统，甚至在部分场合成为雨洪管理的同义词。究其原因，主要是由于污水（再生水）、饮用水技术发展相对较早，其技术体系、操作流程、建设和运营机制等比较成熟、独立，制约因素较少，与城市规划、景观、建筑、道路等学科的交叉性相对较弱；而现代雨洪管理的发展较晚，不可控因素较多，对城市安全、水环境、生态系统、建筑与道路、土地开发和利用等影响显著，是其中最为复杂且涵盖面最广的一个子系统。因此，在 WSUD 的相关文本及论述中并没有过多阐述污水、饮用水系统，而是以雨水系统为核心，通过与其他子系统产生联系和衔接来构建城市的良性水循环系统，并通过雨水水量、水质、水资源、水生态及水景观的整合设计，建立起城市社会功能、环境功能和经济效益之间的联系。这样处理的高明之处在于：既考虑和兼顾了水系统的整体性和相关性，又明显区分了几大子系统之间的界限，突出重点子系统及其特征，不至于面面俱到而过于复杂和庞大，影响整个系统规划设计的实操性和有效性。

4. 新西兰低影响城市设计与开发（LIUDD）

受益于移民国家的特点，各国的技术移民为新西兰带来了多样化的先进理念，包括西方发达国家探索了数十年的水与生态环境综合管理系统。这些理念使新西兰成为最早吸取可持续发展理念，实现水与生态环境综合管理的国家之一。

首先，新西兰的文化和立法体系格外强调生态和尊重自然。新西兰于 1988 年完成水务一体化改革，逐渐理顺了管理体制和技术体系；自 1991 年通过《资源管理法》（RMA）开始，一系列体系化的立法和规划（国家大区和地方政府）为雨洪管理体系的发展奠定了良好的法律基础。

在借鉴美国 BMP 和 LID 理念，并结合本国法律及规划的基础上，新西兰奥克兰大区政府于 1992 年发布了第一版《低影响设计指南》，其中，“低影响设计”被定义为“一种保护和利用自然场地特征，进行水土流失控制以及雨洪管理规划的场地开发设计方法”，强调自然水文要素的保护、跨专业的配合等非技术性策略，实现“水文条件开发前后不变”的要求，本质上与其他国家对 LID 的定义或解读基本一致。

“低影响城市设计与开发”（LIUDD）起源于新西兰科学技术研究基金会（FRST）所支持的“可持续城市投资开发项目”6 年计划，该计划于 2003 年实施。LIUDD 是低影响开发/设计（LID）和城市设计（Urban Design，UD）的组合，一定程度上也借鉴了澳大利亚的 WSUD。LIUDD 强调利用以自然系统和低影响为特征的规划开发和设计方法来避免和尽量减少环境损害。其中，“Low Impact”一词包含了“减少人类活动对土地、水、空气、动植物等自然因素的影响，并使这些资源依然能够为未来使用和享有”的理念，考虑在流域及更大尺度上保护自然和生态环境；“Design and Development”则强调用于保证人类城市发展和建设等活动不损害自然环境和资源的理念、方法和措施。

新西兰的实践秉持着“理念推动管理、法规引导技术”的指导思想，应用“最好的技术资源”“最佳管理措施”及“平衡设计”手段，构建了一套成功的城市雨洪管理体系。通过流域综合管理规划，在详细调查区域本底环境的同时，有效集成了科学有据的雨洪控制信息，实现了精细化管理；科学地设计、建设和运行管理城市雨水系统，就地削减污染物，减少洪涝灾害频率，最大限度地减少和降低了土地开发对于周围生态环境的影响。

**（三）国外城市雨洪管理对我国海绵城市建设的启示**

国外城市雨洪管理的实践及研究起步较早，全球 40 多个国家和地区相继开展了不同规模的雨水利用与管理的研究和实践。美国、德国、英国、澳大利亚、日本和以色列等国，已形成了相对成熟的雨洪利用技术，开发了多种雨洪管理的水文模型，并建立起了较为完善的保障体系。通过对发达国家现代城市雨洪管理体系的研究，可为我国海绵城市建设提供参考和启示。

1. 以可持续、近自然、多功能作为雨洪管理的根本原则

纵观西方城市雨洪管理的发展历史，可将其划分为水量管理、水质管理和可持续发展三个时期。随着人们对城市水系统和水文过程的不断深入了解，城市雨水管理的含义和内容逐渐扩展——由最初的排洪蓄涝，逐步发展到对非点源污染的控制和预防、对城

市水生态系统的关注，直至综合考虑水资源保护与利用、生物多样性保护、城市美化、环境教育等方面的问题。目前，可持续、近自然、多功能已成为西方城市雨洪管理的基本原则。具体来说，不能简单地把雨洪管理局限为单一目标的水利工程或环境治理工程，应以可持续发展思想为指导，通过尽可能地遵循和恢复自然水文过程，使雨水利用与城市水系统乃至城市整体生态系统相协调，并利用雨水创造优美宜人的城市景观和空间。

2. 技术手段上强调源头控制、预防为主

从雨洪管理的技术手段上来说，国外主要在以下几方面有所转变和突破：

（1）从雨污的末端治理，发展为源头控制、预防优先。源头控制比庞大的管道工程和污水治理工程花费低，且与自然水循环协调一致，还能够减少地表径流，成为许多国家城市雨洪管理的首选。

（2）从单一工程手段为主，逐渐过渡到工程化、非工程化措施相结合。目前非工程BMP在城市雨洪管理中已经发挥着重要作用，使用范围不断增加。

（3）加强对雨洪管理措施的长期监测和评估。通过对已实施的雨洪管理项目的运行、维护和效果进行长期监测与评估，可以及时检验雨水技术手段的有效性，提高设计管理水平，并为制定相关的技术标准以及法律、经济政策提供依据。

3. 建立完善的法律、行政、经济保障措施

城市雨洪管理是一项跨地区、跨部门、跨行业的系统工程，因此需要综合考虑，通过行政、法律和经济等多种手段，对城市雨洪管理进行统筹规划和管理，建立责权统一、运行有效的城市雨洪管理体制，加强城市雨水资源利用的体制保证。要尽快制定城市雨水利用和管理的法律法规和条例，规范相关利益主体的行为，调整相关部门的利益冲突。同时，通过各种经济杠杆来调动市场利用雨水的积极性，利用税费、保险、贷款等多种经济手段的调控，促进雨水利用的推广和实施。

4. 结合城市规划落实雨洪管理战略和方案

要实现雨洪资源的高效利用和城市的可持续发展，必须突破以场地尺度雨水利用工程为主的行动策略。应在区域或城市尺度上将城市水系统作为一个有机整体进行统筹协调，并综合考虑城市自然条件、土地利用、基础设施建设和经济发展水平等因素，系统地解决城市雨洪管理问题。而城市规划对于统筹人口、经济、资源和生态环境之间的协调发展，优化城市水生态系统具有重要作用。因此，在城乡各级规划的编制过程中，应把雨洪管理提高到资源节约、环境保护与城市可持续发展的高度加以重视，从规划理念、编制方法、指标体系、控制导则和管理等多方面进行创新，探索雨洪管理和规划结合的途径和方法。

## 三、我国海绵城市建设历程

作为一个拥有古老文明的国家，中国在历史上有许多经典的雨洪管理案例。在我国古代的一些治水工程中早已有类似LID、GI等现代雨洪管理理念和技术的体现，例如，赣州的“福寿沟”蓄排系统、云南的“哈尼梯田”等，都是利用自然或人工创造的蓄渗排等条件，将“绿色”与“灰色”措施相结合，进行雨洪控制和利用，这充分显示了我国古代民间在雨洪控制利用、治水和用水方面的智慧。

**（一）海绵城市建设前的雨洪管理实践**

其实，早在海绵城市提出以前，国内很多城市就开展了雨洪管理方面的研究和实践。

北京市是最早开展雨洪管理研究的城市之一。北京从21世纪初就开始了和德国雨洪专家的合作，开展了雨水资源利用的研究。2003年北京市政府出台《关于加强建设工程用地内雨水资源利用的暂行规定》，要求北京市新建、改建、扩建工程均应按雨水利用要求进行工程设计和建设；2004年形成了6个总面积约60hm$^2$的雨洪利用实验示范区；2007年发布了《北京市小区雨水利用工程设计指南》；2008年在奥林匹克公园进行了生态排水和雨洪利用实践。

深圳市自2007年光明新区成立后，一直积极探索绿色低碳新城的建设，率先进行低影响开发理念下的雨水综合利用研究，从城市和生态的角度思考城市雨水的综合利用，提出“新区开发建设后的外排雨水设计流量不大于开发建设前”。深圳市编制了《光明新区再生水及雨洪利用详细规划》，新区新建、改建、扩建工程，包括各类建筑物、广场、停车场、道路、绿地等均按照雨洪利用工程进行设计和建设，并将其纳入建设项目规划审批管理程序。此后，深圳市相继出台了《深圳市雨洪利用系统布局规划》《深圳市居住小区雨水综合利用规划指引》等规划和策略，从不同层次和角度应用低影响开发理念，提出要结合城市景观及绿化带，因地制宜采取入渗、调蓄、收集回用等多种雨洪利用措施，使项目建设后的外排雨水设计流量不大于开发建设前，并控制和削减日益严重的水源污染。《深圳市蓝线规划》确定水体的“保护控制线”，预留绿化、景观、雨洪利用等生态改善工程的所需用地，保护和改善城市生态和人居环境，避免城市建设影响自然水生态。《深圳河湾流域水环境综合规划》提出了基于低影响开发模式的规划理念，结合自然地形，保护利用湿地、林地，改善水质，营建水廊、绿廊，构建生态良好、景观优美的滨水城市空间。

无锡市于2008年发布《关于加强新建建设工程城市雨水资源利用的暂行规定》，要求市区范围内新建、改建、扩建的建设项目均宜考虑采用雨水利用措施。建设项目规模达到下述要求的，必须配套建设雨水利用工程：地上总建筑面积15万m$^2$以上或有景观水池的新建住宅小区项目；单体建筑屋顶面积3000m$^2$以上的新建公共、工业建筑项目；总用地面积1万m$^2$以上的新建、改建、扩建广场、公园、绿地项目；新建城市道路的人行道、绿带工程。

昆明市于2009年发布《昆明市城市雨水收集利用的规定》，要求符合下列条件之一的新建、改建、扩建工程项目，建设单位需按照节水“三同时”的要求，同期配套建设雨水收集利用设施：民用建筑、工业建（构）筑物占地与路面硬化之和在1500m$^2$以上的建设工程项目；总用地面积在2000m$^2$以上的公园、广场、绿地等市政工程项目；城市道路及高架桥等市政工程项目。

其他城市，如上海、天津、大连、镇江等也在早期进行了雨洪管理的研究和尝试。

**（二）海绵城市建设政策出台**

进入21世纪以来，国内对城市雨洪管理进行了较系统的研究，在理论上、技术上及工程实践上均有所尝试。特别是自2012年北京发生“7·21”内涝灾害以来，国家高度重视城市内涝灾害问题和水环境污染问题，国务院连续出台了《关于做好城市排水防涝设施建设工作的通知》《关于加强城市基础设施建设的意见》《城镇排水与污水处理条例》等一系列重要法规政策，雨洪问题成为城市发展和基础设施建设的重大课题。

2013 年 12 月 12 日，习近平总书记在中央城镇化工作会议的讲话中强调，“提升城市排水系统时要优先考虑把雨水留下来，优先考虑更多利用自然力量排水，建设自然存积、自然渗透、自然净化的海绵城市”。随后 2014 年，住房和城乡建设部出台了《海绵城市建设技术指南——低影响开发雨水系统构建》；2015 年 4 月，财政部、住房和城乡建设部、水利部联合开展海绵城市试点工作，正式拉开了海绵城市建设的大幕。自 2015 年，已有两批共 30 个城市入选国家海绵城市试点城市建设，并设 80 个省级试点城市，为海绵城市建设提供了可复制、可推广的经验，打下了坚实的实践基础。

2015 年，国务院办公厅发布了《关于推进海绵城市建设的指导意见》（以下简称《意见》），部署推进海绵城市建设工作。《意见》指出，建设海绵城市，统筹发挥自然生态功能和人工干预功能，有效控制雨水径流，实现自然积存、自然渗透、自然净化的城市发展方式，有利于修复城市水生态，涵养水资源，增强城市防涝能力，扩大公共产品有效投资，提高新型城镇化质量，促进人与自然和谐发展。之后，浙江省、江苏省、厦门市、重庆市等多个省、市相继出台了本省、市《关于开展海绵城市建设的实施意见》《海绵城市建设技术指南》等相关文件。至此，我国以海绵城市为核心的城市雨洪管理建设全面展开。

**（三）海绵城市建设初显成效**

近几年来，受益于中央政策和财政的大力支持，各级政府全方位推进，各地积极探索海绵城市建设经验，形成了丰硕的成果。海绵城市作为一种全新的城市发展理念和方式，逐渐深入人心。海绵城市已成为我国落实生态文明建设的重要举措，它转变了以往粗犷的建设模式，转而走向生态文明和绿色发展的道路，也成为“稳增长、调结构、促改革、惠民生”的重要内容。很多城市将海绵城市建设与排水防涝能力提升、黑臭水体整治、老旧小区改造、人居环境改善相结合，推动了政府和社会资本合作，促进了产业发展和技术进步。广大从业人员也对海绵城市和雨洪管理有了更专业的认识，认识到建设海绵城市必须有系统思维，源头减排、过程控制、系统治理。在此基础上，200 多个城市编制了海绵城市专项规划和系统方案，从国家到地方新编和修编了多项规划导则、技术指南、标准图集，包括施工、验收、运维的技术要求，出台了相关法规文件和管理办法等，进行了黑臭水体整治、内涝积水点改造，并以小区、建筑、道路、公建、广场、公园、水系为载体实施了多项海绵设施建设，改善了水质，缓解了内涝压力，促进了水资源涵养和雨水资源综合利用，取得了良好的社会效益和环境效益。

**（四）海绵城市建设面临的挑战**

随着我国海绵城市建设的开展，从国家到地区进行了不少新的雨洪管理尝试，多个海绵小区、海绵道路、海绵公园初具规模。但不得不承认，我国海绵城市建设尚处于研究、摸索的阶段。在宏观战略层面，国家和地区制定了导则与标准，但具体到海绵设施设计、施工、维护、管理，仍有许多工作要完成。例如，目前对水文问题研究不足，设计中缺少水文依据，多专业难以协调，已建成的海绵设施还面临如何维护管理以发挥其长久效应的运营难题，等等。

可持续发展、低影响开发、水敏型城市等理念的引入以及海绵城市的提出和推广，为城市水管理的升级奠定了良好基础，然而将理念转变为成功的工程实践，我们还有很长的路要走。

美国、英国、澳大利亚和新西兰等国家已经经历了二三十年类似海绵城市的实践，也都是公认在此领域比较成功的国家。由于发展年代和知识水平的不同，各国雨洪管理体系关注的重点各有侧重。由于水文气象条件、地形地貌和管理体系的差异，各国成功的雨洪管理技术体系在中国应用时不可简单复制引用。我国的海绵城市建设实践必须充分理解中西方管理构架、技术体系的不同，结合本地水文、生态环境和城市建设条件，从系统研究和关键问题入手，因地制宜地进行。

## 【同 步 测 试】

1. 城市在开发过程中对水环境产生了哪些影响？
2. 随着城镇化率不断提高，自然水循环系统中各要素有何变化？
3. 城市开发前后的水文过程曲线有何异同？
4. 城市内涝引起的面源污染中，主要的污染物类型有哪些？
5. 城市化进程中，水生态环境恶化表现在哪些方面？请举例。
6. 美国 LID 雨洪管理理念的核心思想是什么？
7. 英国 SUDS 雨洪管理理念的核心思想是什么？
8. 澳大利亚 WSUD 雨洪管理理念的核心思想是什么？
9. 新西兰 LIUDD 雨洪管理理念的核心思想是什么？
10. 国外雨洪管理发展的三个阶段及管理策略对我国海绵城市建设有哪些启示？
11. 我国海绵城市建设的试点城市、示范城市及典型工程有哪些？

## 【课 下 活 动】

分组讨论并形成报告：

1. 你所在的城市目前存在哪些“水”问题，从海绵城市建设视角分析问题产生的原因。
2. 对比分析中外雨洪管理理念的异同，总结国外雨洪管理实践经验给我国海绵城市建设的启示。

# 单元二 海绵城市的内涵

**【学习目标】**

知识目标：1. 理解海绵城市建设六字箴言“渗、滞、蓄、净、用、排”。

2. 掌握源头减排雨水系统的建设目标。

3. 理解源头减排雨水系统的主要构成，理解雨水入渗系统、雨水收集回用系统和雨水调蓄排放系统的雨水控制管理利用思路。

4. 理解构建源头减排雨水系统对城市雨水控制管理利用的重要意义，并明晰源头减排雨水系统的建设目标，掌握基础工艺流程及设施选用原则。
5. 了解源头减排雨水系统的构建效果评估指标。

能力目标：1. 会根据工程资料简要阐述源头减排雨水系统构建思路并初步选择设施类型。
2. 会根据工程资料计算雨水控制管理利用任务量。

城市与水的关系密不可分，城市对水的要求也不断变化。澳大利亚学者 Brown 等人把城市水管理的进化过程分为 6 个阶段：供水城市、下水道城市、排水城市、水道城市、水循环城市、水敏型城市，如图 1－1 所示。

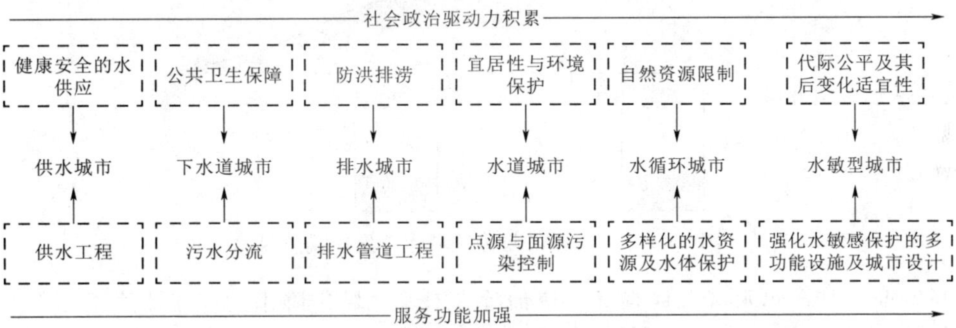


图 1－1　城市水管理的进化过程

供水城市、下水道城市、排水城市等传统城市开发模式建设了大量的灰色基础设施，将雨水快速疏导至接收水域，如河湖水系、海湾河口、海洋等。雨洪管理侧重于排水系统，主要目的是安全经济地输送雨水径流至接收水域，常常采用综合开渠和局部（或全部）混凝土衬砌等方法增加城市水道的水力负荷。这些传统方法只能将污染物从城区排放到接收水域，特别是城市标志性河流和海湾，实现污染转移而非污染削减，影响城市整体环境以及未来的可持续发展。

为了长远发展，城市必须具有健康、干净、美丽的水系统，才能因水而生、因水而美、因水而兴。水敏型城市把整个水文循环圈看作一个综合整体，从大的格局来制定城市雨水综合管理办法，遵循低影响开发的原则，为水资源利用创造机会，保护水体，防止水污染和生态系统退化，从而构建更宜居和有韧性的城市环境。在水敏型城市中，雨水径流通过开放空间的蓝绿走廊网络输送，具有景观价值的绿地水体兼具储蓄洪水的功能，既能减轻下游社区的防洪压力，又能降低流域不透水面积增加带来的排水需求。

海绵城市建设是低影响开发、绿色基础设施建设等技术思想在中国的衍生、实践与创新。海绵城市建设的宗旨是处理好城市建设与水资源生态环境保护的关系。

## 一、海绵城市建设的关键技术

任何水环境问题，都是由于人类活动改变了原本自然的水文条件而造成的。城市开发导致地面径流的增加使得洪涝风险加大；非雨季水量的减少造成水污染加重；水资源的大量开发利用导致下游水量不足或环境改变。

传统的城市雨洪管理方法注重于快速收集、快速排放，以最大效率将地表径流排放至受纳水体，雨洪控制通常设置在集水域的最下游点（末端控制）。与单纯的末端控制不同，海绵城市可以有效控制小至中频率的降雨。

图 1-2 展示了传统城市开发与海绵城市建设径流过程线的区别。

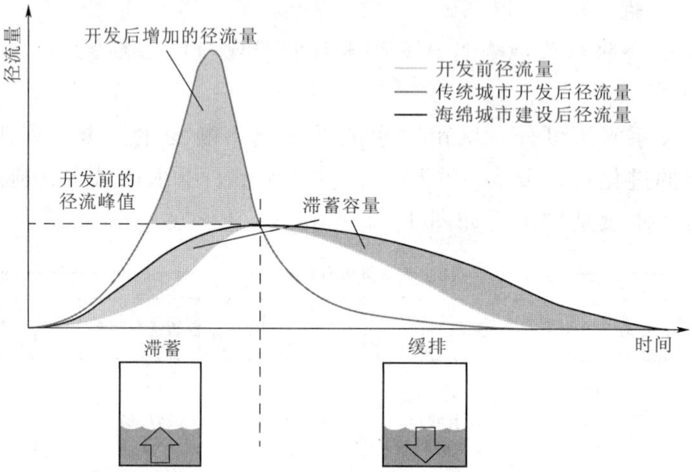


图 1-2 海绵城市与传统城市开发净流量对比

开发前，某一集水区（如森林、草甸等）对某一特定降雨的径流曲线逐渐上升至峰值，然后逐渐下降。开发后，采用传统末端蓄滞方法时，径流峰值和径流总量均明显增加。采用海绵城市雨水管理技术时，通过海绵设施进行滞蓄、缓排，虽然径流总量仍多于开发前，但径流峰值不变，开发后的径流过程线近似于开发前，城市开发对自然水文循环、水量、水质及水生态系统的影响被有效控制。

海绵城市开发建设过程中，采用源头削减、中途转输、末端调蓄等多种手段，通过渗、滞、蓄、净、用、排等多种技术，实现城市良性水文循环，提高对径流雨水的渗透、调蓄、净化、利用和排放能力，维持或恢复城市的"海绵"功能。城市开发过程应在城市规划、设计、实施等各环节纳入海绵城市建设内容，并统筹协调城市规划、排水、园林、道路交通、建筑、水文等专业，共同落实海绵城市控制目标。

**（一）海绵城市建设关键技术——渗**

"渗"流过程是指将汇水区域收集到的雨量在透水性铺装、渗透槽沟及渗滤井等渗透设施的单独或协同作用下使雨水渗入地下，以此来蓄滞雨洪和补充地下水源的系统工程。渗滤（透）系统倡导水向下运动，进入下面的土壤，以减少不透水表面的坡面径流和污染物总量。

由于传统城市下垫面不透水，改变了原有自然生态本底和水文特征，因此，海绵城市建设要加强自然的渗透，把渗透放在第一位。其好处在于，可以减少地表径流，从而减少从水泥地面、路面汇集到市政管网里的雨水量，同时涵养地下水，还能通过土壤净化水质，改善城市微气候。而渗透雨水的方法多样，主要是改变各种路面、地面铺装材料，改造屋顶绿化，调整绿地竖向，从源头将雨水留下来，然后"渗"下去。

**（二）海绵城市建设关键技术——滞**

“滞”流系统是指利用人工或天然集雨面，将降落的雨水汇集起来并通过植物等要素延缓径流速度的系统工程。滞留系统应尽可能选用渗透性材料及根系发达的植物类型。如将传统屋面设计为屋顶绿地、不透水路面改为渗水铺装路面、绿地改为下沉式绿地，扩大水体调蓄容积。其主要作用是延缓短时间内形成的雨水径流量。例如，通过微地形调节，让雨水慢慢地汇集到一个地方，用时间换空间。通过“滞”，可以延缓形成径流的高峰。具体形式有雨水花园、生态滞留池、渗透池、人工湿地等。

**（三）海绵城市建设关键技术——蓄**

“蓄”流系统是指将降雨过程中和降雨过程结束时的雨量，通过人工储水设施进行收集，对排水进行延缓的系统。在此系统内，可增设相关沉淀设施对储存的雨水进行初期净化和过滤。在降低排水压力和洪涝风险的同时，对雨水的预处理也为雨水的回收利用做了准备。

“蓄”流系统主要是指具有较大储水容量的天然或人工地表水体系统，例如洼地、湖泊、景观湖、喷水池、河流等。该系统需最大限度地做到与周边地形、地貌和环境结合，力求达到蓄流、下渗、景观等多重效果。既把雨水留下来，又要尊重自然的地形地貌，使降雨得到自然散落。现在的人工建设破坏了自然地形地貌，使雨水短时间内汇集到一个地方，从而形成了内涝。所以要把雨水蓄起来，以达到调蓄和错峰的目的。而当下海绵城市蓄水环节没有固定的标准和要求，地下蓄水样式多样，常用的形式有塑料模块蓄水、地下蓄水池等。

**（四）海绵城市建设关键技术——净**

受成本的制约，我国一些中小城市对所产生的污水不够重视，往往只是简单地处理就排入自然的河湖系统中，有些甚至未经处理直接排入，这种做法严重污染了水质，导致水生态环境日益恶化，并难以恢复。因此，需要设置净化水质设施以改善水环境。设计人工湿地和稳定塘等做法较为生态环保，这些方法兼具经济与景观双重效果，在当今得到了广泛的推广与应用。

根据区域环境不同，可设置不同的雨水净化体系，继而设置不同的雨水净化环节（土壤渗滤净化、人工湿地净化、生物处理等）。

*1. 居住区雨水收集净化*

居住区雨水收集净化过程中，由于居住区内建筑面积和绿化面积较大，雨水冲刷过后，大量水体可以经生态滞留区、雨水花园、渗透池收集起来，经过土壤过滤下渗到模块蓄水池中，相对来说雨水径流量较少。所以，利用海绵城市雨水收集系统将雨水储存、下渗、过滤，然后经过生物技术净化之后，就可以大量用于绿化灌溉、冲厕、洗车等。

*2. 工业区雨水收集净化*

工业区有别于居住区，相对来说绿地面积较少，硬质场地和建筑较多，再加上工业产物的影响，所以在海绵城市雨水收集和净化环节就要格外注意下渗雨水的截污环节。经过承载海绵城市原理的园林设施对工业污染物进行过滤之后，雨水通过土壤下渗到模块蓄水池，在这个过程中设置截污处理设施对下渗雨水进行第二次净化；进入模块蓄水池之后，配合生物技术再次净化后，雨水循环利用到冷却塔补水、绿化灌溉、混凝土搅拌等。

3. 市政公共区域雨水收集净化

对比前两个区域，市政公共区域雨水收集净化环境有所不同。市政公共区域绿地面积大，不同地区山体高程不同，径流量不同，并且河流、湖泊面积较大，所以减缓雨水冲刷对山体表面的冲击破坏和对水源的直接污染是最为重要的问题。就上述问题来讲，市政区域雨水净化在雨水收集方面要考虑生态滞留区和植物缓冲带对山体的维护作用以及对河流、湖泊的过滤作用。在雨水调蓄方面主要使用调蓄池来对下渗雨水进行调蓄，净化后的水一方面用于市政绿化和公厕冲厕，另一方面排入河流、湖泊补给水源，解决了水资源短缺的问题。

**（五）海绵城市建设关键技术——用**

“用”简单来说就是雨水作为一种回用水源在经过生态系统的入渗、存储、净化后再利用的一种方式，可以用于绿化灌溉、洗车、冲厕等。在当今水资源紧缺的情况下，雨水回用无疑是节约水资源的最优途径之一。

经过土壤渗滤净化、人工湿地净化、生物处理多层净化之后的雨水要尽可能被利用。不管是丰水地区还是缺水地区，都应该加强对雨水资源的利用，它不仅能缓解洪涝灾害，而且可以对收集的水资源加以利用，如将停车场上面的雨水收集净化后用于洗车等。我们应该通过“渗”涵养，通过“蓄”把水留在原地，再通过净化把水“用”在原地。收集的雨水可用于建筑施工、绿化灌溉、洗车、冲厕、消防、景观等。

**（六）海绵城市建设关键技术——排**

在传统的城市雨洪管理理念中，“快排”是衡量排水系统好坏的重要标准，但与此同时，也造成了水资源的浪费。人们花费财力物力人力去建造排水系统，虽然暂时解决了洪涝灾害，却没有发挥雨水的生态作用，不能彻底解决城市面临的水问题，而且未经处理的雨水还会对下游造成巨大的排水压力和更为严重的污染。为此，许多国家开始应用缓排技术，利用生态溪沟、下沉绿地、雨水花园或人工湿地等设施，减少雨水径流量，这些做法对雨水的滞蓄及净化产生了至关重要的作用。海绵城市建设“排”水系统是利用城市竖向与工程设施相结合、排水防涝设施与天然水系河道相结合、地面排水与地下雨水管渠相结合的方式来实现一般排放和超标雨水的排放，避免内涝等灾害。经过雨水花园、生态滞留区、渗透池净化之后蓄起来的雨水一部分用于绿化灌溉、日常生活，一部分经过渗透补给地下水，多余的部分就经市政管网排进河流。这样不仅降低了雨水峰值过高时出现积水的概率，也减少了对水源的直接污染。

## 二、源头减排雨水系统的控制目标

源头减排雨水系统的建设目标是实现建筑小区及厂区的雨水径流总量控制、径流峰值控制、径流污染控制，并尽可能实现雨水资源化。雨水控制与利用设施围绕这些目标展开规划与配置。

**（一）年径流总量控制**

年径流总量控制率 $\alpha$ 大致分为五个区：Ⅰ区（$85\% \leqslant \alpha \leqslant 90\%$）、Ⅱ区（$80\% \leqslant \alpha \leqslant 85\%$）、Ⅲ区（$75\% \leqslant \alpha \leqslant 85\%$）、Ⅳ区（$70\% \leqslant \alpha \leqslant 85\%$）、Ⅴ区（$60\% \leqslant \alpha \leqslant 85\%$）。各

海绵工程应首先确定本地区的径流总量控制目标。

要实现年径流总量控制率，源头减排雨水系统需要拦截、利用一定厚度的降雨量，我国部分城市不同年径流总量控制率对应的设计降雨量值见表1-1。

**表1-1　我国部分城市不同年径流总量控制率对应的设计降雨量值一览表**

| 序号 | 城市 | 不同年径流总量控制率对应的设计降雨量/mm | | | | |
|---|---|---|---|---|---|---|
| | | 60% | 70% | 75% | 80% | 85% |
| 1 | 酒泉 | 4.1 | 5.4 | 6.3 | 7.4 | 8.9 |
| 2 | 拉萨 | 6.2 | 8.1 | 9.2 | 10.6 | 12.3 |
| 3 | 西宁 | 6.1 | 8.0 | 9.2 | 10.7 | 12.7 |
| 4 | 乌鲁木齐 | 5.8 | 7.8 | 9.1 | 10.8 | 13.0 |
| 5 | 银川 | 7.5 | 10.3 | 12.1 | 14.4 | 17.7 |
| 6 | 呼和浩特 | 9.5 | 13.0 | 15.2 | 18.2 | 22.0 |
| 7 | 哈尔滨 | 9.1 | 12.7 | 15.1 | 18.2 | 22.2 |
| 8 | 太原 | 9.7 | 13.5 | 16.1 | 19.4 | 23.6 |
| 9 | 长春 | 10.6 | 14.9 | 17.8 | 21.4 | 26.6 |
| 10 | 昆明 | 11.5 | 15.7 | 18.5 | 22.0 | 26.8 |
| 11 | 汉中 | 11.7 | 16.0 | 18.8 | 22.3 | 27.0 |
| 12 | 石家庄 | 12.3 | 17.1 | 20.3 | 24.1 | 28.9 |
| 13 | 沈阳 | 12.8 | 17.5 | 20.8 | 25.0 | 30.3 |
| 14 | 杭州 | 13.1 | 17.8 | 21.0 | 24.9 | 30.3 |
| 15 | 合肥 | 13.1 | 18.0 | 21.3 | 25.6 | 31.3 |
| 16 | 长沙 | 13.7 | 18.5 | 21.8 | 26.0 | 31.6 |
| 17 | 重庆 | 12.2 | 17.4 | 20.9 | 25.5 | 31.9 |
| 18 | 贵阳 | 13.2 | 18.4 | 21.9 | 26.3 | 32.0 |
| 19 | 上海 | 13.4 | 18.7 | 22.2 | 26.7 | 33.0 |
| 20 | 北京 | 14.0 | 19.4 | 22.8 | 27.3 | 33.6 |
| 21 | 郑州 | 14.0 | 19.5 | 23.1 | 27.8 | 34.3 |
| 22 | 福州 | 14.8 | 20.4 | 24.1 | 28.9 | 35.7 |
| 23 | 南京 | 14.7 | 20.5 | 24.6 | 29.7 | 36.6 |
| 24 | 宜宾 | 12.9 | 19.0 | 23.4 | 29.1 | 36.7 |
| 25 | 天津 | 14.9 | 20.9 | 25.0 | 30.4 | 37.8 |
| 26 | 南昌 | 16.7 | 22.8 | 26.8 | 32.0 | 38.9 |
| 27 | 南宁 | 17.0 | 23.5 | 27.9 | 33.4 | 40.4 |
| 28 | 济南 | 16.7 | 23.2 | 27.7 | 33.5 | 41.3 |

续表

| 序号 | 城　市 | 不同年径流总量控制率对应的设计降雨量/mm | | | | |
|---|---|---|---|---|---|---|
| | | 60% | 70% | 75% | 80% | 85% |
| 29 | 武汉 | 17.6 | 24.5 | 29.2 | 35.2 | 43.3 |
| 30 | 广州 | 18.4 | 25.2 | 29.7 | 35.5 | 43.4 |
| 31 | 海口 | 23.5 | 33.1 | 40.0 | 49.5 | 63.4 |

**（二）径流峰值控制**

径流峰值是个相对概念。有最高5min降雨径流峰值，也有最高1h、2h甚至更长时间段的降雨径流峰值。相对于全年来说，常年最大24h降雨是一年中的降雨径流峰值，雨水控制利用工程应对其进行控制。各城市对最大24h降雨普遍都很重视。需要控制的雨水径流总量应按式（1-2）计算：

$$W=10(\Psi_C-\Psi_0)h_yF \tag{1-2}$$

式中　$W$——需控制利用的雨水径流总量，$m^3$；

$\Psi_C$——雨量径流系数（日降雨），见表1-2，应与硬化面$F$相对应。当加权计算硬化面$F$的综合径流系数时，不应计入$F$以外的面积；

$\Psi_0$——控制最大24h降雨所对应的外排雨水径流系数，对于新建工程，应取建设开发前自然地面的值，可按0.2～0.4计，当尚未规划或当地政府对最大日降雨外排率有控制要求时，应按该要求取值；

$h_y$——设计日降雨厚度，mm，取常年最大24h降雨厚度，并且不应小于表1-1中的值；

$F$——硬化汇水面面积，$hm^2$，应按不透水硬化汇水面的水平投影面积计算，为非绿化屋面/水面/道路/广场/停车场等的总面积扣除透水铺装地面的面积。

**（三）径流污染控制**

建筑小区内雨水径流污染物主要有COD、SS等。径流污染的控制主要通过控制径流量实现。当年径流总量控制率达到60%～85%时，则外排的径流污染总量也会随着外排径流总量同时减少，径流污染控制率也会相应地不低于60%～85%。

**表1-2　硬化面雨量径流系数**

| 下垫面类型 | 雨量径流系数 $\Psi_C$ |
|---|---|
| 硬屋面/未铺石子的平屋面/沥青屋面 | 0.8～0.9 |
| 铺石子的平屋面 | 0.6～0.7 |
| 混凝土和沥青路面 | 0.8～0.9 |
| 块石等铺砌路面 | 0.5～0.6 |
| 水面 | 1 |

**（四）雨水资源化利用**

雨水资源化利用是源头减排雨水系统的目标之一，其实现途径有两种：土壤入渗和收集回用。前者是把雨水转变为小区内的土壤水，后者是把雨水转变为小区内生活用水的一部分。此外，土壤入渗和收集回用又是实现径流总量控制、径流峰值控制、径流污染控制的重要途径。因此，源头减排雨水系统应首先选用土壤入渗设施和收集回用设施。

小区中雨水资源化利用能力按式（1-3）表示，其中土壤渗透系数、渗透面积、回用雨水的用户数量和种类是关键影响因素。

$$W_Z = \alpha KJA_s t_s + \sum q_i n_i t_y \qquad (1-3)$$

式中 $W_Z$——雨水资源化利用量，$m^3$；

$\alpha$——综合安全系数，一般可取0.5～0.8；

$K$——土壤渗透系数，m/s，可按表1-3取值；

$J$——水力坡度，一般可取$J=1.0$；

$A_s$——有效渗透面积，$m^2$，按表1-4取值；

$t_s$——渗透时间，s，按24h计，对于渗透池和渗透井，宜按3d计；

$q_i$——第$i$种雨水用户的最高日用水定额，$m^3/d$，根据《建筑给水排水设计规范》(GB 50015—2003)(2009版)和《建筑中水设计规范》(GB 50336—2002)计算；

$n_i$——第$i$种雨水用户的用户数量，雨水用户种类包括景观、绿化、循环冷却、路面和地面冲洗、冲厕、汽车冲洗、消防等用水；

$t_y$——用水时间，一般取2.5d，当雨水主要用于小区景观水体并且作为该水体主要水源时，可取7d甚至更长时间，但需同时加大蓄水容积。

**表1-3　土壤渗透系数**

| 地层 | 地层粒径/mm | 地层粒径所占重量/% | 渗透系数K | |
|---|---|---|---|---|
| | | | m/s | m/h |
| 黏土 | — | — | $<5.70\times10^{-8}$ | — |
| 粉质黏土 | — | — | $5.70\times10^{-8}\sim1.16\times10^{-6}$ | — |
| 粉土 | — | — | $1.16\times10^{-6}\sim5.79\times10^{-6}$ | 0.0042～0.0208 |
| 粉砂 | >0.075 | >50 | $5.79\times10^{-6}\sim1.16\times10^{-5}$ | 0.0208～0.0420 |
| 细砂 | >0.075 | >85 | $1.16\times10^{-5}\sim5.79\times10^{-5}$ | 0.0420～0.2080 |
| 中砂 | >0.250 | >50 | $5.79\times10^{-5}\sim2.31\times10^{-4}$ | 0.2080～0.8320 |
| 均质中砂 | — | — | $4.05\times10^{-4}\sim5.79\times10^{-4}$ | — |
| 粗砂 | >0.500 | >50 | $2.31\times10^{-4}\sim5.79\times10^{-4}$ | — |

**表1-4　有效渗透面积**

| 序号 | 设施的渗透面形状 | 有效渗透面积计算 |
|---|---|---|
| 1 | 水平渗透面 | 水平投影面积 |
| 2 | 竖直渗透面 | 有效水位高度所对应的垂直面积的1/2 |
| 3 | 斜渗透面 | 有效水位高度的1/2对应的斜面实际面积 |
| 4 | 埋入地下的渗透设施的顶面 | 不计面积 |

## 三、源头减排雨水系统技术工艺流程

### （一）源头减排雨水系统的组成与功能

根据雨水径流的去向，源头减排雨水系统的主要技术可以归纳为三类：雨水（土壤）入渗、雨水收集回用、雨水调蓄排放。入渗和收集回用把雨水转化为水资源，由小区就地利用；调蓄排放是把雨水储存后向建筑小区外缓慢地排出，甚至全部在雨后排出，具有控制径流峰值的功能，但不能使雨水资源化。

入渗、收集回用、调蓄排放都需要首先收集并储存雨水径流。此外，超过源头减排雨水系统处置能力的多余（溢流）雨水仍需要设置传统的排水管道排除到建筑小区之外。

各类技术在源头减排系统中的作用见表1-5。

**表1-5　源头减排雨水系统各技术的功能**

| 技术分类 | 径流总量控制 | 径流峰值控制 | 径流污染控制 | 雨水资源化 |
|---|---|---|---|---|
| 雨水入渗 | ● | ● | ● | ● |
| 雨水收集回用 | ● | ● | ● | ● |
| 雨水调蓄排放 | ○ | ● | ◎ | ○ |

注　●—优先选用；◎—可选用；○—不推荐。

### （二）雨水入渗系统

1. 入渗系统的构成

雨水入渗系统可分为地面入渗和埋地入渗两大类型。地面入渗系统的构成如图1-3所示，一般由土建或景观专业设置完成，其雨水的收集和导入一般采用地面标高差的方式。埋地入渗设施埋设于地下，其雨水收集多采用拦污雨水口，并用埋地管道输送雨水，埋地入渗设施的入口要配置泥水分离。埋地入渗系统的构成如图1-4所示，其中图1-4（a）中入渗设施一般采用穿孔管外敷卵石层或者采用塑料模块；图1-4（b）中渗透-排放沟渠为穿孔管外敷卵石层，且小区内不再另外敷设雨水排水管道。埋地入渗系统一般由给排水专业设置完成。

入渗系统的储水空间见表1-6。

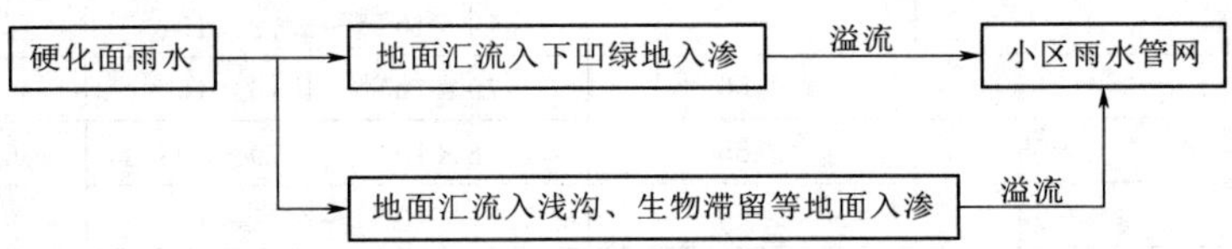


图1-3　地面入渗系统的构成

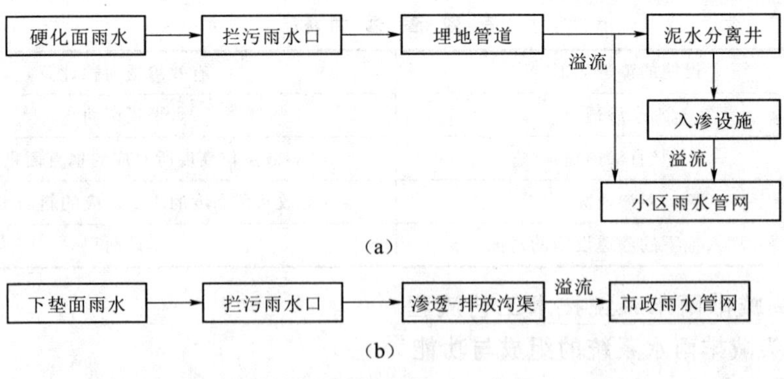


图1-4　埋地入渗系统的构成

2. 拦污雨水口

拦污雨水口用于埋地入渗系统中。拦污雨水口和传统雨水口相比，具有拦截污物的功能。雨水口内设筐篮或网兜，拦截雨水中的固体物质，筐篮或网兜能够取出清理。屋面雨水斗也是拦污雨水口的一种。

3．泥沙初沉设施

泥沙初沉设施用于埋地入渗系统中，其作用是把泥沙等固体物质从雨水中分离出来，减少埋地入渗设施内的沉积。泥沙初沉通常采用成品设备。

4．入渗设施

入渗设施或设备多种多样，详见表 1－6。

表 1－6　　入渗设施或设备一览表

<table>
<tr><th>入渗方式</th><th>入 渗 设 施</th><th>能否承担客地雨水</th><th>水 蓄 存 空 间</th><th>渗透面</th></tr>
<tr><td rowspan="7">地面生态入渗</td><td>下凹绿地</td><td rowspan="7">能</td><td rowspan="2">下凹部分的容积</td><td rowspan="2">水平投影面</td></tr>
<tr><td>地下室顶板下凹绿地</td></tr>
<tr><td>植被浅沟与洼地</td><td rowspan="3">植草地面上方四周围起的容积</td><td rowspan="4">地面和侧边斜面</td></tr>
<tr><td>高位花坛</td></tr>
<tr><td>生物滞留</td></tr>
<tr><td>渗透池塘、旱塘</td><td>溢流口下方池容积</td></tr>
<tr><td>硅砂树池</td><td>树坑容积</td><td>水平投影面</td></tr>
<tr><td rowspan="5">地面入渗</td><td>透水砖路面</td><td rowspan="5">否</td><td rowspan="5">蓄存自身降雨量的 70%左右（常年最大日降雨）</td><td rowspan="3">基层下的土壤面</td></tr>
<tr><td>透水混凝土路面</td></tr>
<tr><td>地下水顶板透水铺装</td></tr>
<tr><td>嵌草砖路面</td><td>嵌草土壤面</td></tr>
<tr><td>绿化屋顶</td><td>屋顶土壤面</td></tr>
<tr><td rowspan="8">埋地入渗</td><td>渗透管沟</td><td rowspan="8">能</td><td>卵石缝隙和管道容积</td><td rowspan="6">沟底面和侧面</td></tr>
<tr><td>塑料模块渗透沟</td><td>模块内容积</td></tr>
<tr><td>地下室顶板渗透沟</td><td>模块内容积</td></tr>
<tr><td>渗透管排放</td><td>溢流排水位之下的卵石缝隙和管道容积</td></tr>
<tr><td>渗透排水沟</td><td>溢流排水位之下的卵石缝隙和排水沟容积</td></tr>
<tr><td>渗透井</td><td>进水管内底之下的井容积</td></tr>
<tr><td>塑料模块渗透池</td><td>进水管内底之下的池容积</td><td>井底和井壁</td></tr>
<tr><td>硅砂砌块渗透池</td><td>进水管内底之下的池容积</td><td>池底和侧壁</td></tr>
</table>

### （三）雨水收集回用系统

1．湿塘或景观水体蓄存雨水

以湿塘或景观水体为蓄存雨水设施的系统构成如图 1－5 所示。其中图 1－5（a）中的湿塘或景观水体既是蓄存设施，又是雨水的用户，蓄存的雨水用于补充蒸发耗水和边壁渗水，替代水体的补水。图 1－5（b）的系统构成要复杂些，当景观水体还蓄存绿地浇灌和路面浇洒用水时采用。植草沟和卵石沟可净化或渗透初期雨水，替代弃流设施，应优先采用。当无条件设置植草沟或卵石沟等生态预处理设施时，应设弃流装置。蓄存设施的前端设有前置塘时，可不设初级过滤单元。

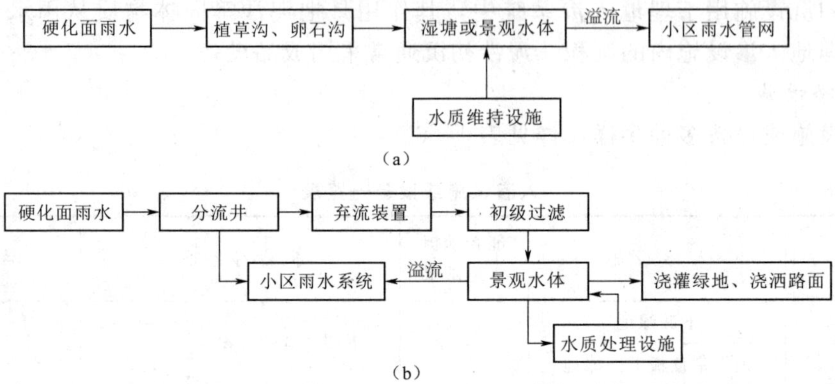


图 1-5　湿塘或景观水体蓄存雨水设施的系统构成

湿塘或景观水体的水质保持应优先选用生态净化，种植水生植物。其次采用机械净化处理设备。雨水的水质净化应主要由水质维持和水质处理设施完成，不推荐在水体上游另建蓄存池单独设置水质净化机械处理设备。

湿塘或景观水体的有效蓄存容积为设计水位和溢流水位之间的容积。

2. 雨水用于绿地和路面浇洒时的系统构成

较多的小区雨水只回用于浇洒绿地和路面，且雨水原水较洁净，这时可采用较简单的系统流程，如图 1-6 所示。这种系统不设雨水清水池（箱），雨水随时取用随时净化处理。其中图 1-6（a）采用管道过滤器处理，过滤器为筛网结构，过滤快；图 1-6（b）使用硅砂砌块过滤处理。流程中也往往不设消毒工艺。需要注意的是，图 1-6（a）中的雨水蓄存池（罐）中的取水口应尽量随水位浮动，吸取上清液。

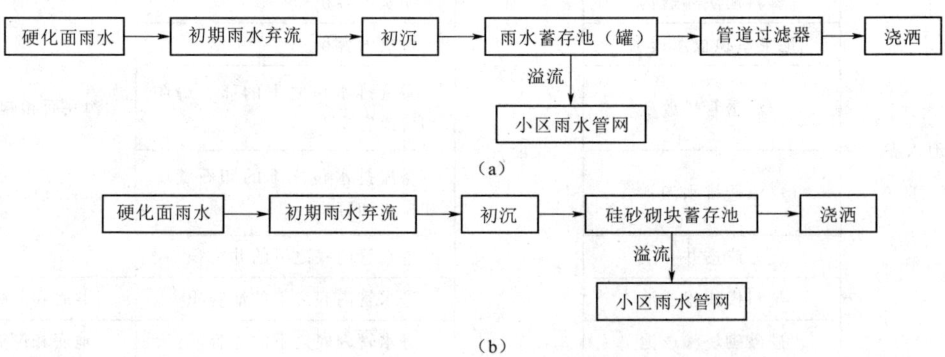


图 1-6　雨水用于浇洒形式

图 1-6（a）中的雨水蓄存池（罐）可采用埋地的钢筋混凝土水池、塑料模块组合水池、玻璃钢水罐等。对于单户住宅，雨水蓄存设施一般摆放在地面上，采用雨水罐。当对埋地蓄水池（罐）设置自来水补水时，补水口应高于地面，避免地面积水时被雨水浸泡。

3. 回用雨水有可能与人体接触时的系统构成

当雨水回用于空调冷却塔补水、洗车、冲厕等时，雨水存在与人体接触的可能，所以对水质要求较高，此时雨水收集回用系统构成如图 1－7 所示。系统中必须设置雨水消毒，并应在水质净化处理上游投加絮凝剂，以提高 COD 的去除率。水质净化处理一般采用石英砂过滤或气浮。对于水质要求特别高的用户，可再增设深度处理装置。

图 1－7（a）中的雨水蓄存池（罐）可采用埋地的钢筋混凝土水池、塑料模块组合水池、玻璃钢水罐等。若雨水的停留时间较长，需采取水质保持措施。

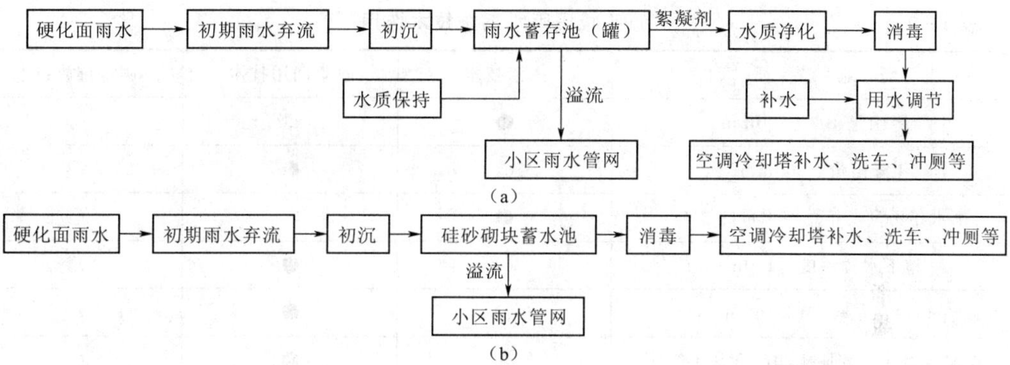


图 1－7　雨水用于杂用水形式

### （四）雨水调蓄排放系统

1. 水体、池塘调蓄

建筑小区中的调蓄排放设施应首先利用自然水体、坑塘、洼地等，并对其进行保护，尽量利用植草沟、卵石沟等生态设施净化、转输雨水，减少外排雨水中的污染物。水体、池塘调蓄排放系统构成如图 1－8 所示。

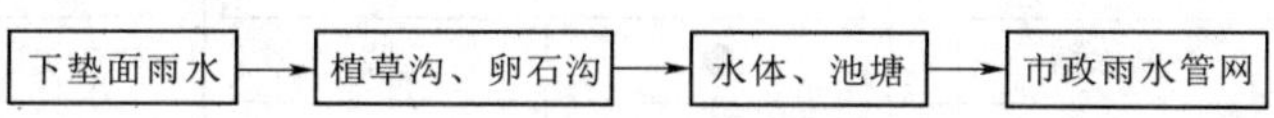


图 1－8　水体、池塘调蓄排放系统

2. 埋地蓄水池调蓄

建筑小区中往往没有设置水体、坑塘的条件，这时需要建造埋地调蓄水池蓄存雨水。埋地蓄水池调蓄排放系统构成如图 1－9 所示。当有条件设置植草沟、卵石沟等转输、净化雨水装置时，应替代途中的拦污雨水口、管道输送和初期雨水弃流单元。

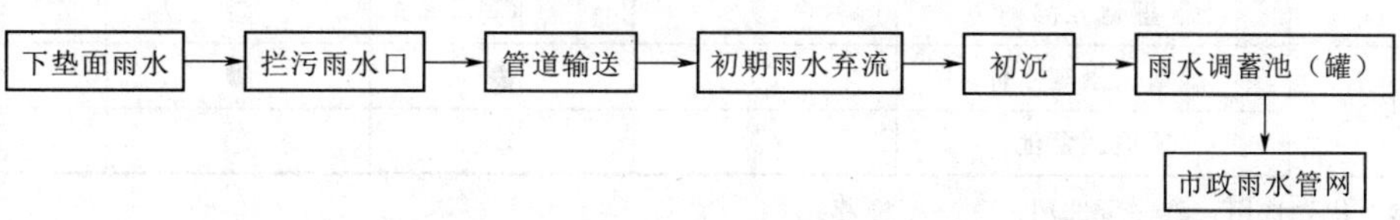


图 1－9　埋地蓄水池调蓄排放系统

雨水调蓄池（罐）埋于地下，可采用钢筋混凝土、塑料模块拼装、玻璃钢雨水储水单元等。

3. 设施连接方式

雨水管线和雨水蓄存设施的连接可采用串联方式或并联方式，如图 1-10 所示。

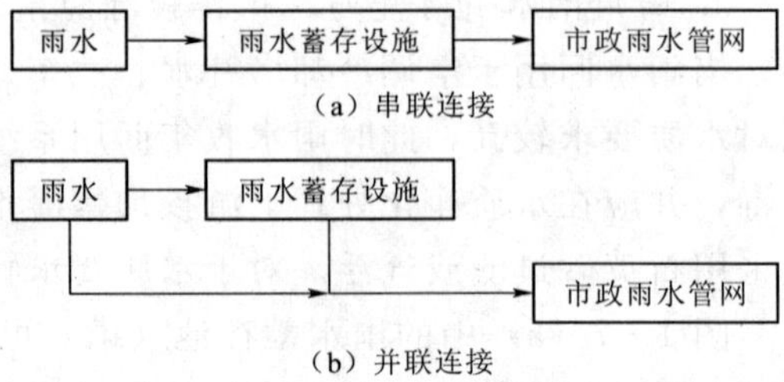


图 1-10 雨水管线与蓄存设施的连接方式

## 四、技术应用

### (一) 技术选用

技术选用见表 1-7。

**表 1-7 源头减排雨水系统技术选用**

| 场地特征 | 入渗技术 | 收集回用技术 | 调蓄排放技术 |
|---|---|---|---|
| 年降雨量 400～800mm | ● | ◎ | ○ |
| 年降雨量≥800mm | ◎ | ● | ◎ |
| 雨水年用量≤年总用水量的 3% | ● | ○ | ◎ |
| 地下水位深度≤1.0m | ○ | ● | ◎ |
| 土壤渗透系数≤$1\times10^{-6}$m/s | ○ | ● | ◎ |
| 湿陷性黄土、膨胀土和高含盐土等 | × | ● | ◎ |
| 有湿塘或景观水体 | ◎ | ● | ◎ |

注 ●—优先选用；◎—可选用；○—不推荐；×—禁止选用。

### (二) 屋面雨水选用设施

屋面雨水选用设施见表 1-8。

**表 1-8 屋面雨水选用设施**

| 技术 | 设施 | 单户住宅 | 多层、高层住宅 | 公建 | 大型屋面 |
|---|---|---|---|---|---|
| 收集回用 | 地上储水罐 | ● | ◎ | ◎ | ○ |
| | 湿塘、景观水体 | ● | ● | ● | ● |
| | 蓄水池 | ○ | ◎ | ● | ● |
| | 植草沟转输 | ◎ | ● | ● | ● |
| | 弃流+管道转输 | ◎ | ◎ | ◎ | ◎ |
| 入渗 | 断接排放 | ◎ | ● | ● | ● |
| | 生态入渗 | ◎ | ● | ● | ● |
| | 埋地入渗 | ○ | ○ | ◎ | ◎ |
| 调蓄排放 | 湿塘、景观水体 | ○ | ● | ● | ● |
| | 埋地调蓄池 | ○ | ◎ | ◎ | ◎ |

注 ●—优先选用；◎—可选用；○—不推荐。

### (三) 硬化地面雨水选用设施

不透水硬化地面雨水选用设施见表 1-9。

**表 1-9　　不透水硬化地面雨水选用设施**

| 技术 | 设　施 | 庭院 | 人行道 | 广场 | 行车道路 | 停车场 |
|---|---|---|---|---|---|---|
| 入渗 | 透水铺装 | ● | ● | ● | ◎ | ◎ |
| | 嵌草砖铺装 | ● | ◎ | ◎ | ◎ | ● |
| | 下凹绿地 | ● | ● | ● | ● | ● |
| | 植草沟 | ● | ● | ● | ● | ● |
| | 植草洼地 | ◎ | ● | ● | ● | ● |
| | 生物滞留 | ◎ | ◎ | ● | ● | ● |
| | 旱塘 | ◎ | ● | ● | ● | ● |
| | 渗透管沟 | ○ | ◎ | ● | ○ | ○ |
| | 渗透管排放 | ○ | ◎ | ● | ○ | ○ |
| | 渗透井 | ○ | ◎ | ◎ | ○ | ○ |
| | 渗透池 | ○ | ○ | ◎ | ○ | ○ |
| 收集回用 | 输水植草沟 | ● | ● | ● | ○ | ○ |
| | 卵石沟 | ● | ● | ● | ◎ | ○ |
| | 湿塘、水体 | ● | ● | ● | ◎ | ○ |
| | 埋地水池（罐） | ◎ | ◎ | ◎ | ○ | ○ |
| 调蓄排放 | 湿塘、景观水体 | ○ | ● | ● | ● | ● |
| | 埋地调蓄池 | ○ | ◎ | ◎ | ◎ | ◎ |

注　●—优先选用；◎—可选用；○—不推荐。

## 【同　步　测　试】

1. 从城市与人的关系视角出发，城市发展可以分为哪几个阶段？
2. 海绵城市建设与传统城市开发过程中，雨水径流曲线有何异同？
3. 如何理解海绵城市建设六字箴言“渗、滞、蓄、净、用、排”？
4. 我国年径流总量控制率分区情况如何？
5. 根据工程资料，如何确定年径流总量、径流峰值、径流污染、资源化利用等四个目标？
6. 源头减排雨水系统主要有哪几个组成部分？
7. 雨水入渗系统如何构建？
8. 雨水收集回用系统如何构建？
9. 雨水调蓄排放系统如何构建？
10. 不同应用场景中，如何进行设施选择？

## 【课　下　活　动】

分组讨论并形成报告：

1. 根据校园实际情况，构建简单的源头减排雨水系统。

2. 根据给定数据，确定源头减排雨水系统的构建目标。

## 单元三 低影响开发（LID）

**【学习目标】**

知识目标：1. 了解不同下垫面情况下的雨水径流特征。

2. 理解表土资源对渗透雨水、储存雨水及净化雨水的重要作用。

3. 理解地形地貌及气候环境要素的变化对雨水径流的影响。

4. 了解植被对雨水径流的影响。

能力目标：1. 会从低影响开发视角，解释海绵城市建设“尊重自然”的核心建设理念。

2. 会根据工程资料，从低影响开发视角提出简单的海绵改造方案。

海绵城市建设是通过低影响开发（Low Impact Development，LID）的技术得以实现的，即在场地开发过程中，尊重水、表土、地形、植被，采用源头分散式措施，如下沉式绿地、蓄水湿地、雨水花园和可透水铺装等，使土地尽量保持开发前的水文下垫面特征，以维持场地开发前后的降雨产流水文特征不变，包括径流总量、峰值流量和峰现时间等。

为了达到“低影响”，城市设计和土地开发必须遵从“四个尊重”，即尊重水、尊重表土、尊重地形地势、尊重植被，其核心是尊重自然。

在某种意义上，低影响开发与海绵城市建设也可以认为是“同义词”。其狭义是雨洪管理的资源化和低影响化，广义则包括城市生态基础设施建设和生态城市建设的目标体系。它包括流域管理、清水入库、截污治污、水生态治理、滞流沟、沉积坑塘、跌水堰、植被缓冲带、雨洪资源化、水系的空间格局、水系的三道防线、生态驳岸、水系自净化系统、水生态系统、湿地、湖泊、河流、水岸线、生态廊道、城市绿地、城市空间、雨水花园、下沉式绿地、透水铺砖、透水公路和屋顶雨水收集系统等技术和设计。

### 一、低影响开发对水的尊重

尊重水，则不应该把河流作为纳污场所，不能破坏水岸边的草沟草坡，同时要防止面源污染，保护水系的自净化系统和水生态系统。

从水文循环角度，开发前后的水文特征基本不变，包括径流总量不变、峰值流量不变和峰现时间不变。要维持下垫面特征以及水文特征基本不变，就要采取渗透、储存、调蓄和滞留等方式，实现开发后一定量的径流不外排；要维持峰值流量不变，就要采取渗透、储存和调节等措施削减峰值、延缓峰值时间。

同一场降雨，下垫面特征不同，开发强度不同，其水资源的构成比例会有很大差异。一般来说，在自然植被条件下，总降雨量的40%会通过蒸腾、蒸发进入大气，10%会形成地表径流，50%将下渗成为土壤水和地下水。而城市的建设打破了这种雨水分布格局：地表径流可能从原来的10%增加到50%或更多，下渗则会从50%减少到10%或更少。一旦遭遇强降雨，极易造成洪水和内涝灾害，同时伴随着雨洪资源的严重损失、水土流失、面源污染以及水系自净化系统的破坏。因此，减少地表径流、减少水土流失、减少面源污染、减少雨洪资源损失、减少洪水和旱灾危害，以及增加雨水就地下渗、补充地下水，成为低影响开发技术的关键。

## 二、低影响开发对表土的尊重

表土层是指土壤的最上层，是我们最易获取的资源，一般厚度为15～30cm。表土是地球表面千万年形成的财富，有机质丰富，植物根系发达，含有较多的腐殖质，肥力较高（盐化土壤和侵蚀土壤除外），是地表水下渗的关键介质，是植被生长的基础，也是微生物活动的载体。表土回填可以促进土壤的生物多样性，提高地表水循环效率和水质安全。

传统城市开发为了修建大面积的建筑群，将原始地形进行平整。场地平整过程中，珍贵的表土层被当作渣土处理或廉价售卖。一些有经验的国家已经清晰地认识到表层土壤的重要性。比如，美国和澳大利亚已经设立了专门的表土层保护的法律和机构；英国和日本则有详细的土壤处置指南。在我国，每年有大量的农业用地转换为建设用地，如果这部分流转农用地的表土层被回填利用，将实现建设用地、景观用地与农业用地的多方优化，带来巨大的环境效益。尊重表土，就要保护和利用好这些宝贵资源，防止水土流失，在土地开发中收集表土并在土地开发后复原表土。

表土在海绵城市中的作用主要表现在以下三方面。

### 1. 表土渗透降水

降水从陆地表面通过土壤孔隙进入深层土壤的过程是降水的渗透。渗透进入表土中的水分，部分进入深层土壤后渗漏，其余的水分转化为土壤水停留在土壤中。表土是降水的重要载体，表土渗透水的能力直接关系到地表径流量、表土侵蚀和雨水中物质的转移等。土壤渗透性越强，减少地表径流量和洪峰流量的作用越强。

### 2. 表土储存降水

表土通过分子力、毛管力和重力将渗透进来的水储存在其中，储存在表土中的水主要有吸湿水、膜状水、毛管水和重力水几种类型，分为固态、液态和气态三种不同的形态。其中，液态水对植物生长非常关键，其主要存在于土壤孔隙中和土粒周围。

### 3. 表土净化降水

表土净化降水的核心是通过“表土-植被-微生物”组成的净化系统来完成。表土净化降水过程包括土壤颗粒过滤、表面吸附、离子交换以及土壤生物和微生物的分解吸收等。

土壤质地、容重、团聚体和有机质等理化性质是影响其储存和渗滤作用的重要因素。通过改变土壤质地、容重、团聚体和有机质等理化性质可以改变土壤的渗滤性和储水能力，从而减少地表径流。低影响开发中，透水铺装、渗透塘、渗井和渗管及渠道等设施都能够增加地表透水性。采用透水性强的材料、增加材料的孔隙率以及搭配种植植物对增加地表透水性也具有重要作用。

## 三、低影响开发对地形地势的尊重

自然地形所形成的汇水格局是一个区域开发的重要因素，地形变了，汇水格局也会相应改变。低影响开发就是要研究原有地形和开发后地形的不同汇水格局及其影响。因此，以尊重地形为出发点的规划设计和土地开发，对环境的影响小，相对安全，也可以体现空间的多样性，具有自然和艺术之美。

传统的城市开发中，人们秉持“人定胜天，改造自然”的思想，肆意改变场地的地形地势，挖山填湖，变山地为平地，将河道裁弯取直，自然绿地被人工硬化。流域下垫面的改变直接导致了降雨产汇流模式的畸变，水文循环被破坏，城市热岛效应、雾霾加剧，洪水内涝灾害频发，而水资源总量却日益减少。因此，城市开发必须尊重土地原始的地形地势，顺形而建，应势而为，尽量维持土地的地貌、气候及水循环，使人类融于自然，与自然和谐共生。

“地形”指的是地表各种各样的形态，如山地、高原、平原、谷地、丘陵和平地等，具体指地球表面高低起伏的各种状态。自然形成的地形地貌（位置、坡度、坡向和高差等）是城市赖以形成和发展的基础，在城市发展过程中，自然地貌从宏观上控制着城市的形态、结构和扩张方向。

随着城市的发展，人们逐渐认识到地形地貌在影响着城市气候的方方面面。例如，地形地貌对局部气候（温度和降水）、水环境和生物的分布及多样性有影响；地形的构造和海拔差异也会对当地的日照、太阳辐射和风环境等造成影响。虽然地形对生态城市规划的制约在不同的设计阶段尺度是不同的，但在中观尺度和微观尺度城市规划设计时，针对地形地貌（包括城市的物理结构）对局地气候的调节作用，规划者应该合理利用，因地制宜加以控制和引导，在建筑选址时争取最佳的方位、日照和风环境等，以改善不同季节的人体体验舒适度，降低建筑能耗，节约资源。此外，根据地形地貌分析得到当地的太阳辐射数据，可以合理利用太阳能资源和配置植物布局。

### 四、低影响开发对植被的尊重

植被是顺应地形的产物，是水和土壤的产物，也是地形、水和土壤的“守护神”。没有植被，水土流失和面源污染则不可避免；没有植被，水质、水资源和表土都会丧失，地形也会改变，而水也会失去它的资源属性，变成灾难性的洪水，造成经济损失，成为制约城市发展的瓶颈。

陆地表面分布着多样化的植物群落，植被是能量转化和物质循环的重要环节，为生物提供栖息地和食物，改善区域小气候，对水文循环起到平衡作用，能防止土壤侵蚀、沉积和流失，同时也是城市的重要景观，可以削弱城市热岛效应。

城市建设要尽量保护土地原生的自然植被，保证城市的绿地率，丰富植被多样性，使城市生态系统正向演替。丰富的地表植被在降雨初期可以进行雨水截留，根系吸收一些土壤中的水分为未来丰水季节降水提供渗透空间。地表水体补充地下水时，污染物被植被与土壤吸收净化，对地下水质提升有积极的影响。在起伏的地区，植被的分布能够减少水流对地表的冲击，减少汇水面的水土流失，避免河床抬高，防止洪涝灾害。

低影响开发植被种植区具有自然渗透、减小地表径流、增加雨水蒸发量、缓解市区的热岛效应、降低入河雨洪的流速和水量、降低污染系数、控制面源污染等重要作用，可根据植物的需水量、耐涝程度、根叶降解污染物的能力等来选择适当的植物。

种植区植物的选择应尊重自然和当地植被。由于本地物种能适应当地的气候、土壤和微生物条件，而且维护成本低，水肥需求量小，所以应优先选择本地物种。国外低影响开发技术相对成熟，可使用与国外成熟的低影响开发植物生态习性相近的本地物种或在必要条件下慎重选择容易驯化的外地物种。

另外，要注意植被的空间格局。

低地带由于地势最低，雨水或灌溉水最终流入这一区域。低地带应设计地漏，在非雨季雨水一般不会存留超过72h，但是在雨季，雨水会长时间淹没这一区域的植物，所以在这一区域应该选择根系发达的耐水植物，建议使用当地草本植物或地被植物。

中地带这一区域是高地带和低地带的缓冲带，起到减慢雨水径流的作用。下雨时，这一区域的植物滞留雨水，同时雨水灌溉植物；暴雨时，这一区域的植物应起到护坡作用。所以，须选择耐旱和耐周期性水淹的生长快、适应性强、耐修剪以及耐贫瘠土壤的深根性的护坡植物。

高地带这一区域是低影响开发设施的顶部，在一般降雨条件下雨水不会在这个区存储。所以，这一区域的植物需具有强耐旱性，并在少数的暴雨条件下具有一定的耐涝性能。

## 【同步测试】

1. 低影响开发的核心思想是什么？

2. 随着城市不透水硬化地面比例不断增加，下渗量、蒸发量、地表净流量、地下净流量等要素如何变化？

3. 表土资源对雨水控制管理的作用有哪些？

4. 影响土壤渗透率的因素有哪些？

5. 地形地势和气候环境等因素分别如何影响雨水径流特征？

6. 海绵城市建设中为何优先选择本土植被？

## 【线下活动】

分组讨论并形成报告：

1. 调查您所在城市的城镇化率及下垫面构成情况，并描述其雨水径流特征。

2. 按照低影响开发的原则，针对所在城市面临的水问题，提出简单的海绵改造方案。

# 单元四 海绵城市建设的意义

**【学习目标】**

知识目标：1. 理解雨洪对城市发展的利害两重性。

2. 了解雨水就地下渗的重要性和实现路径。

3. 理解城市面源污染的双重属性和减少面源污染的实现路径。

4. 理解海绵城市建设如何保障城市防洪安全。

5. 理解海绵城市建设如何修复生态廊道，保护生物多样性。

能力目标：1. 会从雨洪资源化视角解释源头减排雨水系统构建的意义。

2. 会根据工程资料，确定海绵城市建设需要解决的目标问题。

雨洪是指一定地域范围内的降水瞬时集聚或者流经本范围的过境洪水。雨洪资源化利用是把作为重要水资源的雨水，运用工程和非工程的措施，分散实施、就地拦蓄，使其及时就地下渗，补充地下水，或利用设施积蓄起来再利用，如冲厕、喷洒道路、洗车、绿化灌溉、景观等。

雨洪资源化利用是综合性的、系统性的技术方案，不只是狭义上的雨水收集利用和雨水资源节约，还囊括了城市建设区补充地下水、缓解洪涝、控制雨水径流污染以及改善提升城市生态环境等诸多方面。

一般认为，洪水是灾害，造成的损失可能是巨大的。因此，对付雨洪的办法就是排洪、泄洪，似乎排泄越快、越彻底就越安全。为了排洪，河流被改造成为泄洪渠道，堤坝高筑。防洪标准越来越高，堤坝也越来越高，但洪量、洪峰、洪水的危害也越来越大。更严重的是，当我们采取一切工程手段排洪、泄洪时，又面临越来越严重的旱灾。许多城市的历史资料告诉我们，年降雨量在近 50 年来并没有太大的变化，但降雨强度和降雨频率变了。一次连续降雨，很可能占全年降雨量的 30%～70%。如果我们把这 30%～70%的雨洪全排泄掉了，旱灾缺水也就无法避免了。因此，雨洪是资源，利用雨洪不仅能解决水资源的问题，也能从根本上改变我们对防洪防旱的理念，解决工程、技术、设计问题，更是城市发展和城市安全的战略问题。

**一、雨洪资源化**

城市的发展使得雨洪具有利害两重性。一方面，城市的发展改变了城市的土地性状和气候条件，使得城市雨洪的产汇流特性发生显著改变，增加了城市雨洪排水系统压力，从而使得城市雨洪的灾害性更为明显。如雨洪量增大、流速增大、洪峰增高、峰现提前、汇流历时缩短等。另一方面，雨洪对城市发展有其潜在的、重要的水资源价值。雨洪是城市水资源的主要来源之一，科学合理地利用雨洪资源，可以有效解决城市水资源短缺，改善城市环境，保持城市的水循环系统及生态平衡，促进城市的可持续发展，具有极高的社会效益、经济效益和生态效益。

我国是一个缺水的国家，在全国 669 个城市中，400 个城市供水量不足，其中有 110 个城市严重缺水。随着城市化的快速发展，城市规模不断扩大，城市人口增加，工业迅速发展，城市用水紧张的问题日益凸显。同时，由于改革开放以来粗放、快速的经济增长，大量工业废水未经处理直接排入自然水体，导致富营养化等水体污染。包括地下水在内，我国已有超过七成的水资源受到污染，水质型缺水成为水资源紧张的突出特征。

城市水资源的最大来源是降雨，海绵城市设施通过滞蓄、下渗，把城市降雨最大限度地留在城市当中，将城市雨洪转化为宝贵的水资源。雨洪资源化利用可以增加城市的水资源补给，缓解水资源紧张的压力，同时可以产生巨大的生态效益，改善城市小气候，减少城市地表径流量，控制雨洪过程，极大地减轻城市洪涝灾害，减少城市防洪排涝基础设施投资等。

想要利用雨洪资源，就需要城市打造更多的湿地、湖泊、绿地、公园。这样，城市的宜居程度和生态安全也将得以提升，可以为城市增加活动空间和生态空间。而这些空间的大小、形态、分布格局，都应该考虑历史最大连续降雨量、地形地势、城市发展格局。当然，雨洪是资源，如何存储这些资源，也就成为海绵城市建设的关键。

**二、减少地表径流量，增加就地下渗量**

大气降水落到地面后，会有以下三种情况：一部分蒸发变成水蒸气返回大气（大约占降雨量的40%），一部分下渗到土壤补充地下水（在自然植被区，大约占降雨量的50%），其余的降雨随着地形、地势形成地表径流（在自然植被区，大约占降雨量的10%）注入河流、汇入海洋。但是，在城市发展的进程中，随着城市地表的硬质化，地表径流可以从10%增加到60%甚至更高，下渗补充的地下水可能急剧减少，甚至是零。

通过海绵城市的定义我们可以知道，一个具有良好的雨水收集利用能力的城市，应该在降雨时就地或者就近吸收、存蓄、渗透、净化雨水，补充地下水，调节水循环。因此，减少地表径流，提高就地下渗是打造海绵城市的重点。

雨水就地下渗的重要性表现为以下四点：一是把原来被排走的雨水就地蓄滞起来，作为城市水资源的重要来源；二是降低地下排水渠道的排涝压力，减轻城市洪水灾害的威胁；三是回补地下水，保持地下水资源，缓解地面沉降以及海水入侵；四是减少面源污染，改善水环境，修复被破坏的生态环境等。

城市雨水就地下渗对于城市建设是一个挑战。它除了要增加湿地、湖泊、水系面积，增加下沉式绿地、公园、植被面积外，都市农业面积的保护、城市生态廊道的建设也是就地下渗的重要基础设施。这些都是大尺度海绵城市建设的重要因素。至于雨水花园、透水铺砖、空隙砖停车场、透水沥青公路等，都是小尺度海绵城市建设的具体技术、工程或设计。这两个尺度海绵城市建设的终极目标，就是让雨水最大限度地就地下渗，或者最大可能地实现对地下水的补充。

**三、减少地表径流量，减少面源污染**

水环境污染是由点源、线源和面源污染造成的。面源污染是指以“面流”的形式向水环境排放污染物的污染源，包括农田、农村和城镇的面源污染。它们在降水和地表径流的冲刷过程中，使大量大气和地表的污染物以“面流”的形式进入水环境。城市面源污染是城市水体污染的重要污染源。

中国工程院王浩院士曾经说过：“污染物是放错了位置的营养物”。例如，氮、磷直接排入水体，可能引起水体富营养化，造成环境污染，若氮、磷随地表径流进入城市绿地，则成为绿地植被生长的重要营养物质。而且，在一定的可承载范围内，水系具有一定的自净化能力，环境具有一定的可塑性，就像一滴墨水滴在湖里没有影响，而滴在碗里的影响就显而易见。因此，总量控制很重要。

传统城市开发模式的绿地（公路绿化带、城市绿化景观等）普遍高于硬化地面，地表径流携带的面源污染物顺着路面汇集成洪流，进入水系。一方面，绿地无法发挥雨水下渗功能，使水资源白白流失，大量的污染物进入水体，水系无法自我净化，造成水体污染；另一方面，植物生长需要的氮、磷等营养物质随着地表径流进入雨水管网被排出了城市，营养物质白白流失，人类反而需要花费人力、财力为绿地施肥以维持其生长。

海绵城市正是根据污染物质的这一双重属性，运用低影响开发技术，建设生态基础设施，增加城市绿地面积，打造下沉式绿地，使城市的污染物随地表径流流入下沉绿地内，有效减少城市的地表径流，减少面源污染，又将地表径流带来的污染转化为绿色植被生长所需的营养物质。该手段可通过降低水流速度，延长水流时间，减轻地表径流进入水体的面源污染负荷。为此，应尽可能让更多的雨水进入城市下沉式绿地、草地、草沟、公园以及各类雨水池、雨水沉淀池、植草沟、植被截污带、氧化塘与湿地系统等，将被阻断的污染转化为资源。

## 四、降低洪峰，减小洪流量

地表特征是影响流域和城市水文特征的重要因素。未经开发的土地，地表植被覆盖率高，雨水下渗率大，径流系数小。降雨来时，首先经过植物截留、土壤下渗，当土壤含水量达到最高，后续降雨量就形成地表径流。地表径流汇合集聚，通过自然地形的坡地流入河道。随着降雨强度和降雨历时的增加，河道流量达到最大值，成为洪峰。

城市的扩展使大量地表植被被破坏，地表普遍硬质化，雨水无法下渗进入土壤层和地下水，在很短的时间内成为地表径流，通过市政管道迅速汇入河道。随着降雨的持续，地表径流量不断增加，河道水量迅速增长，在短时间内即达到洪峰流量。城市的河道洪峰出现时间比土地未开发时出现的时间要早，且洪峰流量大，极易形成洪涝灾害。同时，传统城市开发在经历一场连续暴雨后，不仅容易形成极大的洪水流量和洪峰，而且极有可能把宝贵的雨水资源排出城市，造成水资源的浪费和水体污染，同时加剧了旱灾。

海绵城市打造正是要打破传统城市开发模式的弊端，尊重表土，保护原有的土壤生态系统，保障植物、植被的生长，实现蓄洪水面、湿地、绿地、雨水花园和公园等空间的最大化，雨洪就地下渗的最大化，地表径流、城市排水管道的分散化和系统化，以及城市流域水系和汇水空间格局的合理化，最大限度消除洪灾旱灾的威胁，保障城市水生态安全。

## 五、修复生态廊道，保护生物多样性

海绵城市除解决城市水环境问题外，还可带来综合生态效益和社会效益，如缓解城市的热岛效应、改善人居环境等，同时也可以为更多的生物提供栖息地，提高城市生物多样性水平。从生态学角度理解，生物多样性即种群与群落以及所处自然环境的多样性和连续性，而城市生物多样性的建立是指在满足城市安全、生产、生活等需求的前提下丰富生物种类，形成生态系统，其重要条件就是城市的生态廊道。而生态廊道包括水系蓝带和绿地绿带，其空间格局称为生态廊道，是海绵城市建设的重要指标。

### （一）生态廊道与生物多样性的关系

在城市建设中，人类活动割裂了自然原本的地表形态，使得城市景观“高度破碎化”，即由原本整体和连续的自然景观趋向于异质和不连续的混合斑块镶嵌体。这种割裂状态阻断了生物交流和物质交换，破坏或摒弃了许多当地原有的生物群落。另外，引进外来生物并形成新的生物群落，可能会对当地原本的生物群落造成威胁。

简而言之，城市景观破碎化给城市发展带来阻碍，由于很大程度上割裂了自然生境，改变了城市之间以及城市与自然之间的能流、物流循环过程，导致城市生态系统的服务功能无法正常发挥。然而，生态廊道可以提高城市景观的异质性，提高生物多样性。以植物为例，城市绿地绿化运用多种植物的不同搭配组合，不仅能够体现当地特色、美化城市景观，还可以为多种生物提供栖息地。

### （二）景观破碎与生态廊道

景观破碎化在城市建设和发展过程中对生物多样性造成直接威胁，而海绵城市可以在这两者之间形成一层缓冲带，即在海绵城市生物多样性保护方面，生态廊道可作为动植物栖息地和迁移的通道。廊道是有着重要联系功能的景观结构，依靠生态廊道重新连接破碎的生境斑块是解决景观破碎化的主要办法和有效手段。

1. 功能城市公园的建立

在海绵城市的建设中，可以运用空间规划的方法，结合当代景观设计手法，规划设计兼具水体净化和雨水调蓄、生物多样性保育和教育启智等多种生态服务功能的综合型城市公园。如2010年新建的上海世博后滩公园，就是把景观作为城市生物多样性的生命系统进行规划设计的。

2. 城市空间上的生物多样性保护规划

通过选择指示物种，进行地形适宜性分析，判别该物种的现状栖息地，合理推断其潜在栖息地位置，以此规划出景观网络，便可形成一个对生物多样性保护具有关键意义的景观安全格局。在海绵城市中，基于不同的生物保护安全水平，构建不同层次的生物多样性保护景观安全格局，特别是在一些市政基础设施与生态网络相交叉或重叠的地方，需要进行特别的景观设计，如建立穿越高速道路的动物绿色通道等。

3. 绿化建设由传统规划向低碳规划转变

低碳规划与传统规划的绿化建设相比，更加符合生物圈的自然规律，它考虑了城市自然生境的问题，以生物多样性作为城市自我净化功能的基础，在满足城市安全、生产、生活等需求的前提下丰富了生物种类。这样，一方面为更多生物提供了栖息地，提高了城市生物多样性水平；另一方面改善了人居环境，发展了一种低碳愿景下可持续城市规划理念。

除此之外，在海绵城市建设中，可以结合高科技建立生物基因库，来保护城市中的濒危物种；还可以加强生物多样性的科普和宣传教育，呼吁更多公众参与到保护行动中来。更重要的是，政府相关部门应建立与之相应的法律法规体系来保护生物多样性。

## 【同 步 测 试】

1. 雨洪对城市发展的利与害分别是什么？
2. 雨水就地下渗的重要性表现在哪些方面？
3. 城市面源污染的双重属性是什么？
4. 海绵城市建设如何保障防洪安全？
5. 解决城市景观破碎化的方法有哪些？

## 【课 下 活 动】

分组讨论并形成报告：

如果你所在的城市推进海绵城市建设的话，会带来哪些好处？请结合你所在城市的实际情况详细说明。

# 单元五 海绵城市建设的效益

**【学习目标】**

知识目标：1. 理解海绵城市建设的生态效益、社会效益和经济效益。

2. 了解海绵城市建设的艺术价值。

能力目标：1. 会根据工程资料及给定的计算方法确定海绵城市建设的经济效益。

2. 会根据工程所处阶段，提出保障措施简要方案。

海绵城市建设是党中央、国务院在城市雨水方面提出的一项战略性重大决策，该项工作的实施涉及水利、市政、交通、城建、国土、发改、财政、气象、环保、生态、农林及景观等多个领域的管理与合作。海绵城市的建设理念重新梳理了雨水管理与生态环境、城市建设及社会发展之间的关系，全方位解决水安全、水资源、水环境、水生态和水景观及水经济等相关问题，从而实现生态效益、社会效益、经济效益和艺术价值的最大化。

## 一、海绵城市建设的生态效益

通常来说，海绵城市建设可显著提高现有雨水系统的排水能力，降低内涝造成的人民生命健康及财产损失。透水铺装、下沉式绿地和生物滞留设施与普通硬质铺装及景观绿化投资基本持平，在实现相同设计重现期排水能力的情况下，可显著降低基础设施建设费用。

更重要的是，海绵城市建设可以最大限度地恢复被破坏的水生态系统。水生态系统的恢复必然影响整个生态系统的结构和功能，从而改变区域生态系统服务价值，带来显著的生态效益。

以长春市绿园区合心镇为例，分析合心镇核心区海绵城市建设对区域生态系统功能的影响及其生态效益。根据《海绵城市建设技术指南——低影响开发雨水系统构建（试行）》，全国年径流总量控制率大致分为五个区，长春市绿园区合心镇属于Ⅱ区，其径流总量控制率为$80\% \leqslant \alpha \leqslant 85\%$，年径流总量控制率对应的设计降雨量为21.4～26.6mm。合心镇以低影响开发技术为指导，建设城乡一体的生态基础设施，在合心湖防洪安全的基础上，构建由地块内部雨水湿地和生态塘组成的海绵城镇蓝网，并建立由一级、二级和三级生态沟组成的绿色基础设施，串联雨水花园和植被缓冲带等，结合合心湖水系绿地组成海绵系统绿网，从而实现水绿互动（蓝网＋绿网），打造生态海绵城镇。合心镇核心区现状为村镇及农田用地，传统建设开发后，径流系数为0.7～0.8。通过实施海绵城市建设，有效降低了径流系数，综合径流系数为0.3～0.4，年SS总量去除率为40%～60%，水面面积率为5.66%，湿地面积率为36.94%，从而改变了合心镇核心区的生态服务价值当量，生态系统服务功能经济总价值达到1.74亿元，详见表1-10。

**表1-10　合心镇核心区海绵城市建设后生态服务价值当量总表**　单位：万元

| 生态服务功能 | 林地 | 草地 | 农田 | 水域 | 合计 |
|---|---|---|---|---|---|
| 空气调节 | 160.90 | 264.09 | 793.63 | 0.00 | 1218.62 |
| 气候调节 | 124.12 | 297.10 | 1365.04 | 30.93 | 1817.19 |

续表

| 生态服务功能 | 林地 | 草地 | 农田 | 水域 | 合计 |
|---|---|---|---|---|---|
| 水源涵养 | 147.10 | 264.09 | 952.36 | 1370.15 | 2733.70 |
| 土壤形成与保护 | 179.28 | 643.71 | 2317.40 | 0.67 | 3141.06 |
| 废物处理 | 60.22 | 432.44 | 2603.11 | 1222.24 | 4318.01 |
| 生物多样性保护 | 149.86 | 359.82 | 1126.95 | 167.40 | 1804.03 |
| 食物生产 | 4.60 | 99.03 | 1587.26 | 6.27 | 1697.16 |
| 原材料 | 119.52 | 16.51 | 158.73 | 0.67 | 295.43 |
| 娱乐文化 | 58.84 | 13.20 | 15.87 | 291.78 | 379.69 |
| 总计 | 1004.44 | 2390.00 | 10920.35 | 3090.11 | 17404.94 |

海绵城市建设带来的生态效益主要包括以下几方面：

（1）控制面源污染。生物滞留设施、透水铺装和下沉式绿地等技术措施对雨水径流中的SS、COD等污染物具有良好的净化能力，对城市水污染控制和水环境保护具有重要意义。

（2）建立绿色排水系统，保护原水文下垫面。植被浅沟等生态排水设施大量取代雨水管道，生物滞留设施、透水铺装、下沉式绿地、雨水塘和雨水湿地的应用，低影响开发设施与传统灰色基础设施的结合，形成了较为生态化的绿色排水系统，且有效降低了城市径流系数，恢复了城市水文条件。

（3）提升生态景观效果。海绵城市建设赋予城市公园绿地更好的生态功能，改善了传统景观系统的层次感及其对雨水的滞蓄功能。

（4）提升生态系统服务价值。海绵城市建设实施后，可以最大限度地恢复被破坏的水生态系统。水生态系统的恢复必然改善整个生态系统的结构和功能，从而提升区域生态系统服务价值。

## 二、海绵城市建设的社会效益

海绵城市建设属于城市基础设施的一部分，是市民直接参与享用的公共资源。海绵城市的社会效益主要体现的是公共服务价值，具体分几个层面：一是丰富城市公共开放空间，服务城市各类人群；二是构建绿色宜居的生态环境，提升城市品质与城市整体形象；三是改善人居环境，缓解水资源供需矛盾。

海绵城市社会效益的重点是海绵城市与城市公共开放空间的关系。海绵城市的基本目的除雨洪资源利用外，还有一个重要的社会目的，即构建一个集展示、休闲、活动和防灾避难为一体的多功能城市开放空间。一方面，海绵城市建设的现有载体如河流、湖泊、沟渠和绿地等，在建设中要加以保护和合理利用，给市民提供一个生态的公共空间；另一方面，建设的新载体如新建绿地、街道、广场、停车场和水景设施等，都要打造成可供市民活动的公共空间。

例如，广场作为城市的重要公共开放空间，不仅是公众的主要休闲场所，也是文化的传播场所，更代表着一个城市的形象，是一个城市的“客厅”。在设计施工中，要采用海绵城市的理念及手法打造生态型的广场，如广场中的景观水池、透水铺装、高位花坛、下凹绿地、树池等。生态广场不但是公共空间，也是海绵城市建设的科教展示场地，同时也能成为海绵城市建设的示范点。

再如，公共绿地是城市生态系统和景观系统的重要组成部分，也是市民休闲、游览及交往的场所。海绵城市建设所涉及的雨水花园、湿地公园、生态驳岸、微型雨水塘、植被缓冲带、植物浅沟、雨水罐、蓄水池、屋顶花园和下凹绿地等，丰富了城市公园的种类，也提高了公园的品质和景观价值。

海绵城市是新型城镇化发展的重要方向，将带来一系列综合效益，也是新型城镇化建设的迫切需求。今后城市基础设施建设中，应充分利用广场、公园、绿地、停车场、居民区和绿化带等公共设施，全方位打造“城市海绵体”。同时也要通过城市规划和科普宣传让社会公众了解海绵城市，在全社会普及海绵城市及低影响开发的理念，让海绵城市建设成为既有规范要求又有公众参与的城市建设，让社会公众成为海绵城市建设的“参与者”和“支持者”。

## 三、海绵城市建设的经济效益

### （一）新常态经济

中国经济经历了超高速增长阶段，逐步转向中高速和集约型增长，由“唯 GDP 论”进入可持续关注综合价值的新发展阶段。新常态经济的时代已经到来，并将在很长一段时间成为中国宏观经济格局的基本状态。新常态下，经济发展方式将从规模速度型粗放增长转向质量效率型集约增长，经济结构将从增量扩能为主转向调整存量、做优增量并存，经济发展动力将从传统增长点转向新的增长点。在宏观经济背景调整的大势下，海绵城市的产生和建设不是偶然，而是新常态下经济发展的必然诉求。

1. 海绵城市是经济增长方式向集约型、再生型转变的典型代表

新常态下，经济增长方式由配置型增长向再生型增长方式转变，资源的集约高效利用将取代粗放经营。根据再生经济学原理，无直接经济效益的长期基本建设投资永远优先于有直接经济效益的中短期基本建设投资，基本建设投资永远优先于生产资料生产投资，生产资料生产投资永远优先于消费资料生产投资。海绵城市建设将雨洪作为资源充分利用，是集约型发展的典范；同时，作为具有长期效益的基本建设投资，亦符合再生型经济发展的基本规律。可以说，海绵城市建设顺应大势并符合国情，是新经济增长方式的代表。

2. 海绵城市是新常态下金钱导向转变为价值导向的示范标杆

新常态经济的核心是价值，由单一的金钱导向转变为以人民幸福为中心、以综合价值为目标、以社会全面可持续发展为导向。仅以金钱论，海绵城市是最基础的公共服务类设施，不以营利为目的；但若以价值论，其关系民生福祉和百代生计，产生的综合效益和间接效益难以估量。国家及全社会对海绵城市建设的重视，也正体现了新常态下经济价值观的转变，将对整个社会幸福及可持续发展起到良好的示范带动作用。

### （二）新型城镇化

新型城镇化，包括海绵城市这个词，是在 2013 年 12 月 12 日中央城镇化工作会议上由习近平总书记提出的。当时新型城镇化可概括为：一是基础设施的一体化，二是公共服务的均等化。海绵城市作为绿色基础设施和公共生态服务，是在中国城镇化进入相对成熟的发展阶段和转型重要节点上提出的，可以理解为是新型城镇化建设的重要组成部分，与新时期城镇化建设密不可分。

中国在改革开放前 30 年间，城市空间扩大了 2～3 倍，2014 年城镇化率达到 54.77%，但如果考虑内部结构数据化，东西部地区存在很大的差异。当西部地区还在以外延式城市发展为主时，东部地区可能已从增量优化过渡到了以存量调整为主的城镇化阶段，提高服务标准的城镇化方式将成为未来一段时间内建设的主流。新型城镇化的“新”就是要由过去片面注重追求城市规模扩大和空间扩张，转变为以提升城市的文化和公共服务等内涵为中心，真正使城镇成为具有较高品质的适宜居所。据中国发展研究基金会估计，中国未来的城市化会拉动 50 亿元规模的投资需求，海绵城市处在这样的利好背景下，将成为推动公共服务均等化和提升城市建设品质的有力推手，成为中国城镇化转型的前沿示范。

**（三）海绵城市建设的市场分析**

1. 海绵城市产业链体系

海绵城市建设涉及技术服务、材料、工程、仪器、管理及居民生活等多个领域，不是简单的传统的土建领域，不仅整合了已有生态产业体系，还将催生新兴产业，是对整个产业的整合、细化和升级，推动“微笑曲线”向高价值端延展。

海绵城市建设本身将带动生态工程开发和城市园林产业建设，加速推进城市水系统升级改造。在上游端，将全面激活相关技术研发、规划设计和新材料新装备制造等研发制造环节；在下游端，将拉动运维管理、智能监测和居民生活休闲产业向第三产业延展，从而形成一个带动力强劲的产业链体系，推动科技、制造业和服务业协同发展。

2. 海绵城市市场前景预测

随着 2015 年 4 月海绵城市初试点城市名单的正式公布，一股建设海绵城市的热潮在全国兴起。中央财政的专项资金补助在 200 亿元左右，财政补助时间为三年，具体补助数额按城市规模分档确定，直辖市每年 6 亿元，省会城市每年 5 亿元，其他城市每年 4 亿元。对采用 PPP 模式达到一定比例的，将按上述补助基数奖励 10%。而从各试点城市在海绵城市建设投资的数额上看，则从几十亿元到几百亿元不等，如南宁投资 95.19 亿元，常德投资则高达 250 亿元。国家财政补贴结合社会资本投入，通过海绵城市建设带动相关产业发展，将带来新的经济增长点，预计每年拉动的市场投资达上万亿元。

## 四、海绵城市的艺术价值

海绵城市是指城市像海绵一样，能够在适应环境变化和应对自然灾害等方面具有良好的“弹性”。其建设理念是将自然途径与人工措施相结合，对城市生态进行恢复性改造。从艺术的角度评价海绵城市，作为一个低影响开发性的生态工程，其意义不仅仅在于对生态环境的保护和恢复，更是对景观艺术设计及美好城市形态建设等诸多方面的创新性影响。

海绵城市遵循生态可持续的建设原则，而非人工地强制性地改造。海绵城市的打造是基于尊重自然规律并且敬畏生态系统的理念，在改造和建设的同时，最大限度地保护城市原有生态系统。让水流动，让树生长，让万物依照大自然原有的系统规律，所有元素自行循环再生，最后归于初始。这是人类在审视过去的城市建设中出现的种种弊端后，重新向大自然学习，旨在恢复自然的生态之美。

因此，海绵城市的景观营造不是单方面地只注重观赏性，而是在景观设计的同时兼顾生态改造，做到功能与艺术并重，让一座城市既有实力又不失优雅。例如，浙江金华燕尾洲公园，利用天然湿地储蓄洪水的模式，最大化地创造了丰富边缘的原生景观，造就了良好的景观设计感和视觉连续性。这些设施生于自然并融于自然，相较于传统的景观设计，给人以新的景观感知与视觉感受，并创造了一种全新的艺术享受，如图 1-11 所示。

图 1-11 浙江金华燕尾洲公园

海绵城市的艺术价值还体现在对空间形态的塑造上。不同形态的用地，其空间营造的手法也不同。如在打造生态驳岸的过程中，会通过湿地生物植被、灌木和常绿乔木的搭配种植起到稳固堤岸、削减污染和径流速度等作用。这三种类型的植被带，由于植物自身高度及形状等外在的差异，在空间上形成错落，营造出了起伏的植被天际线。这在空间的塑造上形成了一种韵律感，给人一种不同的视觉享受和审美愉悦感。

## 【同 步 测 试】

1. 海绵城市建设的生态效益体现在哪些方面？
2. 海绵城市建设的社会效益体现在哪些方面？
3. 海绵城市建设在未来城市发展中会对产业链体系产生哪些影响？
4. 海绵城市建设的艺术价值体现在哪些方面？可举例说明。
5. 海绵城市在设计、建设、维护阶段分别应如何制定管理机制，如何保障海绵城市建设效益？

## 【课 下 活 动】

分组讨论并形成报告：

根据给定工程资料，进行海绵城市建设效益评价。

# 单元六 海绵城市建设的生态学原则

**【学习目标】**

知识目标：1. 理解海绵城市建设的生态学原则内涵。

2. 理解空间、格局和尺度在海绵城市建设中的含义。

3. 理解流域层面、城市层面和场地层面海绵城市建设的含义。
4. 从微观尺度，理解“肾肺皮口脉”等生态基础设施与海绵城市低影响开发设施的有机整合。
5. 从中观尺度，理解海绵城市建设视角下的“可持续”城市建设理念。
6. 从宏观尺度，理解海绵城市建设对流域生态治理的影响及作用。

能力目标：会根据工程资料阐述海绵城市建设的宏观、中观或微观生态学意义，并作出简要评价。

城市设计的主要工作是对城市空间形态的整体构思与设计，其基本要素包括用地功能、建筑外观及开放空间。

在城市设计的过程中，我们要将“硬质”设计与“软质”设计相结合，统筹考虑。这里的“硬质”指的是建筑和路面等硬质材料，“软质”指景观、水域和植物等生态环境。因此，开展设计工作的一个基本条件就是顺应自然。在这一前提下，海绵城市的设计理念应运而生，打造“天人合一”和“融入自然”的海绵城市，是对当代城市设计只注重建筑美学形态这种观念的完善与修正。城市设计应当全面地考虑城市与自然的共生，让雨水、阳光、风、植物与城市空间形态完美融合，让城市在适应环境变化和应对自然灾害等方面具有良好的“弹性”，真正达到与自然和谐共处的目标。

## 一、生态学原则

海绵城市设计应遵循生态学基本原理。生态学虽体系庞大、包罗万象，但其原则主要包含三个关键点：承载力、关系和可持续性。首先，任何生态系统都有一定的承载力，事物在承载力范围内良性发展，超出承载范围则发生失衡。海绵城市设计中，应保证水资源承载力、水环境承载力、水生态承载力和土壤承载力等系统的平衡。其次，生态系统内各事物间相互关联，直接影响了事物的形成与发展。海绵城市设计中，应正确处理好水与土壤的关系、水与植被的关系、水与陆地的关系以及空间格局的关系等。最后，实现生态系统的可持续。海绵城市设计成功与否的一个重要标准就是其可持续性，一个科学合理的设计必然是环保的、生态的以及可持续的。一个可持续的海绵城市设计，必须符合如下生态学原则。

### （一）生态优先原则

在进行海绵城市规划时，应该将生态系统的保护放在首位，当生态效益与其他的社会效益和经济效益发生冲突时，应该首要考虑生态安全的需求，满足生态效益。首先，对区域生态系统和当地生态系统本底进行调查，在不破坏当地生态系统的前提下，确定优先保护对象。海绵城市应强调生态系统的整体功能。在城市中，生态系统具有多重功能，但是生态系统的社会功能、供给功能、支持功能以及景观功能均应该以生态功能为基础，形成生态优先，“社会—经济—自然”的复合生态系统。

### （二）保护城市原有生态系统的原则

最大限度地保护原有的河流、湖泊、湿地、坑塘及沟渠等水生态基础设施，尽可能地减少城市建设对原有自然环境的影响，是海绵城市建设的基本要求。采取生态化、分散的、小规模的源头控制措施，降低城市开发对自然生态环境的冲击和破坏，最大限度保留原有绿地和湿地；城市开发建设应保护水生态敏感区，优先利用自然排水系统与低影响开发设施，实现雨水的汇集、渗透、净化和可持续水循环，提高水生态系统的自我修复能力，维持城市开发前的自然水文特征，维护城市良好的生态功能；划定城市蓝线，将河流、湖泊等水生态敏感区纳入城市规划区中的非建设用地范围，并与城市雨水管渠系统相衔接。

**（三）多级布置及相对分散原则**

多级布置和相对分散，是指在海绵城市规划过程中要重视社区和邻里等小尺度区域生态用地的作用，根据自身性质形成多种体量的绿色斑块，降低建设成本，并达到分解径流压力、从源头管理雨水的目的。要将绿地和湿地分为城市、片区及邻里等多重级别。通过分散的、生态的低影响开发措施实现径流总量控制、峰值控制、污染控制及雨水资源化利用等目标，防止城镇化区域的河道侵蚀、水土流失及水体污染等，保持城市水系结构的完整性，优化城市河湖水系布局，实现自然、有序排放与调蓄。

**（四）因地制宜原则**

应根据当地的水资源状况、地理条件、水文特点、水环境保护情况以及当地内涝防治要求等，合理确定开发目标，科学规划和布局。合理选用下沉式绿地、雨水花园、植草沟、透水铺装和多功能调蓄等低影响开发设施。另外，在物种选择上，应该选择乡土植物和耐淹植物，避免植物长时间浸水而影响植物的正常生长，从而影响净化效果。

**（五）系统整合原则**

基于海绵城市的理念，系统整合不仅包括传统规划中生态系统与其他系统（道路交通、建筑群及市政等）的整合，更强调了生态系统内部各组成部分之间的关系整合。要将天然水体、人工水体和渗透技术等生态基础设施统筹考虑，再结合城市排水管网设计，将参与雨水管理的各部分整合起来，使其成为一个相互连通的有机整体，使雨水能够顺利地通过多种渠道入渗、储存、利用和排放，减小暴雨对城市造成的损害。

## 二、海绵城市设计中景观生态学的应用

景观生态学（Landscape Ecology）是生态学中重要的学科分支，也是非常实用的一门科学，它用于指导整个土地利用、土地规划、城市规划、生态系统修复及海绵城市设计等。

**（一）景观生态学的主要内容**

景观生态学主要有三部分内容：空间、格局、尺度。景观生态学没有改变生态学里的承载力概念，没有改变可持续概念，但是生态关系这部分概念有了三大侧重点。第一，景观生态学突出了空间关系，包括城市天际线的关系、植物与岸边的关系和全球气候变化的空间关系。第二，景观生态学突出格局关系，在自然系统中，空间关系有一定的自然格局，这些格局与系统的功能和结构相辅相成，只要研究好这个格局，在规划设计中追求自然和艺术，就能够实现空间格局关系的艺术性和可持续性。第三，尺度问题。例如，城市污水处理与整条水系治理是两个不同尺度的问题，所涉及的内容不一样，设计的理念也不一样；一个小区的开发与城市区域的发展焦点不一样。不同尺度具有不同的关系，设计师必须掌握好不同系统和区域之间的尺度关系。不同尺度有不同的设计理念、不同的焦点和不同的生态关系，如果能掌握这一点，我们做的设计就会是生

态的。

景观生态学不但是景观设计师必须掌握的科学、设计理念以及设计技术，也是海绵城市设计师所必需的。因为，所有的设计都旨在处理空间关系，即空间格局。什么是空间格局？对于一条河流、一个城市的绿地系统、景观系统和生态廊道，什么地方该有树，什么地方该有草，什么地方该有水，以及弯曲的河道、海岸线等，这就叫空间格局。为什么河流是弯曲的？河道截弯取直后，排洪顺畅了，但湿地水位逐渐降低以致消失，面流污染因为没有了湿地的净化，直接进入河道并顺着河道排到湖里。于是，湖泊污染了，河道污染了，湿地消失了，鸟也不见了，这就是破坏自然空间格局的代价。

同时，一个好的生态设计师在不同尺度里做的应该是不同的设计，或者说，一种好的海绵城市设计是多样性的，有些地方可为，有些地方不可为。还有，海绵城市设计除了要有前瞻性，还要考虑比设计区域更大的区域的影响。设计不能局限于所设计的区域范围。比如，从生态角度来讲，三峡工程的影响可能不局限于三峡库区。远离三峡的鄱阳湖的湖水连续干枯，为什么呢？我们知道，水系里的泥沙是宝贵的资源，黄河平原、珠三角及长三角都是泥沙淤积形成的。三峡工程建设后，长江中下游江水含沙量锐减，泥沙减少河水就会切割河床，原本长江水流入鄱阳湖然后流出，长江河床下切以后，流进鄱阳湖的长江水减少，鄱阳湖的水位就急剧下降，其生态影响是难以估量的。从生态学角度来讲，有些影响是长远的、跨区域的以及巨大的。一个可持续的海绵城市设计，就不能不考虑这种长远的和跨区域的大尺度影响。

**（二）景观生态学的结构与功能**

景观生态学以不同尺度的景观系统为主要研究对象，以景观格局、景观功能和景观动态等的研究为重点。其中：景观结构为不同类型的景观单元以及它们之间的多样性和空间关系；景观功能为景观结构与其他生态学过程之间的相互作用，或景观结构内部组成单元之间的相互作用；景观动态是指景观结构和功能随时间不断地变化。景观结构、景观功能和景观动态相互依赖和相互制约，无论在哪个尺度的景观系统中，景观结构和景观功能均相互影响。在一定程度上，景观结构决定着景观功能，而景观功能又影响着景观结构。

斑块、廊道和基底是景观生态学用来解释景观结构的基本模式。斑块是指与周围环境在外貌或性质上不同，但又具有一定内部均质性的空间部分，常见的形式可以是湖泊、农田、森林、草原、居住区及工业区等。廊道为景观格局中与相邻周围环境呈现不同景观特征并且呈线性或带状的结构。常见的廊道形式为河流、防风林带、道路、冲沟及高压线路下的绿带等。基底是景观中分布最广且连续性最大的背景结构，常见的基底有郊区森林基底、农田基底和城市中的城市建设用地基底等。景观中任意一个要素不是在某斑块内，就是在起连接作用的廊道内，或是落在基底内，三者是有机的统一体。

**（三）景观生态学在海绵城市设计中的应用**

景观生态学在海绵城市设计中的应用主要表现在流域层面、城市层面以及场地层面。

1. 流域层面

地表和地下水来源的区域就是流域。因此，要防止上游、支流河流的水土产生流失，避免湖泊蓄滞洪水能力下降，阻止上游水域生态服务功能退化所导致的中下游城市的洪水泛滥。要通过研究流域生态系统内各个组成要素的结构和功能，采取上游和支流格局、恢复上游湖泊调节功能、保护河流生态廊道等方法，构建完整、稳定及多样的生态系统，从而达到流域防灾减灾的目的。

2. 城市层面

在城市建设过程中，不合理的规划和建设使得本可以在景观生态过程中进行自然循环的基底和斑块因受到人工斑块的侵蚀而破坏乃至消失。例如，一些保障城市水文自然循环过程的重要景观元素、滨河绿道、城市天然的排水沟和草地植被等天然廊道斑块，都被人工斑块所阻断或者取代，甚至遭到毁灭性的破坏，城市景观呈现破碎化及连接度弱化的趋势。城市自然水循环过程遭受了破坏，从而导致城市型水灾的发生。所以，城市发展建设规划必须以水循环的生态过程为依据和基础，调整城市用地布局，完善城市水系结构，采取雨水生态补偿，恢复和保护这些重要景观要素的结构和功能，从而达到保障城市安全的目的。

3. 场地层面

场地设计中，导致城市型水灾发生的主要原因之一，就是不分场所地将雨水迅速排到城市雨水管网中。根据景观生态学原理，当进行的活动引起景观系统发生变化时，应该尽可能多地实现景观功能价值。所以，需通过集蓄利用雨水、渗透回灌地下水、综合利用雨水，将场地的设计和生态环境结合起来，实现防灾减灾。

以景观生态学为原理，对流域、城市和场地等三个不同层面进行分析，通过在流域层面构建一个稳定、完善的生态系统，在城市层面维护城市自然水循环过程，在场地层面利用雨水并保持场地雨水渗入通畅，最终实现海绵城市的设计理念。

## 三、海绵城市建设与生态基础设施建设

城市生态基础设施由流域汇水系统以及城市的排水系统构成，包括具有净化、活化及美化综合功能的湿地（“肾”），绿地（“肺”），地表和建筑物表层（“皮”），废弃物排放、处置、调节和缓冲带（“口”），以及城市的山形水系和生态交通网络（“脉”）等。在生态系统尺度的整合方面，涵盖了城市绿地、城市水系以及生态化的人工基础设施系统（建筑及道路系统）等。与城市灰色基础设施相比而言，生态基础设施建设对于维持生态安全和城市健康更为重要，是城市可持续发展和生态城市建设的保障。

海绵城市建设，以修复城市水生态环境为前提，综合采用渗、滞、蓄、净、用、排等工程技术措施，将城市建设成为具有“自然积存、自然渗透、自然净化”功能的“海绵体”，旨在解决城市地下水涵养、雨洪资源利用、雨水径流污染控制、排水能力提升与内涝风险防控等问题。海绵城市建设包括以下三个方面：一是对城市原有生态系统（城市水系、绿地系统等）的保护；二是对受到破坏的生态系统进行生态恢复和修复；三是低影响开发。其关键在于，对河流、湖泊、湿地及坑塘等水系以及绿地、可渗透路面等“海绵体”的建设。因此，从广义上来说，海绵城市建设包括城市生态基础设施建设和生态城市建设，其主要建设途径是低影响开发设施的构建。

海绵城市建设是基于中国新型城镇化战略、生态城市战略以及生态文明战略的生态基础设施建设，其设计理念贯穿于各项城市生态基础设施建设之中。但相较于之前的城市生态基础设施建设，其更加侧重于水质和水污染的生态治理技术和设计。

**四、海绵城市建设与生态城市建设**

现代城市开发建设的蓬勃发展给我们的生活带来了诸多便利，同时也留下了许多顽疾。混凝土和柏油路等硬质铺地的大量建设，致使雨水一般只能通过人工管道排放，使土壤失去了本身的渗透能力，内涝成为强降雨后中国众多城市的常态。在缺水地区，70%的雨水被排放，等于浪费了70%的天然水源；而城市为了满足用水需求，反而花费了大量的人力物力从区域外调水，造成严重的财力损失。此外，大规模地建造硬质道路、广场和高层建筑，导致绿地和水体相应减少，增强了热量传导及光线折射，减缓了热量的散失，造成了城市“热岛效应”。

针对这一系列的城市生态环境及水资源利用问题，国家提出了“海绵城市”的建设目标与技术指南，通过建设海绵城市，能有效地降低城市的内涝风险，同时缓解城市水资源缺乏问题，体现了“可持续”的生态城市建设理念。

建设海绵城市，首先要改变传统城市“快速排水”和“集中处理”的规划设计理念。传统的市政规划设计往往着重于管道和抽水泵等排水系统建设，这种做法的结果就是不仅未能缓解内涝问题，还导致出现旱涝急转的状态，造成不可估量的损失。在海绵城市规划设计理念中，应考虑水的循环利用，将水循环和控制径流污染相结合，而其中最重要的就是增加城市弹性的“海绵体”。城市原有的海绵体通常包括河、湖及池塘等水系，是天然的蓄水、排水和取水区域。而海绵城市建设则是在城市中又新增了下沉式绿地、雨水花园、植草沟渠、植被过滤带和可渗透路面等一系列低影响开发设施，被视为“新海绵体”；强调不随意浪费及排放雨水，使雨水渗透进这些“海绵体”，进行储存、净化和循环利用，在提高城市水资源利用的同时，减轻城市的排水压力，降低城市的污水负荷。

**五、海绵城市建设与流域生态治理**

**（一）流域治理与海绵城市的关系**

流域指由分水线所包围的河流集水区，是一个有界水文系统，在这个地区的土地内，所有生物的日常活动都与其共同河道有着千丝万缕的联系。

流域是一个动态的有组织的复合系统。大气干湿沉降因素、人类日常活动以及周边大自然的新陈代谢，都是影响流域系统的重要因素。随着我国城镇化的快速发展，水资源污染问题已受到广泛重视。水污染治理，必须统筹考虑整个流域，重点从点源污染和面源污染的防治着手，同时修复水生态自净化系统，真正做到恢复流域内的自然生境。海绵城市理念主要针对雨水管理，实现雨水资源的利用和生态环境保护，极大地缓解了城市面源污染的入河风险。因此，城市的规划与建设应以环境承载力为中心，建立城市海绵系统，实现流域生态系统可持续发展。

**（二）流域治理针对的问题**

1. 洪涝问题

河滨城市的发展与河道周边的土地存在无可避免的竞争关系。临河而建的城市为保护城镇居民活动，在河道两侧修建人工堤坝。堤坝分隔了陆地生态系统与河道生态系统的联系，无法实现天然满洪、分洪削峰和调节水位等功能，且堤坝承受压力过大，遭遇重大洪水灾害时应对弹性低。随着河岸两侧表土流失加重，河床逐渐垫高，河流变成“天上河”，呈现出“堤高水涨，水涨堤高”的恶性循环。另外，城市化进程加快，地面大量硬化，人口集聚，市政管道排污能力滞后于城市化进程，强降雨时城镇积水较为严重，形成内涝灾害。

2. 干旱问题

城镇为避免内涝灾害，多以雨水“快排”的方式，使雨洪流入市政管道，保证地面干燥，久之则地下水位降低，出现旱季无水可用的现象。因此，补给地下水的需求尤为急切。

3. 污染问题

流域治理要将整个流域的生态系统与人体健康安全统筹考虑。地表径流具有“汇集”的特征，地表污染物随地表径流的汇集而进入江河湖泊。另外，早期中国工业化发展以及城镇建设多以牺牲环境为代价，污水处理厂的尾水排放标准不高，且存在企业为降低成本偷排污水的现象。截污工程推进缓慢，河流被一污再污，黑臭现象突出，使城镇居民面临水质型缺水危机。因此，对于流域的总体治理应该从城市的角度权衡，减少人类生产生活对生态环境的破坏，减少人为干扰因素。

**（三）流域治理的思路**

流域治理不应只着眼于河道的治理，更要从流域全局出发，从城市和乡村不同角度着手，针对城市内涝、面源污染及生态修复等不同方面采取治理措施。

以广东省东莞市黄沙河流域治理为例，解释分析流域治理的总体思路。东莞市50年一遇降雨量为287mm，易发生洪涝灾害，且因近年来东莞市偏重工业发展，河水污染较为严重，所以以黄沙河为例能够较好解释流域治理以及海绵城市在流域治理中的重要地位。黄沙河全长34.9km，流域总集雨面积197.6km$^2$，上游段建有作为东莞市饮用水水源的同沙水库一座，水生态环境敏感度高，下游河道两侧多为重工业厂房，存在偷排污水问题。

在流域治理方面，设计思路以由内向外和自上至下的空间格局进行分析。首先应解决黄沙河行洪排涝安全问题；其次采用生态工程措施对水质进行改善，进行河滨景观设计，提升河滨土地价值，实现产城一体目标；最后对东莞市旧城区进行海绵城市改造，加入低影响开发设施理念，实现其“渗、滞、蓄、净”等功能，将雨洪作为资源，保证旱季有水可用、雨季有水可蓄的可持续发展目标。

## 【同 步 测 试】

1. 海绵城市建设需要遵循的生态学原则有哪些？

2. 景观生态学中的空间、格局、尺度在海绵城市建设中如何体现？请举例说明。

3. 景观生态学内容在海绵城市建设的流域层面、城市层面及场地层面分别如何体现？

4. 生态基础设施中的“肾”“肺”“皮”“口”“脉”分别指什么？如何对其进行有

机整合？

5. 流域治理主要涉及哪些方面的内容？通过海绵城市建设进行流域治理时应注意哪些问题？

## 【课 下 活 动】

分组讨论并形成报告：

根据工程资料，分析现有生态基础设施存在的问题，并简要提出新建生态基础设施如何与已有生态基础设施和灰色设施有机结合的方案。

# 单元七 海绵设施的类型与功能

**【学习目标】**

知识目标：1. 了解海绵设施的分类情况。
2. 了解常见的“渗、滞、蓄、净、用、排”海绵设施。
3. 了解海绵设施的三级处理过程及雨水处理细节。

能力目标：会根据工程资料，初步选择适用的海绵设施类型，并设计简单的雨水处理过程。

海绵城市建设是水资源管理、洪涝防控、生态保护骨干工程与分布于城市各个角落不同规模的海绵设施的有机组合。在传统城市建设中，灰色基础设施是收集、输送及处理雨污的主要设施，而在水敏型城市中，海绵设施发挥着越来越重要的作用，成为减轻城市洪涝、改善城市水环境、实现城市可持续发展不可缺少的一部分。

越来越多的证据表明，海绵设施可以通过改善雨水径流的水质、保护和改善城市环境，为城市提供生态系统服务。并且，这种水质改进会使得雨水成为潜在的供水资源，尤其是非饮用水的资源。

然而，任何单一海绵设施都无法适应所有环境条件，亦无法解决所有问题，须将这些设施连接起来，构成完整的城市海绵体系。海绵体系的建立能很好地补充排水系统，提供安全的城市行洪通道，还可改善城市景观的生物多样性。

## 一、海绵设施的类型

海绵设施一般可分为渗透、储存、调节、转输、截污净化等几类。通过各类技术的组合应用，可实现径流总量控制、径流峰值控制、径流污染控制、雨水资源化利用等目标。发达国家人口少，一般土地开发强度较低，绿化率较高，在场地源头有充足空间来消纳场地开发后径流的增量（总量和峰值）。我国大多数城市土地开发强度普遍较大，仅在场地采用分散式源头削减措施，难以实现开发前后径流总量和峰值流量等维持基本不变，所以还必须借助中途、末端的综合措施以使开发后的水文特征接近于开发前。

主要海绵设施包括下沉式绿地、蓄水池、植被缓冲带、初期雨水弃流设施、植草沟、雨水花园、生态树池、雨水花坛、雨水塘、人工湿地、雨水箱、绿色屋顶、人工土壤渗滤、透水铺装、渗井、渗渠等。每一种设施都具有“渗、滞、蓄、净、用、排”中的一种或多种功能。

## 二、海绵设施的功能

许多污染物如营养物质和细粒沉积物，需要采取一系列措施进行有效处理。因地制宜地选择一套适合的海绵设施非常重要，这些设施可以完成一至三级的处理流程，见表1-11。

表1-11 海绵设施一级、二级和三级处理过程

| 处理级别 | 过程 | 污染物 | 设施举例 |
| --- | --- | --- | --- |
| 一级 | 利用水力和物理过程迅速过滤 | 垃圾和粗粒沉积物 | 截留井、过滤带、垃圾拦网、沉淀池 |
| 二级 | 过滤细颗粒，去除沉淀物 | 细颗粒沉积物和附着在其上的污染物 | 植草沟、下渗设施、透水铺装、生物滞留设施 |
| 三级 | 通过进一步沉降、生物吸收、吸附等生物和化学反应去除污染物 | 营养物质、可溶性重金属、病原体 | 生物滞留设施、人工湿地 |

海绵设施是一种复杂的、综合的技术措施，涉及多领域、跨学科的研究，需要科学地计算和完善的运行维护计划。只有通过正确的理念指导、良好的技术手段、系统的工程思维，将景观、建筑、文化、娱乐与海绵建设充分融合，才能在应对雨洪灾害的同时实现灾害管理，获取雨洪资源利用的机会，建设更宜居、美好、高质量的新型城市。

海绵设施种类丰富，本书难以全部囊括，后文将根据国内外建设实践，选择典型的“渗、滞、蓄、净、用、排”设施进行详细介绍。

## 【同 步 测 试】

1. 从处理雨水方式来看，海绵设施可以分为哪几类？
2. 举例说明以“渗、滞、蓄、净、用、排”为主的典型海绵设施。
3. 举例说明吸附、生物过滤、生物吸收、分解、絮凝等雨水处理过程。

## 【课 下 活 动】

分组讨论并形成报告：

根据工程资料，分析雨水处理需求，选择适用的“渗、滞、蓄、净、用、排”海绵设施。

# 项目二

# 典型海绵设施的结构与功能

**【项目学习导语】**

低影响开发（Low Impact Development，LID）指在场地开发过程中采用源头、分散式措施维持场地开发前的水文特征，也称为低影响设计（Low Impact Design，LID）或低影响城市设计与开发（Low Impact Urban Design and Development，LIUDD）。其核心是维持场地开发前后水文特征不变，包括场地径流总量、场地汇流峰值流量、场地峰现时间等。按照对城市生态环境影响最低的开发理念，低影响开发应合理控制开发强度，在城市中保证足够的生态用地，控制城市透水面积的比例，最大限度地减少对城市原有生态环境的破坏，同时根据需求适当开挖河湖沟渠、增加水域面积，促进雨水的积存、渗透和净化。低影响开发通过对雨水的渗透、储存、调节、转输与截污净化等，有效控制径流总量、径流峰值和径流污染；与城市雨水管渠排水系统、排水防涝系统、防洪系统共同组织径流雨水的收集、转输与排放，控制雨洪对城市的危害。

由低影响开发建设理念提出多个应对雨水控制的措施，当把这些措施放大到城市（区域）雨洪控制层面时，就可视为海绵城市的海绵体。这些海绵体，依据规模大小，在“源头削减—雨水收排—排涝除险—超标应急”等各阶段发挥不同作用，调控雨洪、管理雨洪，确保城市在预期内不发生雨洪灾害。

## 单元一　透　水　铺　装

**【学习目标】**

知识目标：1. 了解透水铺装的优点和发展历程。
2. 了解透水铺装的类型及其与传统铺装的区别。
3. 掌握四种铺装结构处理雨水的特征。
4. 掌握基层全透水铺装结构的组成要素。
5. 理解透水铺装的下渗原理并掌握相关指标计算方法。
6. 了解透水路面的病害形式和防治方法。

能力目标：1. 会根据工程资料选择合适的透水铺装类型。
2. 会根据工程资料确定透水铺装结构。

传统的城市开发中，无论是市政公共区域景观铺装还是居住区景观铺装，多采用水泥混凝土或沥青混合料等透水性差的材料。这种不透水材料直接阻隔了自然土壤与大气环境之间的联系，导致城市的生态环境脱离了自然环境，甚至失去了其自主更新能力。随着城市化的不断发展，这种隔绝状态愈发明显，城市环境不断恶化。

从当前我国大中城市的路面使用情况来看，不透水路面占比较大。相关统计数据显示，北京市和上海市不透水路面面积高达80%以上。从国际上来看，20世纪90年代的芝加哥、洛杉矶等较大城市，不透水路面面积为72.7%；当前，发达国家的主要城市道路不透水面积都保持在50%以内。透水铺装被誉为“会呼吸的”地面铺装，且本身具有良好的生态效益，并以特有的柔性铺装构造为地面的检修、维护和改造带来了便捷，是海绵城市建设中的一项重要技术，广泛运用在城市道路、广场、停车场等铺装作业中。

## 一、透水铺装的定义及应用

### （一）透水铺装的定义

透水铺装是指将透水性良好、空隙率较高的材料应用于道路面层、基层甚至土基，在保证一定的道路设计强度和耐久性的前提下，能够使雨水顺利进入铺装结构内部，流过具有临时储水能力的基层，直接渗入土基或通过铺面内部的排水管排出，从而减少地表径流的一种铺装形式。

透水铺装与之前的铺装方式相比，采取了截然不同的雨水处理思想及方法。之前广为采用的不透水铺装都是将雨水尽可能地隔绝在铺装结构层之外，使其在路表漫流或通过路表汇流集中排入道路两旁排水构造物中。而透水铺装则通过在多层铺装结构中完全使用透水材料，利用其自身多孔隙结构的较强渗透能力，将降雨下渗到原地面土壤里或者将降雨暂时存储在铺装结构层的空隙中，形成地下水库。当然，有一点不可否认，由于透水铺装各结构层材料经常处于潮湿状态或饱水状态，其铺装结构的整体承载力会因受到水的影响而降低。因此，现阶段这种铺装结构主要用于停车场、人行道、会展区步行道、城市休闲广场等对承载负荷要求不高的地方。

### （二）透水铺装的应用

1940年，英国空军首次将透水铺装用于迅速排除飞机跑道上的雨水。1995年，英国考文垂大学的教授设计出了评估用的透水铺装径流模型，并提出透水铺装应用的优缺点。德国政府在2010年要求其国内道路的90%设计成透水性道路，以减小地表径流量，并制定了相关的法律法规。美国的透水铺装应用始于1970年，起初应用于佛罗里达道路停车场等承受荷载较小的地方，随后进行了更进一步的研究与应用。日本东京对于透水铺装的应用也十分重视，在广场、停车场、公园等地随处可见。

随着人们环保意识的提高，透水铺装逐渐进入国人的视线。但我国对透水铺装的研究和应用起步较晚，仍处于初级阶段。

## 二、透水铺装的优点及其雨水处理方式

### （一）透水铺装的优点

（1）透水铺装能够使雨水透过地面渗入地下，这样，一方面可以有效还原、补充地下水，防止地表沉降及路面塌陷；另一方面可以创造舒适的城市环境，恢复土壤的生态

功能，维持地下生态系统平衡，使生物群落特别是以微生物为食物的动植物群更容易栖息生长，保持自然界生物链的稳定。

(2) 雨水通过透水铺装渗入下部土壤，既能减轻城市管网的排水压力，又能使雨水在下渗过程中得到土壤的过滤净化，缓解下游江河湖海等自然水体因地表径流引发的面源污染。

(3) 透水铺装能够通过土壤有效吸收太阳辐射和周围环境释放出的其他热量，在自然环境温度不断降低时又可以将之前存储的热量释放出来，很大程度上还原了自然界的自我调节能力，缓解了“热岛效应”。

(4) 透水铺装材料通常采用多孔结构，能有效吸收汽车、摩托车及交通以外的各类噪声，能有效改善城市的噪声污染状况。

透水铺装除在以上城市生态环境中表现出极大的优越性之外，还可在提高行车安全、节能减排等方面发挥积极作用。

**(二) 常见铺装结构对雨水的处理方式**

(1) 普通铺装。为了避免降水进入内部导致结构层水损，其表面采用不透水材料，降水通过地表漫流或地表汇流的方式汇入道路两侧边沟或雨水井等排水设施。

(2) 排水性铺装。其结构层面层采用透水性材料，基层采用不透水性材料，这样雨水能进入面层，并在面层里自由流动，后从基层顶侧向流出。

(3) 保水性铺装。其结构层面层采用透水并能保水的材料，基层采用不透水材料，面层和基层之间不存在侧向排水，降水既可以通过路表漫流或地表汇流的方式汇入道路两侧的排水设施中，也可以暂时存储在透水、保水的面层结构中。存储在面层结构中的水无法侧向排出，最终只能通过蒸发的形式回归到大气循环中。

(4) 透水性铺装。透水性铺装是在铺装结构层中全部使用透水材料，使降水既可以通过地表漫流或地表汇流的方式汇入道路两侧的排水设施中，也可以从铺装结构的最顶面即路表一层层垂直下渗，接入地下水系统。这种做法除了具有排水性铺装和保水性铺装的一定功能外，还能补充日益稀缺的地下水资源，大暴雨来临时，还有溢洪作用，防止城市局部漫水。

以上四种不同铺装结构对于降水的处理方式如图 2-1 所示。

## 三、透水铺装的类型和结构

### (一) 透水铺装的类型

在我国，透水铺装主要用于高速公路、城市道路、园区道路、步行道、停车场、广场等铺装作业，按不同的分类方式可以将透水铺装分成多种类型，其中与工程应用联系紧密的分类方式有三种，如图 2-2 所示。

(1) 按透水铺装的用途可分为人行道透水路面、非机动车道透水路面、机动车道透水路面、停车场透水路面等。此分类的工程意义在于，以上各类路面上作用荷载的类型、大小、频率相差较大，工程中应根据不同使用场合来决定透水路面的材料、路基性能要求等。

(2) 按透水铺装的水流路径可分为基层不透水路面、基层半透水路面和基层全透水路面。

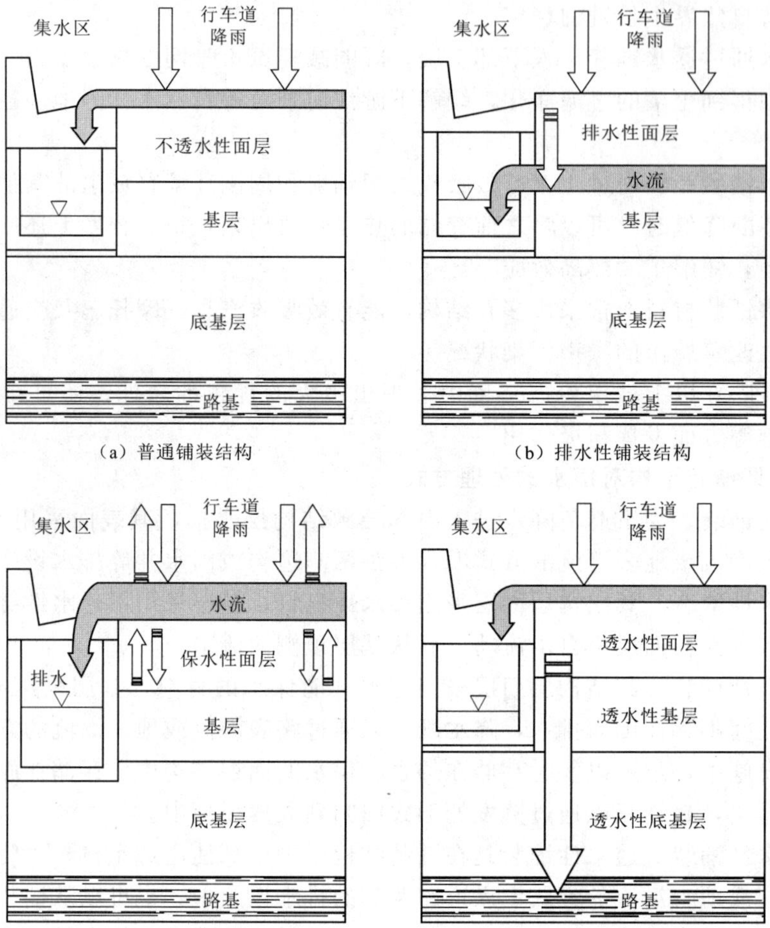

（a）普通铺装结构　（b）排水性铺装结构
（c）保水性铺装结构　（d）透水性铺装结构

图 2-1　四种铺装结构对雨水的处理方式

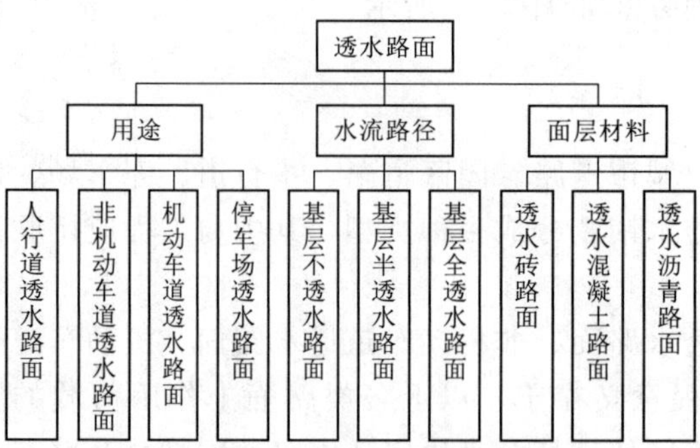

图 2-2　透水铺装的常用分类

（3）按透水铺装的面层材料可分为透水砖路面、透水混凝土路面和透水沥青路面等。我国传统的用于园林铺地的鹅卵石地面铺装也是透水铺装的一种。透水砖路面一般用于道路步行道，透水水泥混凝土路面用于园区道路、非机动车道等，透水沥青混凝土路面用于城市快速路或高速公路，植草砖一般用于停车场。以下按此种分类方法展开叙述。

1. 透水砖路面

目前，市面上的透水砖种类繁多，按形状可分为矩形砖、方形砖、缺角砖、嵌角砖、三角砖、菱形砖、梯形砖、互锁砖等。为了呈现出更好的视觉效果，给“灰色”的城市道路加点色彩，市面上还出现了各种颜色的透水砖，通过一定形式拼接，可创造出各种各样的彩色图案，如图 2-3 所示的透水砖步行道。有些地砖可以与绿化相结合，形成半绿化地面，这种透水砖可以通过不同的拼接形式实现不同的绿化比例，创造多种植草效果，从而大大地丰富园林景观效果，如图 2-4 所示的嵌草砖停车场。

图 2-3 彩色透水砖步行道

图 2-4 嵌草砖停车场

从产品本身的特性和使用功能上，又可将透水砖分为砖体本身透水的透水砖和砖体本身不透水或自身只能渗水或微弱透水的透水砖。自身透水的透水砖比较常见，这类透水砖常用于步行道的铺面。本身不透水的透水砖，其透水功能靠铺贴或拼凑组合时砖与砖之间的接缝实现。单体不透水的透水砖是将不同的砖块按一定规格组合、粘贴在一起，使雨水从砖缝处渗入地下，达到透水的目的。

透水砖的材料一般由粗集料、水泥、砂、水、添加剂等组成。本着节约资源、变废为宝的环保理念，不少学者开始将目光转向废料市场，包括建筑垃圾、废玻璃、废陶瓷、生活垃圾等。大量研究表明，将上述废料的掺加量控制在一定比例范围内时，所加工的透水砖完全满足行业需求，同时还会提高某种性能。

2. 透水混凝土路面

透水混凝土路面实为大孔混凝土，采用单一粒级粗骨料，同时严格控制水泥浆用量，使其恰好包裹粗骨料表面，而不致流淌填充骨料间的空隙，这样便在粗骨料颗粒间形成了可透水的较大空隙，如图 2-5 所示。透水水泥混凝土通常不加砂，但也可以加入少量砂以增加强度。为加强渗透能力，保证路基强度，也可以增加附属排水系统，排水流入城市管网或蓄水系统。透水混凝土路面的施工方法为现场浇筑，如图 2-6 所示，目前多应用于园林绿地、公园、球场等场所，如北京奥林匹克公园和上海世博园等。

3. 透水沥青路面

透水沥青采用单一粒级粗集料制成，砂与填料用量较少，属于级配沥青混合料的一种。透水沥青路面仅在路表面采用透水沥青，底面层仍是普通沥青，在底面层两侧增加碎石排水暗沟，渗水通过路面底面层横向流入两侧的排水暗沟中。每隔一定距离在路边设置渗水井，雨水可以通过渗水井渗透到路基以下或统一排到蓄水池中储存起来循环利用。这就要求底面层施工时一定要控制好道路横坡，否则沥青路面会有层间水长期存在，继而造成道路破损。透水沥青路面的面层施工现场如图 2-7 所示，完成效果如图 2-8 所示。

图 2-5 透水混凝土

图 2-6 透水混凝土路面铺设现场

图 2-7 透水沥青路面面层铺设现场

图 2-8 透水沥青道路

**（二）透水铺装的结构**

透水铺装路面一般由四层构成，如图 2-9 所示。

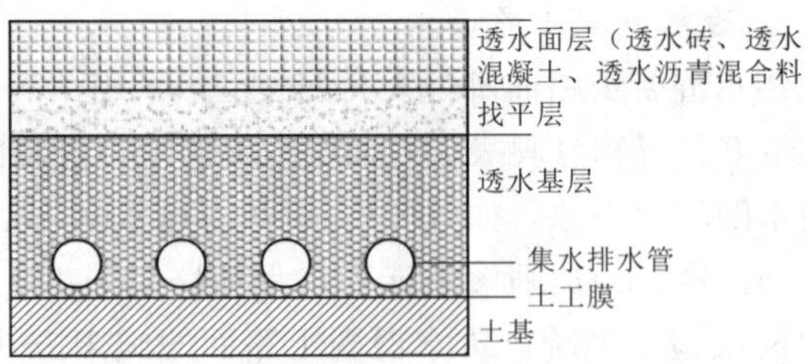


图 2-9 透水路面的一般结构

根据路面荷载大小及土壤渗透性的不同，所采用的透水铺装结构也有所差别。当土基渗透系数大于 $10^{-6}$ m/s，且渗透面距离地下水大于 1.0m，路面用于人行道、非机动车道或者景观硬地时，可以采用基层全透水结构，各结构层及其功能、材料见表 2-1。基层全透水路面不仅面层、基层用透水材料，垫层亦为透水的砂垫层等，土基上方常设透水性土工网格布以提高承载力。雨水沿面层、基层、垫层一路下渗，最后渗入路基中。

表 2-1　　基层全透水结构组成

| 结构层 | 功　能 | 材　料 | 备　注 |
|---|---|---|---|
| 面层 | 直接承受荷载、透水、储水、抗磨耗、抗滑 | 透水砖、透水混凝土、透水沥青混凝土 | |
| 找平层 | 透水、施工找平、连接面层和基层 | 中砂、干硬性水泥砂浆 | 当面层结构为透水水泥混凝土，或面层为小尺寸的透水砖时，可不设置 |
| 基层 | 主要承受荷载、透水、储水 | 透水水泥混凝土、透水级配碎石、透水水泥稳定碎石 | |
| 底基层 | 防止渗入路床的水或地下水因毛细现象上升，缓解含水土基冻胀对路面结构整体稳定性的影响，同时具有承载、透水作用 | 透水级配碎石 | |
| 垫层 | 防止渗入路床的水或地下水因毛细现象上升，缓解含水土基冻胀对路面结构整体稳定性的影响 | 天然砂砾 | 当土基为透水性能较好的砂性土或底基层材料为级配碎石时，可不设置 |
| 土基 | 吸收、储存结构层下渗水 | 适宜修建透水人行道的各种土壤 | |

## 四、透水铺装的孔隙结构与容水能力

### （一）透水铺装的孔隙结构

透水铺装材料通常是由粗骨料（或含一定量细骨料）和胶结材料组成的，多采用单粒级或间断粒级粗骨料作为骨架，胶结材料（水泥或加入少量细骨料的砂浆薄层或沥青等）包裹在粗骨料的表面，各骨料颗粒通过硬化的胶结材料形成多孔的堆积结构。因此，透水铺装材料内部存在大量的连通孔隙，且多为直径超过 1mm 的大孔。透水铺装材料多采用相对单一粒径骨料，从而其内部形成较多的孔隙。透水铺装材料孔隙结构模型如图 2-10 所示，由三部分组成：连通孔隙、半连通孔隙（“布袋型”孔隙）和封闭孔隙。连通孔隙是指材料内部的孔隙间相互连通且两端与外界相连，可使水流顺利通过，不会造成蓄水、堵塞等现象，对结构的透水功能起至关重要的作用；半连通孔隙是指孔隙一端封闭，另一端与连通孔隙相连或与外界相通，故而也被称为“布袋型”孔隙，其功能与蓄水池相似，当地面水流量较大时，它可以把地面的水暂时存入其中，等到路面干燥后又会被排出，有效降低了遭遇暴雨时发生内涝的风险，对结构的透水功能也能起到一定的作用；封闭孔隙是指存在于材料内部且不与外界连通，其不仅对结构的透水能力没有帮助，还会降低材料强度。

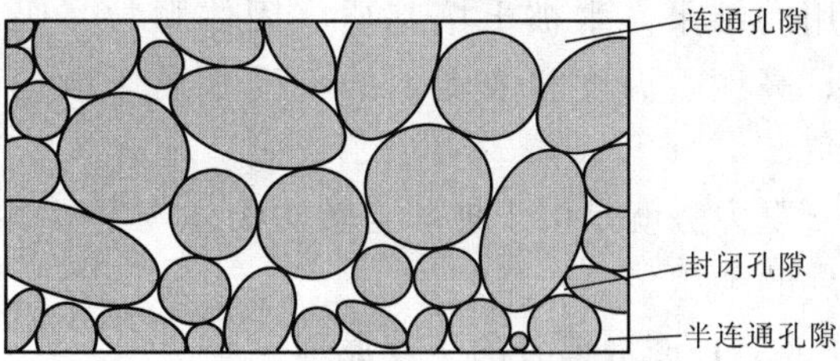


图 2-10　透水铺装材料孔隙结构

### （二）透水铺装的容水能力

在透水铺装设计中需要重点考虑三个因素：预期的降水量、路面特点和地下土壤的性质。在透水铺装系统中，水文因子决定路面允许的地表径流强度。降雨后，一部分雨水被地面的洼地存储，部分渗入土壤，还有一些被地表植被吸收，所以径流量低于降雨量。同时，径流也是土壤特性的一个表现，尤其是渗透率，砂质和干旱的土壤能够快速吸收雨水，而紧致的黏土几乎不能吸收水分。同样，径流也受雨水类型的影响，不同的降雨强度导致不同的径流量。

设计透水铺装时必须考虑两个条件：渗透性和存储能力，即透水铺装的透水和容水能力，不应该出现由于渗透能力差或储存能力不足导致地表径流过量的问题。

以透水混凝土路面为例，渗透率的设计必须能够满足所有降水都能渗入混凝土表面。若渗透率为 $140L/(m^2 \cdot min)$，则在到达渗透极限之前，至少容纳 0.24cm/s 的降水。在设计中，渗透率不是决定性因素，通过地基的水流速度才更具限制性。

透水铺装结构的总存储量（容水能力）包括透水面层容量、透水结构层（基层）和垫层的容量，以及渗入地下土壤的水量。透水铺装结构理论容水量由其有效孔隙率（能够被雨水填充的孔隙）决定。如果透水铺装结构的有效孔隙率为15%，则每100mm 的路面深度可容纳 15mm 的降雨。也就是说，厚度为 100mm、孔隙率为15%的透水路面，若其底层（基层）为非透水结构，在产生雨水径流前可容纳相当于 15mm 的降水。

以上估算成立的条件是，整个路面系统完全水平。如果路面不是水平的，则较高一端的孔隙未被填满，水流向较低的路面，一旦较低一段的路面孔隙被填满，水就会流出，限制了透水路面的优越性。

坡面带来的有效容积的损失是非常明显的，所以路面的坡度是做路面设计时必须考虑的因素。设计坡面的透水面层和基层的厚度时，应考虑使其能够满足径流量的处理目标，或结合其他方法解决过量水流的问题。

### 五、透水铺装的下渗原理

#### （一）基质势与重力势

雨水在透水铺装材料中的入渗运动可分为两个过程，整个运动过程在基质势和重力势的综合作用下完成。

基质势也称为“毛管势”“间质势”，具体定义为：在土壤基质（固体颗粒）的吸附作用下，土壤水较自由水降低的自由能（势值），它是弯月面力和土壤吸附力综合作用的结果。水被土壤基质（固体颗粒）吸附后，自由活动能降低，与处于同样外压、高度、温度和浓度下的不受基质影响的自由水（势值为零）相比，基质势总值为负。

重力势就是由于地球自转对物体产生吸引力形成的势能，通常是物体的重量和相对高度的乘积。

#### （二）透水铺装的下渗原理

雨水在透水铺装材料中的下渗可以分为两个过程。

一是吸湿过程。雨水把材料中的固相介质颗粒浸湿，在其表面形成薄膜水和吸湿水，在小孔隙内形成毛管水，这个过程中起主导作用的是基质势，重力势起次要作用。

二是传递过程。固相介质中大孔隙为雨水提供了非常富裕的空间，雨水不断进入并持续填充在大孔隙中。当水量超过吸附作用和毛管作用所能吸持的限度后，后续的雨水在大孔隙中迅速集结，雨滴已经无法再去填充固相颗粒周围的大孔隙，在重力势的驱动下，汇集成水滴不断向下运动达到下层固相颗粒表面，形成大孔隙流。通过上面的分析可以看出，重力势在这一过程中起了主导作用。

吸湿过程与传递过程交替进行，湿润锋不断向下推进，这便形成了下渗的过程。通过下渗过程分析能够看出，透水铺装材料中的水分形态和一般土壤中的水分形态是一致的，即由吸湿水、薄膜水、重力水和毛管水组成。不同之处在于，透水铺装介质中绝大多数是大孔隙，而小孔隙很少，所以与土壤介质相比，毛管作用表现不明显，重力作用占主导，成为下渗过程的主要驱动力。

透水铺装材料雨水下渗量等于基质下渗量和大孔隙入渗量之和。基质下渗量可以看作介质达到田间持水量（在地下水较深或排水良好的土地上充分降水后，可以使水分充分下渗，并防止其蒸发，土壤剖面所能维持的较稳定的土壤水含量）。通过观察其入渗过程，考虑入渗过程中介质层之间的关系，对每一层介质而言，在含水量达到最大持水量之前，水分是不会向下传递的，在达到最大持水量之后，在重力势的影响下，会迅速向下传递到下层介质并形成大孔隙流。大孔隙流入渗相当于水力学中管流的过程，水滴沿介质表面曲折管道流动，这种流态贯穿整个入渗过程。当地表产生积水时，表层孔隙被水完全填充，相应的大孔隙流成为满管流。在透水铺装结构中，由于材料类型、结构层次和孔隙大小的不同，雨水在整个入渗过程中就会有差异，基底土壤的渗透能力要比其上透水铺装结构层小很多。透水铺装结构层的入渗以重力流为主导，基底土壤中的入渗则是基质吸力与重力的综合作用。考虑到降雨强度大小对入渗过程的影响，有以下三种情况：

（1）降雨强度小于基底土壤导水率。雨水在透水铺装结构层中完成吸湿和传递过程，该过程一直向下传递、延续至基底土壤内。

（2）降雨强度大于基层土壤导水率，小于透水铺装结构层导水率。雨水在透水铺装结构层内的入渗过程与第一种情况一致，当湿润锋面到达基底土壤表面，因基层土壤导水率比透水铺装结构层小并且小于降雨强度，所以在土壤表层会产生积水，雨水在基底土层的入渗按照有土壤表层积水的情况向下入渗。在该降雨强度范围内，随降雨时间的增长，基底土层土壤表面积水逐渐增加，最终向上穿过透水铺装结构内部，到达透水铺装结构表面，形成地表积水，并沿地表坡度形成路表径流。

（3）降雨强度大于透水铺装结构层导水率。与透水铺装结构层导水率相等的那部分雨水入渗过程与上述第二种情况相同。另有一部分多余的雨水在透水铺装结构层表面汇集成积水，形成路表径流。

## 六、透水铺装表面径流特性分析

### （一）径流延迟时间计算

降落到透水铺装结构表面的雨水，由于吸湿过程和传递过程需要时间，并不会马上在道路表面产生径流，而且只有降雨强度大于基层土壤（或透水铺装的导水率），并且基底土层表面积水达到透水铺装表面时，路表径流才开始产生，而这个过程需要时间，即开始降雨与开始产生径流之间有一个时间差。另外，降落到透水铺装结构表面的雨水

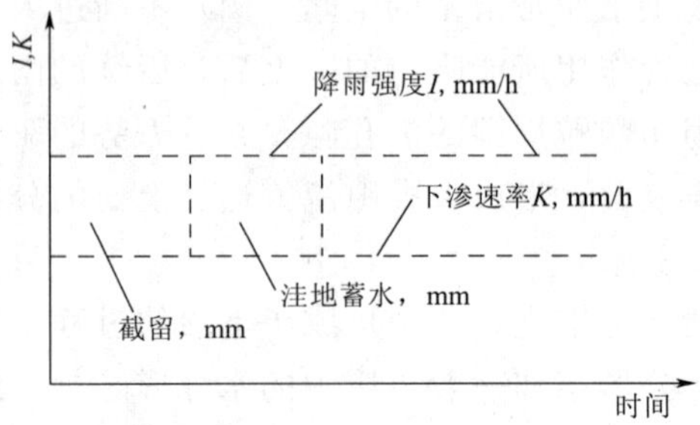


图 2-11 降雨-径流关系示意图

由于洼地的存在，有可能一部分暂时存储在洼地里，这部分雨水可以看作是降雨的损失。综上所述，透水铺装结构的“降雨-径流”关系如图 2-11 所示。

现假设降雨强度与下渗速率是不变的。考虑到初期降雨损失，下渗过程使透水铺装表面径流产生时间相应延迟。开始产流的时刻记为 $T_e$，则径流延迟时间可以按式（2-1）计算：

$$IT_e=(X_t+S_d)+KT_e \tag{2-1}$$

式中 $I$——降雨强度，mm/h；

$T_e$——径流延迟时间，min，开始降雨与开始产流的时间差；

$X_t$——树木、植物的截留量，mm；

$S_d$——洼地蓄水量，mm；

$K$——渗透系数。

截留量和洼地蓄水量的推荐值见表 2-2，表中 $L$ 表示初始降雨损失，其数值为截留量和洼地蓄水量之和，即 $L=X_t+S_d$。

**表 2-2　　截留量与洼地蓄水量的推荐值**　　单位：mm

| 下垫面类型 | 截留量 $X_t$ | 洼地蓄水量 $S_d$ | | 初始降雨损失 $L$ |
|---|---|---|---|---|
| | | 陡　坡 | 缓　坡 | |
| 森林 | 2.5～7.5 | 7.5 | 20.0 | 10.0～25.0 |
| 草坪 | 2.5～5.0 | 5.0 | 12.5 | 7.5～15.0 |
| 景观区 | 2.5 | 20.0 | 50.0 | 22.5～50.0 |
| 大孔隙铺装 | 0.0 | 2.0 | 4.0 | 2.0～4.0 |
| 路面 | 0.0 | 1.0 | 2.5 | 1.0～2.5 |

考虑到降雨前的湿润情况，透水铺装的降雨初始损失量可按照表 2-2 中推荐值的50%计算，则式（2-1）可变为式（2-2）：

$$T_e=\frac{0.5L}{I-K} \tag{2-2}$$

计算区域由不透水区和透水区组成，这种情况下 $T_e$ 可按式（2-3）计算：

$$T_e=\frac{0.5L_pA_p+L_iA_i}{IA-KA_p} \tag{2-3}$$

式中 $L_p$——透水铺装初始损失量，mm；

$A_p$——透水铺装面积，$m^2$；

$L_i$——不透水铺装初始损失量，mm；

$A_i$——不透水铺装面积，$m^2$；

$A$——区域总面积，$m^2$。

计算区域由不同的透水铺装组成（如景观区、森林、草地等）时，$T_e$ 可按式（2-4）

计算：

$$T_e=\frac{0.5\sum L_pA_p+\sum L_iA_i}{IA-\sum KA_p} \tag{2-4}$$

在式（2-2）中，若透水铺装结构的渗透系数大于降雨强度，即 $K>I$，则 $T_e$结果为负值，也就是说，透水铺装表面不会产生径流。如果要计算的汇水区内有一部分具有高透水性的透水区域，并且此区域不与其他不透水区域相连，即此区域是相对独立的，此时，$K$ 将受限于 $I$。这种情况可用 $K$ 替换式（2-3）和式（2-4）中的 $I$。

**（二）径流体积计算**

降雨量在满足初期降雨损失之后，如果降雨强度大于下渗速率，就会产生路表径流，如图 2-12 所示。

根据图 2-12，径流量深度可按式（2-5）和式（2-6）计算：

$$R=I(T_d-T_e)-K(T_d-T_e) \tag{2-5}$$

$$R=(T_d-T_e)(I-K) \tag{2-6}$$

式中 $R$——径流深度，mm；

其余符号意义同前。

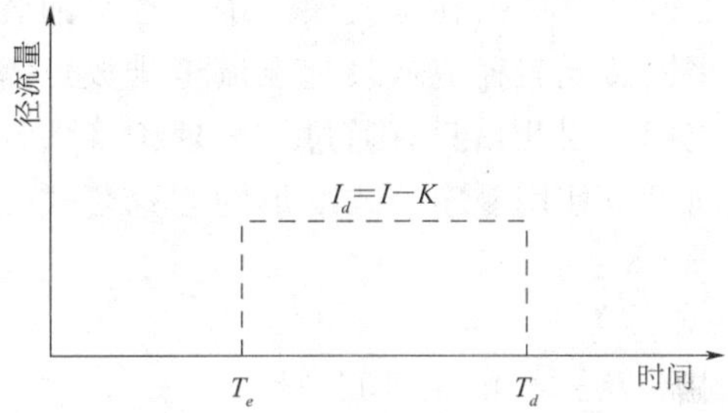


图 2-12 透水铺装表面径流示意图

式（2-5）中，等式右边 $I$ 是降雨强度，物理意义为单位时间内的降雨量，单位为 mm/h。$T_d-T_e$为降雨持续的时间，$I(T_d-T_e)$ 表示不考虑初损情况下，在 $T_d-T_e$ 时间内的净降雨深度；$K(T_d-T_e)$ 表示产生路表径流后，在 $T_d-T_e$ 时间内透水铺装结构的下渗量。当 $I\leqslant K$ 时，渗透过程受到降雨强度的限制，此时 $R=0$。

若区域内既有透水铺装也有不透水区域，式（2-6）变形为式（2-7）和式（2-8）：

$$R=(T_d-T_e)\left[I-K\frac{A_p}{A}\right] \tag{2-7}$$

$$R=\frac{(T_d-T_e)[I\times A_i-(K-I)A_p]}{A} \tag{2-8}$$

式中各符号意义同前。

式（2-7）和式（2-8）适用于 $I\geqslant K$，不论铺装是否与透水铺装相连接。如前所述，对于任何独立的高渗透性区域来说，在 $K\geqslant I$ 的条件下，渗透系数 $K$ 会受限于降雨强度 $I$。但是，若不透水铺装表面径流（例如不透水的道路或者屋顶产生的径流）排至透水区域，那么，这些径流就可能部分或全部通过透水铺装结构渗透消纳。考虑到不透水区域水量 $A_i\times I$ 和透水区域扣除下渗水量后还剩余的容水量 $A_p(K-I)$ 之间的大小关系，在 $K>I$ 时，具体又分两种情况讨论。

第一种情况：$A_i\times I\leqslant A_p(K-I)$，即不透水区域单位时间的水量比透水区域的剩余容水量小，则不透水区域中的水通过径流流至透水区域部分下渗，此时，$R=0$。

第二种情况：$A_i\times I>A_p(K-I)$，即不透水区域单位时间的水量比透水区域的剩余容水量大，则不透水区域中的水通过径流流至透水区域部分下渗，仍然有一部分剩余水量形成路表径流，这时采用式（2-7）计算径流深度。

径流体积与平均径流深度 $R$ 有关，具体可用式（2-9）算出：

$$V=cRA \tag{2-9}$$

式中 $V$——径流体积，$m^3$；

$c$——单位转换系数，0.001；

$R$——径流深度，mm；

$A$——汇水区面积，$m^2$。

**（三）径流速率与流行时间**

对于降雨，洪峰流量达到最低透水路面边缘或透水地区的边缘，与透水铺装表面径流的速率有关。在水文模型中，透水铺装表面径流速率是通过汇流的时间来反映的，即透水铺装地表径流从最远点流至排放点需要的时间。在实践中，很少检测透水铺装的表面流速。因此，只有通过一般理论来估计径流速率和流行时间。估计表面薄层水流流行时间可以使用曼宁公式变形的理论公式［式（2-10）］计算：

$$T_t=0.007\times\frac{(nL)^{0.8}}{P_2^{0.5}S_{0.4}} \tag{2-10}$$

式中 $T_t$——汇流时间，h；

$n$——曼宁粗糙系数；

$L$——汇流路径长度；

$P_2$——2 年重现期，24h 降雨量；

$S$——汇流路径坡度。

式（2-10）可用于估算给定的铺装的汇流，还可以通过对方程中参数的分析来确定透水铺装对汇流时间的影响。其中，透水路面曼宁系数 $n$ 大小介于草地与密实铺装之间。在此公式中，相同长度的汇流路径条件下，透水铺装中较高的曼宁系数使得其汇流时间要比同条件下密实铺装更长。表面径流深度随着 $P$ 值的减小而减小，表面径流的流速与曼宁粗糙系数的关系更加紧密。在相同径流深度条件下，透水铺装由于其较粗糙的表面结构，对水流的阻碍作用较同条件下的密实铺装明显，所以相同的径流深度下，透水铺装的汇流时间要长于密实铺装。总而言之，较大的曼宁系数和较浅的汇流深度都能够使透水铺装汇流时间延长。

**（四）峰值流量计算**

如图 2-12 所示，均匀降雨强度的径流为矩形，该矩形的面积代表了汇流区域的平均径流深度。假设径流深度均匀变化，则径流量可近似看成梯形，如图 2-13 所示。

图 2-13 中，$T_c$ 指汇水面积内径流的流行时间，梯形面积等于由式（2-9）计算的径流体积。由图 2-13 可得，汇流时间为 $T_c=T_e+T_t$，其中，$T_t$ 为通过整个汇流面积的径流流行时间。

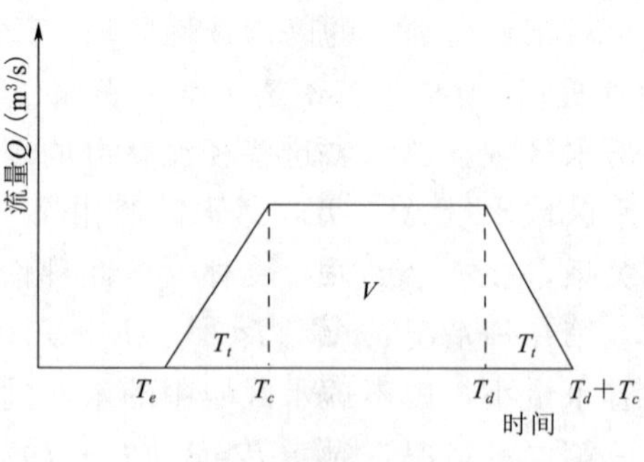


图 2-13 峰值流量示意图

则径流峰值流量可按式（2－11）计算：

$$Q=\frac{V}{3600(T_d-T_e)} \tag{2-11}$$

联合式（2－7）、式（2－9）、式（2－11）可得式（2－12）：

$$Q=0.278\times10^{-6}(IA-\sum KA_p) \tag{2-12}$$

式中　$Q$——峰值流量，$m^3/s$；

其他符号意义同前。

以上公式说明，与合理化公式相反，峰值流量跟降雨强度不一定成比例。为简便起见，该通用方法在计算过程中假设降雨均匀。事实上，该方法可以延伸至任何形式的降雨。

## 七、透水路面的主要病害和维护管理

### （一）透水路面的主要病害

透水路面出现的病害主要包括两方面：结构性病害和功能性病害。

结构性病害主要表现为飞散、坑槽、结合料老化等，功能性病害主要为空隙堵塞导致的排水不畅。国外透水性沥青路面主要病害调查结果见表2－3。由于建成年代较早，距离现在近二三十年，结构性病害较严重，都出现了不同程度的飞散。我国于20世纪90年代才开始透水铺装相关研究，距今不过30年，且将其运用到实际又有一定的滞后，到2008年北京奥运会我国才开始大规模铺设透水性路面。北京地区透水路面主要病害调查结果、上海浦东地区透水性沥青路面主要病害调查结果分别见表2－4、表2－5。从表中可以看出，由于建成年代较晚，基本没有出现结构性病害，但无一例外地都出现了孔隙堵塞情况。

表2－3　国外透水性沥青路面主要病害调查结果

| 国家 | 应用情况 | | 主要病害 | |
|---|---|---|---|---|
| | 初次实施时间 | 路面统计寿命 | 结构性病害 | 功能性病害 |
| 荷兰 | 20世纪80年代初 | 10～12年 | 飞散、结合料老化 | 孔隙堵塞 |
| 法国 | 1976年 | 与传统路面相同 | 无突出病害 | 孔隙堵塞 |
| 英国 | 1967年 | — | 飞散 | 孔隙堵塞 |
| 德国 | 1986年 | 超过10年 | 飞散 | 孔隙堵塞 |
| 澳大利亚 | 1984年 | — | 飞散 | 孔隙堵塞 |
| 西班牙 | 20世纪80年代初 | — | 少量飞散 | 孔隙堵塞 |
| 葡萄牙 | 1991年 | — | — | 孔隙堵塞 |
| 丹麦 | 20世纪80年代 | — | 飞散 | 孔隙堵塞 |
| 日本 | 1987年 | 超过10年 | 飞散、坑槽 | 孔隙堵塞 |

表2－4　北京地区透水路面主要病害调查结果

| 路段 | 具体位置 | 透水铺装类型 | 建成年份 | 结构性病害 | 功能性病害 |
|---|---|---|---|---|---|
| 奥林匹克公园 | 国家体育场北路北侧 | 600mm×300mm透水砖 | 2008 | 无突出病害 | 孔隙堵塞 |
| | 湖景东路东侧停车场 | 200mm×200mm透水砖 | 2008 | 无突出病害 | 孔隙堵塞 |
| | 大屯路以北的北中轴景观大道中部 | 200mm×100mm透水砖 | 2008 | 无突出病害 | 孔隙堵塞 |

续表

| 路　段 | 具体位置 | 透水铺装类型 | 建成年份 | 结构性病害 | 功能性病害 |
|---|---|---|---|---|---|
| 奥林匹克公园 | 大屯路以北湖景西路河畔处 | 现浇透水混凝土铺面 | 2008 | 无突出病害 | 孔隙堵塞 |
| 博大公园 | 博大公园内 | 现浇透水混凝土铺面 | 2009 | 无突出病害 | 孔隙堵塞 |
| 金蝉西路 | 欢乐谷游乐园北侧 | 透水沥青混凝土磨耗层 | 2006 | 无突出病害 | 孔隙堵塞 |
| 长安街 | 长安街新闻大厦北侧 | 600mm×300mm 透水砖 | 2009 | 无突出病害 | 孔隙堵塞 |
| 中国科学技术部 | 中国科学技术部南侧 | 600mm×300mm 透水砖 | — | 无突出病害 | 孔隙堵塞 |

**表 2-5　　上海浦东地区透水性沥青路面主要病害调查结果**

| 路　段 | 应用情况 | | 主要病害 | |
|---|---|---|---|---|
| | 实施年份 | 路面现状 | 结构性病害 | 功能性病害 |
| 浦东北路 | 2002 | 良好 | 无突出病害 | 孔隙堵塞 |
| 冬融路 | 2004 | 良好 | 无突出病害 | 孔隙堵塞 |
| 滨州路 | 2006 | 良好 | 无突出病害 | 孔隙堵塞 |
| 桃林公园 | 2006 | 良好 | 无突出病害 | 孔隙堵塞 |
| 五洲大道 | 2006 | 良好 | 无突出病害 | 孔隙堵塞 |
| 环南一大道 | 2006 | 良好 | 无突出病害 | 孔隙堵塞 |

孔隙堵塞的影响因素有铺装类型（材料分布、结合料、最大公称粒径、孔隙率、厚度）、交通（交通量、速度、重车比例）、环境（市区或是郊区、散装车辆的控制、植被）、铺装老化、气候和清洗等。随着时间的推移，孔隙堵塞情况越来越严重，在未加干预（如养护作业）的条件下，堵塞是一个逐步加剧的过程。使用公称粒径更大的石料，提高孔隙率，提高通行的车速均可减缓堵塞的发展趋势。初始孔隙率的提高赋予路面更大的灰尘容量。对于透水性沥青路面，首先堵塞的是最外侧车道，最外侧车道车速最慢，“泵吸效应”最小。另外，它是透水性沥青面层横向排水通道的末端，且靠近路侧绿化带，灰尘、植被落叶等杂物富集，所以最容易堵塞。此外，轮迹带处堵塞情况好于非轮迹带处，这是因为高速行车伴随产生的“泵吸效应”使得快速道路路面更不易堵塞。

**（二）透水路面维护管理方法及要点**

透水路面维护与管理的主要目的是，使其保持良好的渗透性能及路用性能。作为一项交通设施，透水路面的维护要点跟普通路面无区别，日常维护要点有落叶杂物的清扫、冬季的融雪、交通线的重新喷涂以及出现结构病害时的修补。作为一项雨水管理设施，透水路面的维护要点和雨水转输、储存和处理系统相类似。

对于透水路面的功能性要求，铺装表面至土层的灰尘不一定会堵塞道路表面的孔隙，但是经过轮胎的反复碾压，可能会发生堵塞，甚至堵死。因此，禁止卡车或其他重型车辆将污物溢流至道路表面，禁止施工车辆及其他载有有害物质的车辆进入透水铺装路面区域。维护好透水路面周围的绿化带，防止雨天土壤冲刷至铺装表面，如果土壤已冲刷至表面，应立即清扫干净防止进一步堵塞。另外，如果绿化带出现裸露的土壤或者侵蚀区域，应立即补种植物。最好每半年检查一次绿化带，并清除内部的垃圾等杂物。

透水路面渗透性恢复的方法主要有以下几种：①清扫；②真空吸尘器；③压力吹扫；④冲洗；⑤高压水冲洗，如图 2-14 所示。

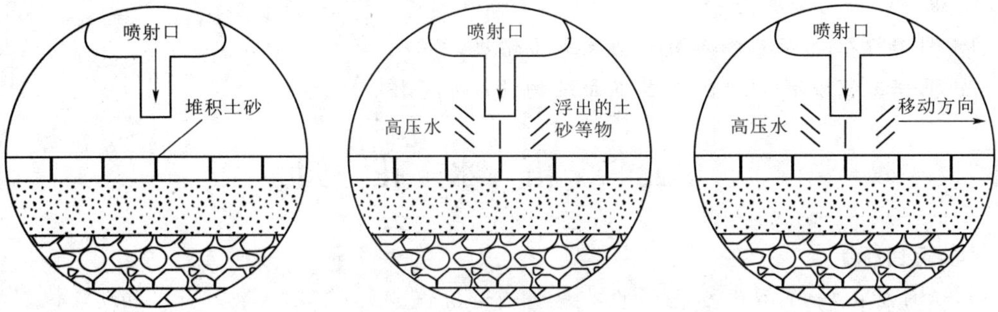


图 2-14　高压水冲洗透水路面示意图

这几种方法对透水路面渗透性的恢复能力不同。

为维护透水性铺面的功能与平整，应实施适当管理与维护，以达到透水性铺面的可持续性，其要点如下：

(1) 铺面完工前 4 个月，每月检查 1 次，此后每年检查 4 次。

(2) 大雨后即可检查表面是否积水；若发现铺面严重阻塞，需翻修。

(3) 透水性铺面强度较弱，应设置告示牌禁止中型车进入，避免使用不当造成结构破坏。

(4) 铺面应避免堆置砂土及其他粒料或粉状物料和含泥沙的车辆进入，以免破坏铺面的透水性。

(5) 铺面周围地面应种植草皮，避免裸露地的砂土进入。

(6) 铺面若接受邻近地区排水，应视需要设置预处理设施，以去除漂浮物及沉渣，延长铺面使用寿命。

(7) 铺面应于每年雨季来临前检查透水性，透水性降低至一定程度时应立即进行清洗。

(8) 铺面每年清理 4 次，使用吸尘及高压水柱冲洗两道程序。

## 【同　步　测　试】

1. 我国各大城市当前的不透水路面面积占比如何？
2. 透水铺装最先在哪里应用？
3. 透水铺装的优点有哪些？
4. 透水铺装与传统铺装相比，最重要的结构特点是什么？
5. 常见的透水铺装类型有哪些？
6. 基层全透水铺装的层状结构如何？
7. 不同降雨条件下，透水铺装路面的雨水径流有何特征？

8. 根据工程资料，如何计算雨水径流延迟时间、径流体积？

9. 透水铺装路面常见的病害形式有哪些？如何防治？

## 【课　下　活　动】

小组讨论并形成报告：

1. 调查所在城市透水路面类型及病害情况。

2. 根据工程资料，绘制透水路面结构设计示意图。

# 单元二　雨　水　花　园

**【学习目标】**

知识目标：1. 了解雨水花园的功能和建造价值。

2. 掌握雨水花园典型结构。

3. 了解不同类型雨水花园的结构设计特点。

4. 理解雨水花园设计影响因素。

5. 掌握雨水花园表面积计算方法。

6. 了解雨水花园植物设计要点和雨水景观营造要点。

技能目标：1. 会根据工程资料选择合适的雨水花园类型。

2. 会根据工程资料确定雨水花园各设计参数。

雨水花园作为一种新型生态雨洪控制与利用设施，是建设海绵城市的基础要素与补充。海绵城市建设以解决城市暴雨内涝与水资源短缺等问题为主要目的，雨水花园则助力海绵城市，改变地表径流，改善城市下垫面性质，收集利用雨水，使海绵城市的功能更加完善。

## 一、雨水花园的概念及应用

### （一）雨水花园的概念

雨水花园（rain garden）是一种雨水节流生态系统，是保证雨水滞留、净化和回补地下水的一个生态小群落。

雨水花园的概念最早是由美国马里兰州乔治王子郡的雨洪专家在20世纪90年代提出的。最初的较为原始的雨水花园是一种建筑周边的种植洼地，功效上以雨水的滞留、植物及土壤对雨水的净化、下渗补充地下水为主，形式及功效都还较为简易和单一。随着越来越丰富的实践与探索，现代雨水花园在雨水管理的功能上越来越高效、科学合理，应用尺度上也更加灵活和丰富，进而带来了景观表现形式的更加多变，景观艺术的设计空间也大幅提升。现今的雨水花园在雨水水量、水质的控制上更加科学，围绕雨水花园的雨水管理体系也更加具有系统性。丰富的应用尺度及多变的表现形式也使得现今的雨水花园的景观表现空间得到了扩充，因而雨水花园已从一种简易雨水管理工程措施发展为一种景观基础设施，在功能性和艺术性上都有了更大的提升。可以说，最初的雨水花园是一种具有一定景观价值的场地雨水管理措施，而现今的雨水花园更多的是融入了雨水管理理念的景观设计作品。

雨水花园可分为广义和狭义两种类型。凡是绿地建设中采用雨水收集、处理等生态技术，并且形成美观景致的都是雨水花园，如房顶绿化、道路绿化、广场绿化都可以归类到广义的雨水花园。狭义雨水花园是指自然形成的坑塘或人工挖掘的浅凹绿地，在坑塘或浅凹地里种植的植物及土壤的综合作用下使雨水得到净化下渗，涵养地下水资源；或者将雨水收集处理用于景观用水、生活杂水，甚至用于消防用水或应急用水。雨水花园是一种低影响开发设计、生态可持续的雨水利用设施。

**（二）雨水花园的应用**

德国是雨水收集技术较为发达的国家之一，代表地区是汉诺威康斯伯格地区。该地区为1.5万户居民提供了6000套用房，鼓励居民建设雨水收集设施。在雨水收集的末端，采用了不同形式的雨水花园。不仅增添了美感，也对减少噪声污染、空气污染等环境污染作出了巨大的贡献。美国的雨水花园始于20世纪90年代的乔治王子郡。该地区与开发商配合，鼓励当地居民建设雨水花园。目前，乔治王子郡几乎每家每户都建设了雨水花园，不仅节约了造价，也对减少径流污染等起到了明显的效果。乔治王子郡的成功也被美国的其他州所效仿，如俄勒冈州的波特兰市等。

我国的雨水花园技术应用较晚。2008年，北京的奥林匹克公园是雨水花园利用的典型，公园对雨水的收集与回用起到了明显的作用。上海的辰山公园、陕西省西咸新区的沣西新城也是成功的典例。

## 二、雨水花园的作用与价值

**（一）雨水花园的作用**

1. 雨水资源利用

城市雨水的利用，是将无法集中收集或是在收集过程中有风险的雨水采用一定的方式进行收集，并在处理后应用于所需环节的过程。雨水花园作为低影响开发的设施之一，在分散收集、集中处理和低风险等方面具有自身的优势。利用地形条件，根据气候、水文等因素，将分散的雨水转变为集中的水资源，由此为城市提供水源。对于干旱地区，这样的方式更有利于充分发挥雨水花园的功能，提高雨水的利用率。

2. 缓解城市雨洪压力

随着城市化的发展，雨洪灾害不断加重，只有利用雨水花园缓解雨水压力才能有效解决这一问题。雨水花园的建设目的在于加快径流速度，通过滞留、渗透雨水，将雨水资源化。相比传统的快速排放政策，雨水花园能更加有效地缓解雨洪压力。

3. 净化水质

雨水花园对雨水的净化效果通常需要雨水净化系统的共同作用才能达到。雨水花园兼具功能性和美观效果，能有效提升城市景观格局质量，是当今城市建设的最佳选择之一。

**（二）雨水花园的价值**

1. 经济价值

雨水花园通过对雨水的净化、收集、再利用，改善我国水资源缺乏的现状，节省了资源的消耗，减少了城市用水成本，具有一定的经济效益。

例如，在东北的4个园区绿地建设项目中，雨水花园作为雨水收集、利用设施被纳入园区基础设施建设之中。可根据开发区的新鲜水费用及污水处理费用核算雨水利用经济效益。按抚顺地区价格标准计算，新鲜水价格为1.45元/t，雨水回用水处理费用为1.20元/t，工业污水处理费用为3.12元/t。经计算可得，雨水利用将降低开发区新鲜水费用的11.9%以上，最高可达19.1%，经济效益明显。

此外，雨水花园的建设改善城市环境，调节小气候，美化环境，能进一步推动城市的经济发展，为城市带来更多的经济效益，成为城市的无形资产。

2. 生态价值

雨水花园作为一种生态技术措施，其在缓解雨洪灾害、水资源再利用、水质净化、雨水渗透等水处理利用方面表现出了极高的生态性。

同时，作为一种科普教育，雨水花园丰富了人们的文化知识，还具有生态教育意义。雨水花园的建设为人们提供了独特的景观体验，标识牌的设置让更多人了解这一生态雨水利用措施，雨水花园在潜移默化地影响着市民的人口素质，也提升了人们对生态学的关注度。

3. 艺术价值

雨水花园的建设规划不修边幅，没有过多的人造痕迹，粗放的管理模式既经济环保又使其展现虽有人造、宛若天开的自然野趣之美。其带来的自然和谐的户外环境，满足了城市居民对自然景观的向往。雨水花园的景观形态是从美学及艺术的角度出发，是对雨水收集处理优势的补充和进一步的景观提升。其内部景观形态的丰富程度正是景观学科在完善生态理念和设计思想上的优势。

## 三、雨水花园的结构与类型

### （一）雨水花园的结构

雨水花园的结构组成依据其雨水管理功能的不同而不同。较为常见的雨水花园的核心部分通常由5个部分组成：蓄水层、覆盖层、种植土层、填料层、砾石层，如图2-15所示。

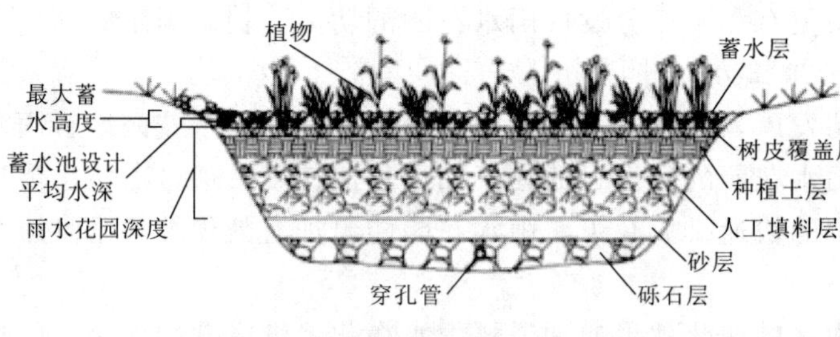


图2-15 典型雨水花园结构示意图

蓄水层还应配合设计溢流设施，溢流设施的高度根据园中植物的耐涝特性以及雨水花园的尺度及其处理雨水的能力来确定，使超出其雨水管理量的雨水得以从溢流设施排入周边排水系统中。根据雨水花园与周边建筑物的距离和环境条件可以采用防渗或不防渗两种做法。当有回用要求或要排入水体时还可以在砾石层中埋置集水穿孔管。

1. 蓄水层

为暴雨提供暂时的储存空间，使部分沉淀物在此层沉淀，进而促使附着在沉淀物上的有机物和金属离子得以去除。其高度根据周边地形和当地降雨特性等因素而定，一般多为100～250mm。

2. 覆盖层

一般采用树皮进行覆盖，对雨水花园起着十分重要的作用，可以保持土壤的湿度，避免表层土壤板结而造成渗透性能降低。在树皮—土壤界面上营造了一个微生物环境，有利于微生物的生长和有机物的降解，同时还有助于减少径流雨水的侵蚀。其最大深度一般为50～80mm。

3. 种植土层

种植土层为植物根系吸附以及微生物降解碳氢化合物、金属离子、营养物和其他污染物提供了一个很好的场所，有较好的过滤和吸附作用。一般选用渗透系数较大的砂质土壤，其主要成分中砂子含量为60%～85%，有机成分含量为5%～10%，黏土含量不超过5%。种植土层厚度根据植物类型而定，当采用草本植物时一般厚度为250mm左右。种植在雨水花园的植物应是多年生的，可短时间耐水涝，如大花萱草、景天等。

4. 人工填料层

多选用渗透性较强的天然或人工材料，其厚度应根据当地的降雨特性、雨水花园的服务面积等确定，多为0.5～1.2m。当选用砂质土壤时，其主要成分与种植土层一致。当选用炉渣或砾石时，其渗透系数一般不小于$10^{-5}$m/s。

5. 砾石层

由直径不超过50mm的砾石组成，厚度200～300mm。在其中可埋置直径为100mm的穿孔管，经过渗滤的雨水由穿孔管收集进入邻近的河流或其他排水系统。

通常在填料层和砾石层之间铺一层土工布以防止土壤等颗粒物进入砾石层，但是这样容易引起土工布的堵塞。也可在人工填料层和砾石层之间铺设一层150mm厚的砂层，防止土壤颗粒堵塞穿孔管，还能起到通风的作用。

### （二）雨水花园的类型

根据功能性，可将雨水花园划分为两种类型。

1. 以控制雨水径流量为主要目的

顾名思义，此类花园首先考虑通过植被、土壤的共同作用达到滞蓄、下渗雨水的作用，以此控制径流量，净化水质，增加地下水含量。一般常用在雨水径流受污染较轻的区域，如建筑围合的庭院、社区等区域。这类雨水花园不需要过于复杂的结构，不用设计专门的排水沟；但需要对地形、区位加以考虑。应注意以下几点：

（1）雨水花园与建筑保持至少3m的距离以保护地基。

（2）适宜选择土壤渗透好的低洼地区。

（3）尽量选择光照条件好的区域，避免设计在枝叶茂密的大树下，因为树叶遮挡阳光，会影响植被的生长发育。

在雨水花园的建设中，土壤的渗透率极为重要，渗透系数的适合与否直接关系到能否营建雨水花园。在衡量土壤是否适合建设雨水花园的过程中，可以按照以下方法进行初步测定。在选定区域挖一个约1.5m深的坑，并注满水。如果所加的水能够在24h全部渗入地下，则证明该区域的土壤符合雨水花园的建造条件；若达不到渗透条件，将须局部换土。

2. 以降低雨水径流污染为主要目的

此类雨水花园考虑在滞留、渗透雨水的过程中，利用植物净化雨水。常设置在人员密集的道路、车辆较多的停车场等易产生严重雨水污染的地区。

此种类型的雨水花园对底层结构、土壤渗透系数及植被选择更加严格。在土壤的配比、底层结构以及植物的选择上应该更加讲究，其砂质壤土和黏土的含水量为35%～60%和25%，$K$ 大于0.3m/d，土壤中含有的木屑及腐质材料有利于雨水花园的功能提升。此类雨水花园具备净化和下渗滞留雨水的双重功能，所以结构亦相对复杂，需设紧急溢流设备。

根据应用场地，可将雨水花园分为三种类型。

1. 屋顶式雨水花园

坡度较小的建筑可采用绿色屋顶，例如住宅小区、工厂等建筑屋顶，在屋顶适当种植绿色植物，通过落水管或集水井等设施将屋面雨水引入周边绿地、草坪等小型、分散的场地，或通过植草沟、雨水管网将雨水引入集中调蓄设施。绿色屋顶对建筑材料有较高的要求，要优先选择对雨水水质没有影响或者影响较小的环保材料，减轻雨水过滤净化的压力，从而节约建设成本。

2. 街道式雨水花园

街道式雨水花园主要应用于道路两侧。道路硬化导致雨水难以下渗，在道路两侧修建雨水花园，采用下凹式绿地，可以集中收集道路雨水。当暴雨来临时，雨水不再快速排走，而是流入道路两侧雨水花园，下渗吸收并过滤存储。街道式雨水花园设计要综合考虑道路横向、竖向设计以及道路绿化带等方面。路面雨水首先汇入道路绿化带及周边下凹式绿地内，下凹式绿地内设有溢流管，多余的雨水可以通过管网进入城市雨水管渠系统、超标雨水径流排放系统。

3. 公共区域雨水花园

公共区域雨水花园主要指应用于停车场、广场、公园等公共区域的雨水花园。停车场、广场等应改变原有硬化地面，采用透水性铺装材质，使雨水容易下渗和汇集到周边的雨水花园中。公园内雨水花园应结合小型景观水体、公园湿地等将地表雨水有组织地汇流，进行雨水调蓄，通过生物沉淀过滤技术净化雨水提高水质，利用湿地、湿塘等设施提高水体的自净能力。

## 四、影响雨水花园的主要因素

### （一）选址

雨水花园的选址通常选择以下情况：

（1）水平面较低之处，能够迅速收集、下渗降雨。

（2）可提升建筑外观效果之处。

（3）能获得大量光照之处。

（4）周边较平缓之处。

**（二）降雨特点**

全年降雨量的大小及降雨强度的差异会对径流、集流作用产生严重影响。降雨量和雨强与径流、集流效率正相关。所以，降雨量的分析对雨水花园的设计至关重要，直接影响雨水花园的设计面积及类型选择。

**（三）雨水花园形态营造**

1. 大小

雨水花园大小较为随机，但以小型雨水花园为主，面积从几十平方米到几公顷不等。但据国外数据分析，25m$^2$ 大小为最佳面积。面积过大，雨水下渗过慢，易发生堵塞的现象。

2. 深度

一个典型的雨水花园滞水 10～20cm 深。若其深度不足 10cm，导致渗水面积不足，就需要外接蓄水设施。若其深度大于 20cm，则会影响景观效果，并增加了幼儿的危险系数。

3. 土壤结构

土壤结构严重影响着雨水的下渗速度，一般应维持 1～4h 的下渗时间，这样会避免蚊虫的滋生和异味的产生。砂土渗透率较强，并有助于植物根茎的生长，是雨水花园的理想选择；而黏土具有较差的透气性和渗透性，一般不选择其作为花园基层土壤。

土壤基床作为雨水花园的要素之一，其特性对雨水的净化和滞留有至关重要的作用。一般选用黏性土质，渗透率为慢到中等最佳，土壤渗透率 0.25～1cm/h 为宜。

4. 边缘线

雨水花园的边缘线设计为不规则式，可以扩大植物、土壤与污染物的接触量，易于除去水中污染物。传统生硬的混凝土方式的边缘线，既不具有自然生态性，又影响了植物去污能力。因此，设计者应因地制宜，采用自然式的岸线设计方法，创造自然野趣的环境。

5. 坡度

设计坡度较缓，会减缓降雨汇流速度；陡缓穿插的坡度优于同一连续坡度；坡度保持不变也会加快径流速度。表面坡降比设计通常为 0～1%，具体还应随填料物理属性不同而异。

**（四）周边环境的搭配**

周边环境是连接雨水花园与其他环境的中介，需对其特别考虑。设计应避免大量混凝土建筑及周边大面积草坪的设计方式，草坪既不利于维护，自我调节能力也不高，极易将污染物顺势冲刷至雨水花园，造成更严重的污染。因此，雨水花园周边设计不宜采用大面积草坪的做法。理想的做法应该是利用土壤等自然要素形成过渡区，加强花园的自然调节能力，同时也创造了一个动植物栖息地。

## 五、雨水花园表面积计算

计算确定雨水花园的表面积是雨水花园规划的核心步骤。其表面积主要受需处理的降水径流量、雨水花园土壤渗透能力等因素影响。国内外计算雨水花园表面积的方法主要有以下四种。

**（一）基于达西定律的渗滤法**

1. 达西定律

达西定律是渗流中最基本的定律，由法国水利学家达西于1852—1855年经实验提出，反映了水在岩土孔隙中的渗流规律，可按式（2-13）计算：

$$v=KJ=K\frac{h_w}{L} \tag{2-13}$$

式中 $v$——断面的平均流速，m/s；

$K$——砂质土壤的渗透系数，m/s；

$J$——下渗起止断面间的水力坡度，无量纲；

$h_w$——沿下渗方向的水头损失，m；

$L$——下渗起止断面间的距离，m。

2. 雨水花园渗流流速

在蓄水层水蓄满情况下，流速可按式（2-14）计算：

$$v_1=K(2h+d_f)/d_f \tag{2-14}$$

在蓄水层没有蓄水情况下，流速可按式（2-15）计算：

$$v_2=Kd_f/d_f=K \tag{2-15}$$

式中 $v_1$、$v_2$——断面流速，m/s；

$h$——蓄水层设计平均水深，一般为最大水深 $h_w$ 的1/2，m；

$d_f$——雨水花园的垂直深度（种植土层和填料层），m。

设计时常取其平均值，按式（2-16）计算：

$$v=(v_1+v_2)/2=K(2h+d_f)/2d_f+K/2=K(h+d_f)/d_f \tag{2-16}$$

3. 雨水花园面积计算

因此，雨水花园可根据渗滤的规律，按式（2-17）和式（2-18）计算：

$$A_f=\frac{V}{t_f v} \tag{2-17}$$

$$V=A_d H\varphi \tag{2-18}$$

式中 $A_f$——雨水花园的表面积，$m^2$；

$V$——雨水花园的雨水汇流总量，$m^3$；

$t_f$——蓄水层的水被消纳所需的时间，s；

$A_d$——汇流面积，$m^2$；

$H$——设计降雨量（按 $m^2$ 设计要求决定），m；

$\varphi$——径流系数。

将式（2-16）和式（2-18）代入式（2-17）中，得式（2-19）：

$$A_f=\frac{A_d H\varphi d_f}{K(h+d_f)t_f} \tag{2-19}$$

此方法主要根据雨水花园自身的渗透能力和达西定律而设计，忽略了雨水花园构造孔隙储水量的潜力和植物对蓄水层的影响。

**（二）蓄水层有效容积法**

这是一种在水量平衡的基础上，利用雨水花园蓄水层的有效容积消纳径流雨水的设计方法。根据植被被淹没的状态又分为两种情况。

1. 部分植被的高度小于最大蓄水高度

植被在蓄水层中所占体积按式（2-20）计算：

$$V_v = nA_1h_v \tag{2-20}$$

式中 $V_v$——植被在蓄水部分所占的体积，$m^3$；

$n$——植被的数量；

$A_1$——茎干的平均横截面面积，$m^2$；

$h_v$——淹没在水中的植被平均高度，m。

令植物面积占有率 $f_v$ 为

$$f_v = \frac{nA_1}{A_f} \tag{2-21}$$

式中 $f_v$——植物横截面面积占蓄水层表面积的百分比。

将式（2-21）代入式（2-20）中，得式（2-22）：

$$V_v = f_vh_vA_f \tag{2-22}$$

则实际可蓄水的体积计算见式（2-23）：

$$V_w = h_mA_f - V_v = h_mA_f - f_vh_vA_f = A_f(h_m - f_vh_v) \tag{2-23}$$

式中 $V_w$——实际可蓄水的体积，$m^3$；

$h_m$——最大蓄水高度，m。

根据水量平衡，进入雨水花园的径流量（$V = A_dH\varphi$）等于实际蓄水体积，即 $V = V_w$，则有

$$A_f = \frac{HA_d\varphi}{h_m - f_vh_v} \tag{2-24}$$

2. 植被高度均超出蓄水高度

因 $h_v = h_m$，则式（2-23）可化为

$$V_w = A_fh_m(1 - f_v) \tag{2-25}$$

则雨水花园面积为

$$A_f = \frac{HA_d\varphi}{h_m(1 - f_v)} \tag{2-26}$$

此法主要利用雨水花园蓄水层的有效容积滞留雨水，考虑了植物对蓄水层储水量的影响，但未考虑雨水花园的渗透能力和空隙储水能力。实际应用中大多数采用第二种情况进行计算。

**（三）基于汇水面积的比例估算法**

除以上两种方法外，有时还采用简单的估算方法，即根据雨水花园服务的汇水面积乘以相应的比例系数计算求得，即

$$A_f = A_d\beta \tag{2-27}$$

式中 $\beta$——修正系数。

当汇流面积均为不透水面积时，计算出的雨水花园的面积一般为汇水面积的 5%～10%。此法计算简单，但需通过多年的工程经验积累才能建立这样的公式，且精度不

高，对降雨特征变化较大和不同标准要求的适应性较差。

可以看出，以上三种方法都有各自的特点，也都有一定的局限性，在使用时要分析雨水花园的结构特点、功能侧重、设计标准和所在地的土质特性等因素选择使用。基于达西定律的渗滤法适用于砂质土壤的雨水花园；蓄水层有效容积法适用于雨水花园中黏土较多、场地不受限制的区域；而比例估算法主要用于粗略计算和有丰富经验时采用。

我国多数城市区域雨水径流污染严重，在选择雨水花园的建造模式时，要兼顾削减径流量和污染物总量，可优先采用渗滤速度较大（$K$ 值不小于 $10^{-5}$ m/s）、净化效果较好的人工材料。同时，雨水花园根据其目的不同，又可分为带出水管和不带出水管两种情况，所在地的土质渗透能力和有无防渗也是其重要的影响因素。

**（四）完全水量平衡法**

1. 水量平衡分析基本原理

假定雨水花园服务的汇流范围内的径流雨水首先汇入雨水花园（当一般雨水花园面积占全部汇流面积的比例较小，即直接降落到雨水花园本身的雨水量较少时，可忽略不计），当水量超过雨水花园集蓄和渗透能力时，开始溢流出该计算区域。此时，在一定时段内，任一区域各水文要素之间均存在着水量平衡关系，即

$$V+U_1=S+Z+G+U_2+Q_1 \tag{2-28}$$

式中　$V$——计算时段内进入雨水花园的雨水径流量，$m^3$；

$U_1$——计算时段开始时雨水花园的蓄水量，$m^3$；

$S$——计算时段内雨水花园的雨水下渗量，$m^3$；

$Z$——计算时段内雨水花园的雨水蒸发量，$m^3$；

$G$——计算时段内雨水花园种植填料层空隙的储水量，$m^3$；

$U_2$——计算时段结束时雨水花园的蓄水量，$m^3$；

$Q_1$——计算时段内雨水花园的雨水溢流外排量，$m^3$。

通常，计算时段可以取独立降雨事件的历时，此时，由于蒸发量较小，$Z$ 可以忽略。而且在设计雨水花园时，一定设计标准对应的溢流外排雨水量可假设为 0。如果计算时段开始与终了时雨水花园内蓄水量之差以 $V_m$ 表示，$V_w=U_2-U_1$（实际计算时可视时段开始时雨水花园无蓄水，即 $U_1=0$，$V_w=U_2$），则

$$V=G+V_w+S \tag{2-29}$$

2. 径流雨水量

径流雨水量可采用式（2-18）计算，其中 $H$ 可根据当地的降雨特性和设定的消减雨水的目标来确定。

3. 雨水花园下渗量

计算时段雨水花园的下渗量，公式为

$$S=\frac{K(d_f+h)A_fT}{d_f} \tag{2-30}$$

式中　$T$——计算时间，min，常按一场雨 120min 计。

根据雨水花园构造及土壤条件不同，式（2-30）中 $K$ 的取值各异，主要分为以下三种情况。

（1）当雨水花园底层设有防渗膜或填料外土壤的渗透系数 $K_2$ 不大于种植土渗透系数 $K_1$（一般人工填料的渗透系数大于种植土的渗透系数）时，$K_2$ 起限制主导作用，此时下渗量较小可忽略不计，即 $S=0$。

（2）当雨水花园底部有排水穿孔管或 $K_2 \geqslant K_1$ 时，取 $K=K_1$。

（3）当 $K_2 < K_1$ 时，取 $K=K_2$。

4. 需水量

当雨水花园中的径流量大于同时间的土壤渗透量时，必然在雨水花园形成蓄水。假定雨水花园的植被高度均超出上部蓄水高度，则实际需水量为

$$V_w = A_f h_m (1-f_v) \times 10^{-3} \tag{2-31}$$

5. 空隙储水量

空隙储水量的计算公式为

$$G = nA_f d_f \tag{2-32}$$

式中 $n$——种植土和填料层的平均空隙率，一般取 0.3 左右；

其他符号意义同前。

6. 雨水花园面积的计算

结合上述公式可得雨水花园的面积为

$$A_f = \frac{A_d H \varphi d_f}{60KT(d_f + h) + h_m (1-f_v) d_f + n d_f^2} \tag{2-33}$$

当 $S=0$，亦即 $K=0$ 时，式（2-33）可化为

$$A_f = \frac{A_d H \varphi}{h_m (1-f_v) + n d_f} \tag{2-34}$$

此方法主要针对一场雨的雨量来设计，其目的不仅是用来处理初期雨水，而是要在净化雨水的基础上削峰减量，最终实现无溢流外排现象。如果将处理后的水加以收集利用，也应采用此法进行计算。当然要注意，雨水花园主要是消纳较频繁事件的雨水径流，而非极端事件，所以一般根据当地降雨特性和雨水花园的消减目标选用一个合适的降雨量。

## 六、雨水花园植物设计要点

1. 明确雨水花园植物选择原则

雨水花园的植物选择要考虑多方面的因素，既要满足雨水花园的特殊水文环境，又要充分发挥植物的功能特性及景观特性。雨水花园中植物要素的营造应当优先选取地域性本土植物，选择根系发达、净化能力强、具有短时耐水淹特性的植物。雨水花园中的植物选择要充分考虑植物在雨水花园中的生长环境、处理效果、景观效果等，使植物在雨水花园中既能适应相应的生长环境，又能形成较为良好的景观效果。

2. 依据淹水状况合理配置植物

雨水花园中因雨水管理功能的不同，雨水花园区域内都是具有湿度梯度的，不同区域有着不同的水淹情况，如雨水花园的边缘区基本不可能存在被淹没或很潮湿的状态。植物的种植应根据相应区域的水淹条件选择生长习性不同的植物。依据湿度梯度的不同区域，雨水花园的种植区大体上可分为蓄水区、缓冲区和边缘区。其中，边缘区无蓄水

能力，种植植物应考虑选取耐旱植物；缓冲区有一定的雨水调蓄功能，需要植物有一定的耐淹又耐旱以及耐雨水冲刷能力；而蓄水区对植物的耐淹能力要求最高，也是雨水净化的主要区域，需要耐水淹及具有净化功效的植物。

3. 把握植物美学特性营造景观表现

景观设计中想要营造精致的景观环境，植物的美学特性及其种植设计带来的观赏特征是十分重要的。植物的美学特性主要表现在植物的大小、形态及色彩表现方面。在植物景观的视觉表现上，要利用植物的大小、形态、质地及色彩来表现。色彩是植物最引人注目的观赏特征之一。雨水花园植物设计中要注重植物的四季色彩表现，应多考虑夏季和冬季的色彩，因为夏冬两季占据着一年中的大部分时间。

### 【同 步 测 试】

1. 雨水花园最早产生于哪里？
2. 建设雨水花园对城水雨洪控制管理有什么作用，可以带来哪些效益？
3. 雨水花园典型结构层中，覆盖层的作用是什么？何时需要埋设穿孔管？
4. 在停车场等雨水径流污染严重的区域周边建设雨水花园时，应选择什么类型？
5. 雨水花园选址时的注意事项有哪些？
6. 雨水花园表面积计算时，使用的 4 种方法优缺点分别是什么？

### 【课 下 活 动】

小组讨论并形成报告：

1. 根据工程资料，提出简单的雨水花园植物配置方案。
2. 根据工程资料，绘制简单的雨水花园结构示意图，突出对雨水资源的回收利用目的。

## 单元三 绿 色 屋 顶

**【学习目标】**

知识目标：1. 绿色屋顶的典型结构。
2. 绿色屋顶的类型。
3. 绿色屋顶的设计原则。
4. 建设绿色屋顶的效益。

能力目标：1. 会根据工程资料，选择满足改造需求的绿色屋顶类型。
2. 会根据工程资料，设计合理的雨水径流路径。

雨洪来临时，建筑屋顶产生的径流是导致城市内涝的重要原因之一。因此，将城市的建筑屋顶改造为绿色屋顶能有效缓解城市雨水径流压力。一方面，通过海绵城市结构来收集、储存雨水，并利用雨水进行浇灌，可以节省各种能耗；另一方面，绿色屋顶将形成良好的城市景观，提升城市的整体绿化率。

## 一、绿色屋顶的概念

广义上讲，绿色屋顶是指高出地面，不与地面自然土层相连接，并进行绿化种植技术的建筑物屋顶、中间平台、边缘或构筑物顶部的统称。其包括住宅、办公楼、地下建筑、酒店、厂房等的屋顶、露台、阳台、空中连廊和桥梁、围墙等，是城市绿地向立体化、空间化发展的重要形式之一。狭义上讲，绿色屋顶就是所有进行绿化的建筑屋顶。绿化形式不仅仅是在屋面上覆盖土壤种植，还可以在容器中或者种植板块中栽种植物后进行覆盖。

绿色屋顶以绿化种植为主，其他元素与地面绿地一致，但由于屋面相较地面在场地大小和承载力上均有限制，绿色屋顶的设计又有其独特和创新的一面。

## 二、绿色屋顶的结构

绿色屋顶最主要、最常见的结构自上而下包括：植被层、土壤基质层、透水过滤层、蓄排水层、防渗漏层和屋面结构层，如图 2-16 所示。

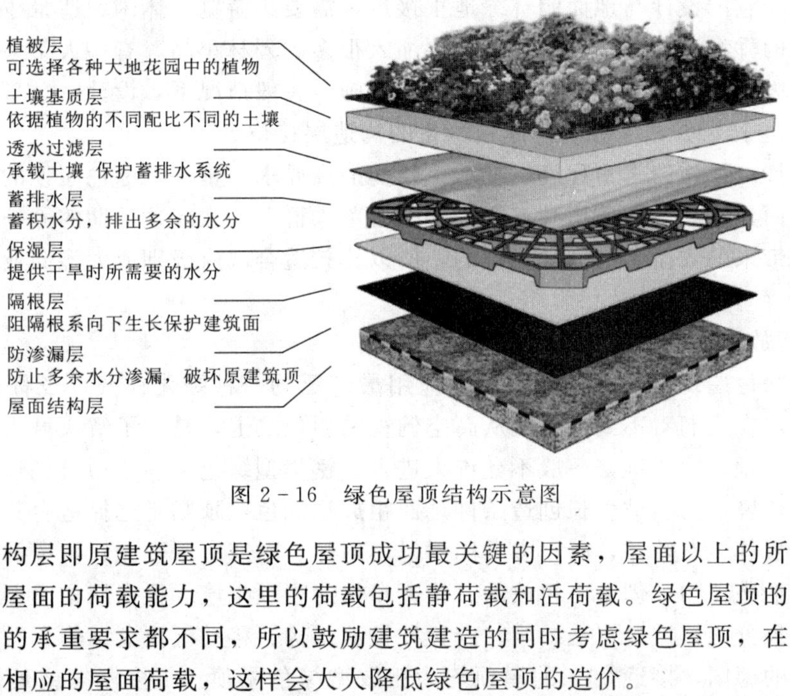


图 2-16 绿色屋顶结构示意图

屋面结构层即原建筑屋顶是绿色屋顶成功最关键的因素，屋面以上的所有结构的重量都取决于屋面的荷载能力，这里的荷载包括静荷载和活荷载。绿色屋顶的设计对于屋面每一个点的承重要求都不同，所以鼓励建筑建造的同时考虑绿色屋顶，在设计时就考虑屋顶绿化相应的屋面荷载，这样会大大降低绿色屋顶的造价。

防渗漏层即防水层的重要程度仅次于结构层，与地面绿地促进水分下渗不同，屋顶的土壤如果产生了水分的渗漏，结构层就会遭到破坏，影响安全性。

排水层和蓄水层是两个不同的结构，但现在的趋势是把两者合一设计，兼具储水和排水的功能，改善土壤的空气质量，保持湿度又能防止烂根。

透水过滤层的作用是过滤被水从基质层冲刷下来的杂质，并且让水顺利到达蓄排水层，防止土壤、护根物、植物残体等堵塞破坏蓄排水系统。

土壤基质层是屋顶植物赖以生存的有机环境，但是跟地面绿地的要求大相径庭。屋顶基质层应选用轻质多孔材料，保证排水和透气，厚度根据不同的类型要求有不同的设计。但因地区气候的差异和屋顶种植的不同要求，绿色屋顶的结构之间也有细微的调整。为了保护屋顶防晒隔热保温，通常会在结构中加上保温隔热层，这个结构有时候也包含在建筑结构层内设计，但现在普遍放置在防水层之上，防止防水层发霉或变形。有的设计师在防水层上加盖混凝土保护层也能起到相同的作用。如果想要达到更好的绿化效果，增加植物的层次丰富度，那么必须在防水层上设置隔根层，防止一些深根系植物破坏结构。法国的索普马设计公司就将防水层与屋顶结构层和隔根层设计在一起使用，极大地减少了绿色屋顶的工程量。

### 三、绿色屋顶的类型

对于绿色屋顶的分类方法有很多，目前最常用的是根据绿化种植模式将绿色屋顶分为密集型绿色屋顶、粗放型绿色屋顶和半密集型绿色屋顶三种。

#### （一）密集型绿色屋顶

密集型绿色屋顶就是我们狭义上说的屋顶花园，也称作精绿化屋顶。这种绿色屋顶一般出现在人可以进入的、大面积的公共建筑屋顶之上，主要注重绿色屋顶的功能性、安全性设计。它的设计与地面园林绿地很接近，需要集游览、休闲、造景于一体，除了要配置丰富的乔灌草植被景观外，还需要加入很多的园林小品，有些大型公建的绿色屋顶甚至设有大面积水池、车行道和防火防灾设施。一般情况下，设计密集型绿色屋顶的屋面坡度要小于10%，才能防止屋顶绿化的构造层移位。

由于设计、设施的丰富程度以及承重结构的高要求，密集型绿色屋顶的前期造价一般比较高，而建成后的高使用频率和众多的游览人群，导致屋顶后期的养护修剪费用也比较高。但带来的效益却是非常可观的，所以比较适合政府级别或大型商业区企业投入建设。

#### （二）粗放型绿色屋顶

粗放型绿色屋顶是最简单却是目前应用最广泛的一种绿化模式，也称作粗绿化屋顶。一般出现在人们看不到或只能从高空俯视的屋顶之上，是为了解决城市生态效益而增加的绿地面积，除了维修一般不允许人进入。密集型绿色屋顶是通过创造最适应的植物生长屋顶环境，为植被生长创造条件，而粗放型绿色屋顶则是选择适合其生长环境的植物来达到最佳生态效益，所以多采用耐旱、耐热、耐寒、耐强光、抗风和少病虫害的低矮的草本地被植物，创造出粗放的、接近自然的屋顶生境。根据结构类型，还可将粗放型绿色屋顶分为植被垫覆盖结构、内置种植池结构、移动模块盘结构。在绿色屋顶发展相当不错的德国，接近80%的屋顶均为粗放型绿色屋顶。很多国家或地区的坡屋顶或高层建筑也多选用这种绿化模式。

由于这种屋顶不提供人的游览空间，植被也多为低矮型，所以几乎不需要特别的养护和修剪，仅用自然降雨和适量的自动喷灌系统就可以完成后期的管理工作。可以说是一种“低养护、免灌溉”的屋顶种植模式，但是其带来的经济效益、社会效益和生态效益却十分惊人，被欧美国家称为“生态毯”。

#### （三）半密集型绿色屋顶

半密集型绿色屋顶介于密集型和粗放型之间，也称为简单精绿化屋顶。一般出现在人可以进入但不经常进入的私人建筑或低矮住宅屋顶之上，既注重生态效益也注重人们的游览观赏性。它的设计处于自然野趣和人工雕琢之间，植被设计以花卉、低矮灌木为主，基本放弃了乔木和较高灌木。在一般情况下，半密集型绿色屋顶在20°～25°的坡度范围就可以实现。

这种绿色屋顶由于屋顶承载力和设计丰富度都低于密集型绿色屋顶，所以它的造价和养护修剪费用都相对较低，比较受私人或房地产商的青睐。

## 四、绿色屋顶设计原则

### （一）安全原则

安全原则是屋顶绿化建设首要考虑的问题，是绿色屋顶的保证，贯穿绿色屋顶建造的全过程。绿色屋顶的关键技术是屋顶结构的承载能力和防水技术，所以采用轻质营养种植土与无棉的防水、绿化隔层板、过滤泥水、防止落水管阻塞都成为绿色屋顶的重要技术要素。

1. 结构安全

保证屋顶绿化后建筑的结构安全是绿色屋顶建造的先决条件。无论是建造什么形式的绿色屋顶，均必须在建筑荷载允许的前提下进行设计和施工，如果绿色屋顶所附加的荷载超过建筑物的结构构件的承受能力，将破坏整个建筑的结构，导致建筑楼面的开裂甚至坍塌。因此，绿色屋顶的设计应首先考虑到建筑结构的限制（必要时配合建筑结构工程师进行设计）。

2. 防水排水安全

绿色屋顶必须保证有良好运转的防水、排水系统。设计的绿色屋顶虽然有保护屋顶的防水层，但是，后期造园过程是在已完成的屋顶防水层上进行的，在极为薄弱的防水层上进行绿化和园林小品作业，极易造成破坏，会带来屋面漏水。又因防水层是在绿色屋顶的最下层，这就将导致因耗费工时、复杂翻修带来的经济损失。因此，屋顶花园的设计、施工和管理人员应高度重视，以免造成花园没建成屋顶先漏水。

3. 使用安全

绿色屋顶必须保证自身的使用安全。对于一些游憩型绿色屋顶来说，因须满足日常的频繁使用、游赏，必须在其四周增设牢固的防护措施，防止人、物落下等意外的发生。屋顶女儿墙虽可以起到栏杆作用，但其高度应至少超过1m才能保证人身安全，如不满足则必须加铁栏杆以达到要求，同时还应满足相应的强度要求。另外还应该保证屋顶种植的灌木和乔木在高空风力较强和基质疏松的环境下安全稳定。

4. 科学性

屋顶花园由于与大地隔开，生态环境发生了变化，要满足植物生长对光、热、水、气、养分等的需要，必须站在科学的角度，采用新技术，运用新材料。很多国外的公司都积极参与到了绿色屋顶绿化产业的研究与开发中，经常推出新技术、新材料，促进了立体绿化产业的发展。现在国内也涌现出一批专业的屋顶绿化企业，他们引进和开发出了薄层栽培基质、抗植物根穿刺高分子复合防水卷材渗排水组合、绿色屋顶专用轻质建材、绿色屋顶用草等产品，丰富了国内屋顶花园景观市场。设计师应充分研究和了解各个相关学科特征，运用现代科技手段，强调科学的设计方法、合理的统筹和综合，将现代科技与生态科学完美结合。

### (二) 生态原则

衡量一个绿色屋顶的好坏，除满足不同功能外，还应该重点强调体现其重要的生态价值。按照生态学原则，景观设计建造的最终是要形成一个完整科学的生态自然系统，绿地系统通过各组成部分间能量和信息的流动、彼此协调契合为一个整体，共同发挥改善城市环境的功能。而绿色屋顶正是城市绿地系统的一个重要补充环节，将彼此独立、互不干扰的城市绿地空间在功能和要素上进行连接，促进生态过程的流动。它的建造实质作用是提升城市的绿色空间整体性，因此要以生态学为基础，使其成为生态系统的载体之一。

1. 屋顶以植物为主

生态原则首先体现在以“绿化”为主的绿化具体形式上。绿色屋顶可以做成自然式、规则式、混合式，但总的原则是要以植物为主，考虑如何实现植物的生态效应，其他的园路、休息设施、小品等只是适当的点缀。绿色屋顶必须保证有一定数量的植物，绿化覆盖率在50%以上，才能够发挥绿色生态效益、社会效益和经济效益。通过来增加整个城市的绿化覆盖率，进而实现减缓城市热岛效应、改善城市环境的生态价值。植物造景包括以下三方面的特性：一是园林的观赏性，创造宜人景观；二是有可持续性，能够改善环境质量，调节小气候，维护生态平衡；三是保证生态结构的合理性，通过合理的时间、空间营造结构与环境，一起组成和谐的统一体。

在植物的选择上，尽可能使植物丰富多样，创造良好的自然生态环境。相较于物种单一的绿化形式，多样性会提高绿色屋顶的稳定性。此外，要根据区域的自然环境特点，在植物配置方面优先选择乡土树种，注意培植有地方特色的植物群落，形成植物的季相变化和竖向变化，营建适合屋顶环境的景观类型。作为对失去绿地的补偿，绿色屋顶应该有意识地对被破坏的生态系统进行补救。有日本植物学家就提出在屋顶上繁殖一些濒危的植物种类的想法。有些植物在现在的城市景观中根本无法正常生长，但在绿色屋顶中通过一系列处理后，就可以良好生长，因为绿色屋顶受到的人为干扰要少得多。这种对小生态群落有意识的建立，对恢复生态系统中物种的多样性也起到了一定作用。

2. 因“顶”制宜

在园路的组织、建筑小品的位置与尺度、地形的处理和植物的选择等方面根据具体屋顶不同做具体设计。数十米高的屋顶与地面相比，高空太阳辐射强、日照时间长、温度高、蒸发旺盛、温差大、风力大，雨水冲刷力强，土壤全靠外面输入，保水性能差，空气湿度小，水源特别少，自然条件完全不占优势。因此，由于植物和建筑小品等所处的生态环境极不稳定，自然条件独特，所以在不同的情况下应采取不同的方案和方法，确保植物在建筑荷载能力范围内生长良好，营造出更生态的景观。

3. 运用再生节能材料

绿色屋顶的生态设计还体现在一种整体意识，要小心谨慎地对待生物、环境，反对孤立的、盲目的设计行为；要坚持自然观，采取依附自然、再现自然、因借自然等手法，在自然中确定自己适当的位置和形态。在设计用材和建造技术上，现在的绿色屋顶都有了新的突破和发展。这些新材料新技术乃至新的设计元素，都在以越来越生态的方式呈现，比如再生、节能、废物利用等。铺地采用可重复利用的人工烧制砖材、陶瓷材料或观感自然亲切、质感舒适宜人的木材、石材、砂土类天然材料。保护和利用自然资源，在设计中积极利用新技术来提升生态价值，减少能源消耗，降低养护管理成本，如利用太阳能为庭院供给照明和音响设备用电；采用循环设计理念，收集雨水为灌溉和水景提供主要资源；在水体自净、净化环境和促进生物多样性方面进行详细设计。

**（三）经济原则**

绿色屋顶与地面绿地相比在建造施工上更为复杂，在经济造价上必然会更高。因此设计时应精打细算，把资金用在适当的地方，选最合适而不是最昂贵的材料，结合实际情况作全面考虑。充分利用可再生景观材料，倡导低成本、低维护的生态理念，节约施工和后期养护管理所需的人力、财力、物力，以最经济的材料和低成本的养护技术措施，达到最好的绿化效果。经济原则是城市绿色屋顶建设的根本，无论多美好的景观，从现有条件来看，只有尽量降低造价及后期管理成本，才能使绿色屋顶得到普及，实现城市绿色屋顶成本合理、维护费用适中、生态效益最大地可持续发展。

**（四）艺术性原则**

绿色屋顶不能只达到“绿”的基本要求，更要能满足一定的审美要求。加上绿色屋顶由于其场地较小，所处环境和场地受建筑物平面、立面限制较大，所以要更加精美、精巧、别致，设计成功、风格独特的绿色屋顶是建筑与景观造园完美统一的精品。对于游憩型绿色屋顶来说，要充分利用其荷载上的优势，根据具体的使用功能需要，通过园林小品的合理安排，结合乔木、灌木、地被植物的综合配置形成丰富的园林空间，为使用者营造优美舒适的游憩环境。而对于覆被型绿色屋顶来说，虽然它只能以低矮灌木、草坪等地被植物的简单绿化为主，通常不允许人员活动、游览，但是通过精心的植物造景设计同样也可以创造出令人赏心悦目的景观。

绿色屋顶的规划在设计时应考虑其与建筑的关系、花园内部各要素之间的关系，以及与周围环境之间的关系，建筑与绿色屋顶是一个统一的整体。

**（五）功能性原则**

考虑到经济成本，目前部分绿色屋顶的功能性已经逐渐淡化，主要强调生态性，但对于密集型绿色屋顶来说，功能性原则在设计中仍然是极其重要的一部分，是建造绿色屋顶的根本目的。由于绿色屋顶的功能多样，所以设计方法也体现出针对性，需要满足不同建筑类型的使用要求（住宅、办公、宾馆、医院、商业类等）。其实，绿色屋顶的产生本身就是为了满足某种功能。巴比伦“空中花园”实际上是一个具有居住、娱乐功能的园林建筑群。挪威等北欧寒冷国家，为了度过漫长的冬季，设计草坪屋顶进行保温。在树木缺乏的平原，当地人们设置屋顶草坪，防止屋顶土层流失，并形成温度隔离层。办公楼的绿色屋顶主要是为了满足公司员工户外交流、休闲及对外商务洽谈等活动。绿色屋顶设计时要关注人与生活，而不仅是形式和构图，以人和人的活动为导向合理安排和组织功能布局，满足人的心理、生理需求，使功能设计更加人性化。针对不同年龄段（儿童、青年、中年、老年）、不同角色（游客、家人、职员、学者）的特征、需要、文化、品位、素质，来营造适合特定群体的审美情趣和欣赏水平，强调其对自然、社会、生态、艺术、历史等的独特理解。

## 五、绿色屋顶的效益

绿色屋顶虽谈不上是解决一切问题的灵丹妙药，但其功效却不容小觑。与其他在建筑内外所采取的有益环境措施一样，绿色屋顶对人们的生活及其环境具有积极影响。2003 年的一份报告显示，在绿色建筑内工作的人群效率要远远高于处于不环保的建筑中的人群。进行屋顶绿化的原因是多种多样的，绿化后的屋顶还可以起到不同的功能，主要表现为社会效益、经济效益和生态效益，见表 2－6。绿色屋顶的作用是综合性的，有时往往是几大效益同时发挥，从而产生更多的意想不到的功能。

**表 2－6　　绿色屋顶功能具体阐述**

| 绿色屋顶的功能 | 具体阐述 |
| --- | --- |
| 生态效益 | 降低区域温度，改善热岛效应；<br>解决雨洪问题，净化雨水；<br>提供生物栖息地及迁徙中间站；<br>净化空气；<br>调节小气候，缓解干岛效应；<br>降声减噪 |
| 经济效益 | 保温隔热，节省建筑开支和能耗；<br>延长屋顶材料使用寿命，减少后期维护费用；<br>增加建筑吸引力，使建筑保值或增值；<br>相较于拆迁移民，改造屋顶的费用更为经济；<br>结合地形设计，提高土地利用率 |
| 社会效益 | 丰富视觉景观，提高城市宜居度；<br>提供安静愉悦的修身养性之所；<br>促进娱乐休闲与交流；<br>保护历史文化区域；<br>增强公众环境意识 |

### （一）绿色屋顶的生态效益

1. 缓解城市热岛效应

随着城镇化进程的不断加快以及全球变暖的影响，城市热岛效应愈加明显。热岛效应对人们的生活造成了严重影响。增加城市绿化面积、提高城市绿化率是缓解城市热岛效应的最好方法，因此，屋顶绿化是缓解城市热岛效应的一条有效途径。据相关部门统计，“热岛效应”可以使夏天城市的温度高于郊区 4～8℃。联合国环境署的研究表明，如果城市屋顶绿化率达到 70%以上，那么城市上空 $CO_2$ 含量将下降 80%，“热岛效应”将会彻底消失。

2. 消减城市径流峰值与径流总量，净化雨水径流

在降雨过程中，屋顶绿化基质层和蓄排水层的设置能够有效截留降雨量，消减屋面雨水径流量，延缓屋面雨水径流进入城市管网的时间，消减雨水径流峰值。研究表明，不同气候条件下，屋顶绿化可以截留 50%～70%的降雨，密集型屋顶绿化年径流消减率为 85%～65%，开敞型屋顶绿化年径流消减率为 81%～27%。与此同时，雨水径流

经植物—土壤—微生物—蓄排水层对径流中污染物吸附、拦截和微生物降解等作用，雨水径流得到净化。

3. 净化空气、减少噪音

城市人口密集，机动车尾气、工业废气的排放对空气质量影响很大，机动车轰鸣声、娱乐场所噪声等致使城市噪音污染严重，屋顶绿化对净化城市空气、减少城市噪声具有重要作用。屋顶绿化通过直接吸取污染物，减少空气中污染物量，从而提高空气质量。一组来自加拿大的研究表明，如果多伦多市6%的建筑物屋顶绿化，其空气质量将显著提高，空气中的$NO_x$和$SO_2$浓度将明显降低，$PM_{10}$将被去除多达30t。屋顶绿化同时可以有效地减轻城市噪声污染，能够减少3dB城市噪声，在有隔音层的情况下可消纳8dB以内的噪声，对于居住在机场、娱乐场所和工业园区附近等噪声严重场所的人们至关重要。

**（二）绿色屋顶的社会经济效益**

1. 实现建筑节能

屋顶绿化的设置能够对建筑物起到保暖遮阳的作用，有效地调节室内温度，实现冬暖夏凉的效果，具有节省能耗的效益。有学者研究发现，如果将纽约市50%的屋顶都改造成屋顶绿化，整个纽约市屋顶温度可降低0.1～0.8℃，将显著降低使用空调系统和供暖设备的建筑物的能耗水平，减少资源浪费，实现建筑节能。

2. 延长屋顶寿命

普通屋顶的使用寿命一般为15～25年，随着使用时间的增长，受紫外线辐射和臭氧氧化的影响，屋顶防水层老化速率较快，导致防水材料老化损坏，以至于形成裂缝产生渗漏。屋顶绿化可以避免阳光直射屋顶，调节昼夜温差，使屋顶表面昼夜温差大幅降低。有研究表明，屋顶绿化的特性表现为在室内空调状态下为隔热，在室内自然状态下为吸热，绿化的节能效果相当于附加了40mm厚的聚苯乙烯泡沫塑料或200mm厚的加气混凝土。屋顶绿化的设置能够延长屋顶的使用年限。

3. 降低城市绿地的建设成本

目前，随着城镇化进程的不断加快，一线和二线城市用地愈加紧张。土地资源的紧缺，导致城市绿地建设成本急剧增加。如果将屋顶绿化生态效益折算纳入城市绿地中，则屋顶绿化的设置可以降低绿地建设开支。有研究表明：一个2000$m^2$的屋顶绿化，在华盛顿的经济、政策条件下，总的经济效益（降水截留效益、建筑物耗能节约效益、空气质量提高效益）为每年1195～6277美元。

## 【同 步 测 试】

1. 绿色屋顶典型结构层从下至上分别有哪些？
2. 绿色屋顶的过滤层和隔根层通常选用什么材料？
3. 密集型绿色屋顶要求的承重范围如何？粗放型绿色屋顶要求的承重范围如何？
4. 如何理解绿色屋顶设计的安全性原则？
5. 如何理解绿色屋顶设计时的因“顶”制宜？

**【课 下 活 动】**

分组讨论并形成报告：

1. 绿色屋顶建造时，可以使用哪些再生节能材料？

2. 对校园教学楼进行绿色屋顶改造时，应选择何种类型？请绘制结构示意图，并设计雨水径流路径。

# 单元四 下沉式绿地

**【学习目标】**

知识目标：1. 下沉式绿地的定义。
2. 下沉式绿地的功能。
3. 下沉式绿地的设计要点。
4. 下沉式绿地的设计原则。

技能目标：1. 会根据工程资料，判断下沉式绿地改造的可行性。
2. 会根据工程资料，确定下沉式绿地的各项设计参数。

## 一、下沉式绿地的概念

下沉式绿地有狭义和广义之分。狭义的下沉式绿地一般指的是下凹式绿地，其典型结构为绿地高程低于周围硬化地面高程 5～25cm，雨水溢流口设在绿地中或绿地和硬化地面交界处，雨水口高程高于绿地高程且低于硬化地面高程。广义的下沉式绿地除了狭义的下沉式绿地之外，还包括雨水花园、湿地、水塘、多功能调蓄等生态雨水设施。其中，狭义下沉式绿地是一种形式最简单的海绵城市雨水蓄渗设施，可以在公园和绿地、道路和广场、小区和停车场等场地设置，其应用范围较广。

下沉式绿地可汇集周围硬化地表产生的降雨径流，利用植被、土壤、微生物的作用，截留和净化小流量雨水径流，超过绿地蓄渗容量的雨水经雨水口排入雨水管网。下沉式绿地不仅可以起到削减径流量、减轻城市洪涝灾害的作用，而且下渗的雨水可以起到增加土壤水分含量以减少绿地浇灌用水量，以及补充地下水资源量的作用。同时，径流携带的氮、磷等污染物可以转变为植被所需的营养物质，促进植物的生长。

## 二、下沉式绿地的功能

### （一）减少洪涝灾害

下沉式绿地可以在降雨时，让雨水较大程度地入渗至绿地中，滞留大量的雨水，避免了传统方式中雨水管渠的阻塞、下水缓慢等问题。下沉式绿地的雨水下渗，增加了地下水资源和土壤中的水资源，避免了绿地的频繁浇灌，减少了绿地的浇灌量，从源头上实现“节能减排”的任务。

### （二）控制面源污染

雨水中携带了较多的有机污染物和无机物等，随着雨水径流进入下沉式绿地。下沉式绿地可有效地阻断面源污染，使污染物得到削减。通过土壤的渗透、植物的吸收、微生物的作用等一系列的物理—化学—生物的反应，污染物质得到了有效的处理，同时产生腐殖质等，为绿色植被提供良好的营养物质。下沉式绿地减少了有机污染物对人类的危害，并且对于周围空气的净化、噪声的吸附起到了显著的效果。绿叶、根茎等的蒸腾作用对于减少城市的温室效应，降低夏季的城市温度也有着不可小觑的作用。

**（三）提高生活质量**

下沉式绿地的建设，减少了雨水检查井的修砌，避免了雨水井盖的偷盗事件，确保了行人的安全，防止伤人事故。同时，灰色设施的减少，绿色设计的增多，为人们提供了良好的生态环境，也为昆虫、鸟类提供了栖息地，给人们带来了美的享受。

## 三、下沉式绿地设计

传统的城市雨水管理及内涝防治往往通过大规模的市政基础设施与管网建设来实现，但这种传统方式的弊端日渐暴露。随着城市对雨水管理要求的逐步提高，下沉式绿地逐渐赢得人们关注，该种雨水渗透方式将城市雨水防治工程和城市景观进行完美结合，给雨水的收集过滤提供了一种全新的思路。

**（一）下沉式绿地的设计流程**

下沉式绿地的设计主要包括以下三个流程：

（1）按照项目规划，确定下沉式绿地的服务汇水面。

（2）综合下沉式绿地服务汇水面有效面积、设计暴雨重现期、土壤渗透系数等相关基础资料，合理确定绿地面积及其下沉深度。

（3）通过绿地淹水时间和绿地周边条件对设计结果进行校准。校准通过则设计完毕，否则重新确定服务汇水面积。

**（二）下沉式绿地设计要点**

目前，针对下沉式绿地的基本参数我国已有一般性规定，如北京市《雨水控制与利用工程设计规范》（DB11/685—2013）明确指出“下沉式绿地应低于周围铺砌地面或道路，下沉深度宜为 50～100mm，且不大于 200mm”。但在实际工程项目中，不同场地在绿地率、土壤渗透条件和雨洪控制目标等方面存在一定差异性，因此下沉式绿地的设计参数不能照搬规范中的统一标准，应基于场地条件合理确定。

雨水渗透的水量平衡原理是下沉式绿地设计遵循的基本原则，其表述为

$$Q=S+U \tag{2-35}$$

其中，雨水设计控制容积 $Q$ 按式（2-36）计算：

$$Q=0.001_h(\psi F_n+F_g) \tag{2-36}$$

下沉式绿地雨水下渗量 $S$ 按式（2-37）计算：

$$S=60_k J F_g T \tag{2-37}$$

下沉式绿地蓄水量 $U$ 按式（2-38）计算：

$$U=0.001HF_g \tag{2-38}$$

下沉式绿地设计参数具体含义见表 2-7。

表 2-7 下沉式绿地设计参数

| 符　号 | 含　义 | 单　位 |
|---|---|---|
| $Q$ | 某一时段内下沉式绿地总入流量，即设计控制容积 | $m^3$ |
| $S$ | 下沉式绿地雨水下渗量 | $m^3$ |
| $U$ | 下沉式绿地的蓄水量 | $m^3$ |
| $\psi$ | 综合径流系数 | 见表 2-9 |
| $H$ | 设计降雨量 | mm |
| $F_n$ | 服务汇水面积 | $m^2$ |
| $F_g$ | 下沉式绿地面积 | $m^2$ |
| $K$ | 土壤稳定入渗速率 | m/s |
| $J$ | 水力坡度 | 垂直下渗时为 1 |
| $T$ | 蓄渗计算时间 | 60min |
| $H$ | 绿地下沉高度 | mm |

式（2-35）～式（2-38）描述了下沉式绿地设计参数的计算方法，可根据需要进行推导，其中，绿地下沉高度 $H$ 是较为敏感的数据，不但关系到绿地的蓄水功能，且与工程成本密切相关。

**（三）建设下沉式绿地的注意事项**

在不适宜建设地区，盲目建设下沉式绿地，尤其是改造原有绿地为下沉式绿地时，会带来如下不良后果：

（1）破坏表土与植被。

（2）暴雨多发时，由于雨水长时间淹没，植物可能死亡，且大规模单一的耐水植物不利于物种的多样性，并影响景观建设。

（3）地震、战争等灾害和大雨同时发生时，下沉式绿地无法实现防灾功能。

另外，建设下沉式绿地时，以下问题也值得关注：

（1）下沉式绿地的蓄水量应经过科学计算，并非越多越好。当城市人口集中或需要修补地下水的漏斗时，可以考虑多截留一些雨水，但应尽量减少对地域原水生态平衡的影响。

（2）因地制宜进行建设，对于全年降水量较少的干旱城市，适宜建设下沉式绿地，但对于降水量大、暴雨多的城市以及地下水位很高的城市，则需慎重分析。

**（四）下沉式绿地的设计优化**

下沉式绿地的设计应注意以下三个方面：

1. 遵循设计原则

设计原则包括以下三方面：

（1）保证雨水径流流向下沉式绿地，在地面硬化时，将其坡度设计朝向下沉式绿地。

（2）路缘石高度应与周边地表持平，以促进雨水径流分散流向下沉式绿地，若路缘石高于地表，则宜在其周边设置适当缺口。

（3）溢流口应位于绿地中间或与硬化地面交界处，高程应低于地面但高于下沉式绿地，具体如图 2-17 所示。

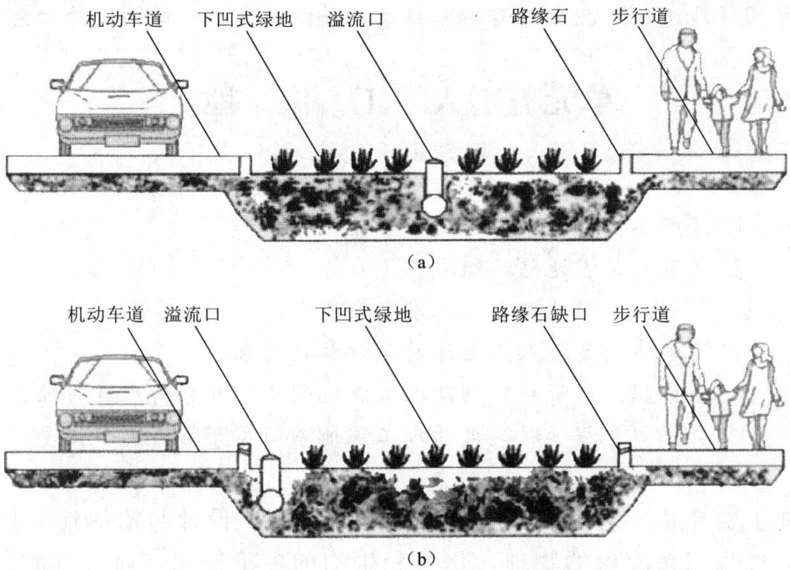


图 2-17　溢流口设计示意图

2. 景观辅助

目前，下沉式绿地的设计仍以功能为主而忽视了其作为景观和优化生态环境的作用。为了丰富下沉式绿地的设计手法，可采用与其他人造景观如座椅、假山等结合的方式，也可与其他雨水设施结合，以增加下沉式绿地的观赏性；在植物的选择上，可选择多种耐水性植物交错的方式，形成耐水植物体系，丰富绿地景观。

3. 关注植物淹水时间

为了保持土壤的渗透条件，下沉式绿地项目区域应避免重型机械碾压，对已夯实的区域可通过加入多孔颗粒和有机质的方式调节土壤结构，对于透性较差的地块，可掺加炉渣以增强土地渗透力，缩短植物的淹水时间。若绿地淹水时间较长，可采取以下两种方式：①综合考虑整个绿地的日常维护用水量，适当增加绿地面积并调整绿地下凹深度；②适当减少绿地下沉深度，并配合透水路面、渗透渠及其他设施满足雨水排放的设计要求。

## 【同 步 测 试】

1. 下沉式绿地的溢流口一般设置在什么位置？
2. 下沉式绿地的雨水设计控制容积、下渗量、需水量分别应如何确定？
3. 普通绿地是否可以改造为下沉式绿地，需要考虑哪些因素？
4. 公路两侧绿地是否都可以进行下沉式改造？
5. 下沉式绿地的非计算参数分别应如何确定？

## 【课 下 活 动】

小组讨论并形成报告：

1. 调查校园绿地，初步确定下沉式绿地率。

2. 分析校园绿地进行下沉式改造的可行性，并绘制简单的结构设计示意图。

## 单元五 人 工 湿 地

**【学习目标】**

知识目标：1. 了解不同类型人工湿地的水流特征。

2. 了解人工湿地结构组成。

3. 了解人工湿地进水、出水水质要求。

4. 了解不同类型人工湿地的设计参数要求。

能力目标：1. 会根据工程资料，判断人工湿地的类型并分析水流路径。

2. 会根据工程资料，计算人工湿地不同类型污染物净化率。

人工湿地主要是通过模拟天然湿地的结构和功能，设计与沼泽地类似的地表水体。它利用自然生态系统中的物理、化学和生物的多重作用，通过过滤、吸附、共沉、离子交换、植物吸收和微生物降解等作用来实现对雨水、河水和污水等的高效净化。

### 一、功能分类

人工湿地具有较强的削减峰值流量、净化雨水和积蓄利用雨水的功能。在低影响开发雨水系统目标控制中，对径流总量、径流峰值和径流污染有着较强的控制效果。

#### (一) 表流人工湿地

表流人工湿地的水面位于湿地填料表面以上，水流呈推流式前进，雨水从池体入口以一定速度缓慢流过湿地表面，部分雨水或蒸发或渗入地下，出水由出水口（或溢流口）流出。填料上层种有水生植物，大部分有机污染物的去除是依靠植物生长在水下部分的茎、秆上的生物膜来完成的，与自然湿地最为接近。

#### (二) 潜流人工湿地

潜流人工湿地又称渗滤人工湿地，是指水面在填料表面以下，主要分为水平潜流人工湿地、单向垂直潜流人工湿地和复合垂直潜流人工湿地。

1. 水平潜流人工湿地

水平潜流人工湿地是指水流从进口起在根系层中沿水平方向缓慢流向出水口的湿地。与表流人工湿地相比，由于该系统中好氧生化反应所需氧气主要来自大气臭氧，数量不足，因而导致脱氮效率不高，但对 $BOD_5$、$COD_{Cr}$ 和重金属的去除效果较好，受季节影响较小，且很少有恶臭和孳生蚊蝇的现象。

2. 单向垂直潜流人工湿地

单向垂直潜流人工湿地是指雨水垂直通过池体中滤料层的人工湿地。流向通常为下行流，出水系统一般设在湿地底部。与水平潜流湿地相比，其作用在于提高了氧向雨水及基质中的转移效率，一般采用间歇进水运行方式，因此池体处于不饱和状态，氧气可以通过大气扩散和植物传输进入人工湿地系统。该系统硝化能力高于水平潜流人工湿地，可用于处理氮、磷含量较高的雨水和污水。

3. 复合垂直潜流人工湿地

复合垂直潜流人工湿地由两个底部相连接的池体组成，雨水从一个池体垂直向下流入另一个池体中后垂直向上流出，每个池体可选择不同植物多级串联使用，通过增加雨水的停留时间和延长雨水的流动路线来提高人工湿地对污染物的去除能力。此类人工湿地通常采用连续运行方式，具有较高的梯田负荷。

**（三）人工湿地系统**

梯田湿地系统是人工湿地系统中的一种形式。此类人工湿地并不是人工湿地的某一种特定类型，而是指根据雨水处理的需要通过组合几个不同或相同的人工湿地池体形成梯田形式的雨水处理系统，模仿梯田形态和重力自流的工作原理来完成人工湿地的工作流程，增强雨水的净化效果。

## 二、适用范围

经过雨水湿地处理后的出水水质可以达到地面水质标准，因此它属于深度处理的方法。无论雨水、河水或者污水（达到雨水湿地进水标准），经过处理后可以直接排入景观用水的湖泊或河流中，因此特别适合景观用水区附近的生活污水或直接对受污染水体的水进行处理，或为这些水体提供清洁的水源补充。可用于城市绿地、滨水景观带等地下水位高、有基流或有足够的其他水源（如小区的中水）补充的地区。在城市道路附近可以修建小型雨水湿地（有足够的汇水流量）。

## 三、结构设计

人工湿地设计主要包括预处理系统设计、湿地面积设计、湿地配（集）水系统设计、湿地填料设计、湿地防渗设计、湿地通气设计、湿地植物设计和后处理系统设计。

人工湿地是一门专业的学科，特别是潜流人工湿地，在景观设计中，建议与水环境专业互相配合，取长补短，共同设计好人工湿地。其工艺流程见表 2-8。

**表 2-8　人工湿地工艺流程**

| 类　别 | 净化步骤 |
|---|---|
| 雨水 | 雨水→预处理（沉泥）→湿地→后处理→排放或回用 |
| 污水处理厂出水 | 处理后污水→湿地→后处理→排放或回用 |

**（一）预处理系统设计**

人工湿地长期稳定运行的重要条件之一就是预处理系统的高效率和高稳定性，可选择的工艺有格栅网片、沉淀池、生态塘等。当选用生态塘作为预处理系统时，容积至少应容纳总流量的 10%，深度应大于 1m，以减小流速。预处理的主要作用包括以下几个方面：

（1）调节进水流量的波动和连续均匀地流入，防止对湿地处理系统造成冲击负荷。

（2）调节进水水质，使水质更加适应湿地净化能力，防止由于水中的固体颗粒、悬浮物、漂浮物和油类物质等含量过高造成填料堵塞、湿地维护费用高、出水水质差等问题。

（3）消除污泥，使水质保持清洁。

进水水质需满足表 2-9 相关指标要求。

表 2-9　人工湿地进水水质要求　单位：mg/L

| 湿地类型 | $BOD_5$ | $COD_{Cr}$ | SS | $NH_3$—N | TP |
|---|---|---|---|---|---|
| 表流人工湿地 | ≤50 | ≤125 | ≤100 | ≤10 | ≤3 |
| 水平潜流人工湿地 | ≤80 | ≤200 | ≤60 | ≤25 | ≤5 |
| 垂直潜流人工湿地 | ≤80 | ≤200 | ≤80 | ≤25 | ≤5 |

**（二）潜流湿地面积设计**

（1）当面积不受限制时，雨水或生活污水经过预处理后，可以直接采用水平潜流人工湿地进行处理。

（2）当面积受限制时，雨水或生活污水经过一级处理后，需再经过强化预处理（曝氧或投药处理），才可采用水平潜流人工湿地进行处理。

（3）当采用水平潜流人工湿地对污水处理厂的二级出水或具有类似性质的污水进行深度处理时，不需要对污水进行预处理，污水可以直接进入人工湿地。

具体规模可参考表 2-10。

表 2-10　人工湿地设计规模

| 处理能力/($m^3$/d) | 湿地规模 |
|---|---|
| ＜3000 | 小型人工湿地 |
| 3000～10000 | 中型人工湿地 |
| ≥10000 | 大型人工湿地 |

**（三）湿地配、集水系统设计**

人工湿地的配、集水系统应保证配水、集水的均匀性，这样能减少断流现象和堵塞现象，从而充分发挥湿地床的净化功能。配、集水设施应采用穿孔配、集水管及配、集水堰等方式，根据设计需要在出水处设置放空管，以便池体维修。

配水系统可以设在表面也可以设在内部，配水管线设在内部有助于防止藻类滋生和堵塞现象，但不宜调节和维护，适用于气候寒冷地区；配水管线设在表面便于调节和维护，适用于冬季气候较温暖地区。为保证配水更均匀，可配置增压泵。

**（四）湿地填料设计**

填料既可以为水生植物提供支撑载体，也可以为微生物（生物膜）的生长提供稳定的附着表面。雨水或污水中的污染物因填料中的滤料层的阻挡以致流速减慢而沉降，污染物被砾石表面生长的生物膜所吸附，通过物理、化学途径（如过滤、吸收和离子交换等）净化污水中的氮、磷等物质。

在表流人工湿地中，一般是土壤构成基质层。常用的人工湿地填料有沸石、高炉渣、页岩、矿渣、粉煤灰（FA）、钢渣、蛭石、石灰石、活性多孔介质（IECA）等。

（1）水平潜流人工湿地分为进水区、过滤区和出水区，过滤区的填料层称为滤料层。在进水区中，进水管或溢流堰周围铺设粒径 50～100mm 的块石，可以降低填料的堵塞概率，从而增加湿地的运行周期，在出水区铺设同样规格的块石，可以使湿地均匀地排水。

（2）垂直潜流人工湿地（包括单向垂直潜流人工湿地和复合垂直潜流人工湿地）一般分为覆盖层、滤料层、过渡层、排水层和防渗层。各层填料均有其相应的功能，各层之间如果稳定性较差，就会影响各层的功能发挥，进而影响雨水处理的整体效果。

覆盖层要防止有固体颗粒进入滤料层，可在覆盖层下设置无纺土工织物，避免颗粒阻塞滤料层。

滤料层是雨水处理的核心部分，相对其他各层起到的净化作用最大，如果采用粒径级配变化大或者不同种类的填料组成的多层滤料，会增加湿地的堵塞风险，所以要根据实际情况调整级配规格。

排水层的填料一般为8～16mm的砾石，且不宜太小，否则产生填料堵塞现象，排水不畅，出现积水现象。

当填料层的级配变化很大时，应设置一个过渡层，防止排水层的填料颗粒受到侵蚀和潜蚀。

**（五）湿地通气设计**

通气管道主要用在单向垂直潜流人工湿地中。常设在填料层的底部，与湿地底部的排水管相连接，两种管道管径可相同，可以使氧气通到底部，通过排水管环形穿孔，向湿地内部扩散，同时局部区域厌氧反应产生的沼气和硫化氢等气体能够向外界及时扩散。当设置排水层时，通气管可以设在排水层上方。通气管顶部可以加伞盖，防止树叶等杂物进入管内，避免管道堵塞。

**（六）后处理设计**

根据《室外排水设计规范》（GB 50014—2021）的要求，选择是否设置消毒设施。出水水质需满足表2-11相关指标要求。

**表2-11　人工湿地出水水质要求** %

| 湿地类型 | $BOD_5$ | $COD_{Cr}$ | SS | $NH_3$—N | TP |
|---|---|---|---|---|---|
| 表流人工湿地 | 40～70 | 50～60 | 50～60 | 20～50 | 35～70 |
| 水平潜流人工湿地 | 45～85 | 55～75 | 50～80 | 40～70 | 70～80 |
| 垂直潜流人工湿地 | 50～90 | 60～80 | 50～80 | 50～75 | 60～80 |

不同类型湿地的设计参数可参考表2-12。

**表2-12　人工湿地设计参数要求**

| 参数类型 | 湿地类型 | | |
|---|---|---|---|
| | 表流人工湿地 | 水平潜流人工湿地 | 垂直潜流人工湿地 |
| $BOD_5$ 负荷/[kg/($hm^2$·d)] | 15～50 | 80～120 | 80～120 |
| 水力停留时间/d | 4～8 | 1～3 | 1～3 |
| 水深/m | 0.3～0.5 | 0.4～1.6 | 0.4～1.6 |
| 水力坡度/% | <0.5 | 0.5～1 | 0.5～1 |
| 单元面积/$m^2$ | — | <800 | <1500 |
| 水力负荷/[$m^3$/($m^2$·d)] | <0.1 | <0.5 | <1.0，北方0.2～0.5，南方0.4～0.8 |
| 单元比（长：宽） | 3：1～5：1；区域受限时大于10：1 | <3：1 | <3：1 |

## 【同步测试】

1. 根据湿地中的水流方向，可将人工湿地划分为哪些类型？

2. 同等水力负荷、污染负荷条件下，要想获得相同的水质净化效果，哪种类型的湿地占地面积最小？

3. 请举例说明，燕尾洲湿地公园、上海后滩湿地公园等分别属于什么类型的人工湿地？

4. 人工湿地可以使用哪些填料？常用的铺设方式是什么？

5. 设计人工湿地时，什么情况下需要使用通气管道？

6. 垂直潜流人工湿地的最佳水力停留时间是多久？

## 【课下活动】

分组讨论并形成报告：

1. 根据工程资料，计算人工湿地污染物净化效率。

2. 查阅文献或其他资料，归纳总结人工湿地填料的类别及优缺点。

3. 查阅文献或其他资料，分析人工湿地发生局部堵塞的原因及解决方法。

# 单元六　海绵城市建设中的水生植物

**【学习目标】**

知识目标：1. 了解水生植物的分类及各类水生植物典型代表。
2. 理解水生植物生长的各类环境因素影响机理。
3. 了解水生植物在水体净化和生态修复中的应用和功能。
4. 了解水生植物的应用配置原则。
5. 熟悉常见水生植物的生长习性。

能力目标：1. 认识常见的本土水生植物。
2. 根据工程资料，选择合适的水生植物类型并进行合理配置。

现代城市雨水水质处理常用的处理工艺主要有以下三种：

（1）筛网与格栅。由于雨水中含有较粗的漂浮物与悬浮物，如树叶、果皮、纤维等，为减轻后续处理负荷，需采用格栅或筛网对其进行截留。格栅采用金属栅条，可用型钢直接焊接制成，以细格栅为宜（栅条间距为 2～5mm）；筛网采用平面条形滤网，倾斜或平铺放置，滤网间隔应在 0.5～2mm 之间。对于道路径流，需设格栅与筛网去除雨水中较粗的悬浮物质；对于屋顶径流，可不设格栅，直接采用筛网过滤，能去除绝大部分树叶与粗颗粒物质。

（2）混凝沉淀。对于悬浮物含量较高的雨水，加设混凝设备能提高后续处理效率。混凝是水体中胶体粒子以及微小悬浮物的聚集过程。混凝剂推荐用铝盐、铁盐或聚合电解质，助凝剂可用生石灰、活化硅酸等。混凝剂投加采用液体投加方式，将固体溶解后配成一定浓度的溶液投入水中。沉淀是解决雨水泥沙与悬浮物的最适用的方法。形式宜采用平流式沉淀池，易于建造，沉淀效率较高。沉淀池停留时间最小不应超过 2min，对于屋顶径流（去除初雨后）等较清洁的雨水在沉淀后能去除 70%的悬浮物、40%的有机污染物质，可直接回用于绿地灌溉。对于道路径流等污染程度较严重的雨水，混凝沉淀能去除 60%～80%的污染物，但仍需进一步过滤处理。

(3) 过滤。过滤的目的是进一步去除前期处理中剩余的悬浮物固体颗粒、胶体物质、浊度及有机物等，提高出水水质。雨水在过滤期间应去除初期雨水，否则滤池极易堵塞。对于道路径流，在过滤期间还应增加沉淀工艺。雨水过滤池设计一般采用单层滤池和双层滤池，单层滤池滤料可采用细砂，滤料粒径以 0.5～1.2mm 为宜，也可粗至 1.5～2.0mm，滤层厚度为 80～120mm。双层滤池滤料采用无烟煤和细砂，滤料粒径与厚度与单层滤池接近。由于使用率低及操作简易，雨水过滤一般不设反冲洗装置，而是通过定期清理更换上层滤料的做法防止滤池堵塞。

在本单元中，基于绿色生态的理念，主要讲述海绵城市建设常用设施中各类植被对雨水的净化作用。

## 一、水生植物的概念和分类

广义上的水生植物，是指植株的部分或全部可以长期在水体或含水饱和的基质中生长的植物，包括淡水植物和海洋植物。淡水植物的主体是水生草本植物，乔木、灌木、藤本植物中也有少数适宜水生的品种。因本书的侧重点是探讨水生植物在海绵城市水体净化和水体景观中的应用技术，因此，所述水生植物指在实践应用中常用的淡水草本类水生植物。依据水生植物在水体中的原始生活习性，同时结合工程应用中的工艺特性，可将水生植物分为以下五种类型。

### （一）挺水植物

根茎扎入泥土中生长，上部茎秆、叶片挺出水面。大部分的品种根系粗壮发达、植株直立挺拔、茎叶明显，花枝高伸。其主要生长在浅水或水陆过渡区域，茎叶气生，通常具有与陆生植物相似的生物特性。

挺水植物种类繁多，在相关工程上是应用最为广泛的水生植物类型，经常用到的大型品种有荷花、芦苇、再力花、水葱，中型品种有千屈菜、梭鱼草、水生鸢尾、慈姑、菖蒲，小型品种有水芹、小泽泻等。在水体净化功能上，其根系的作用是最直接和最重要的；在水体景观上，它的水面立体造景功能是其主要特点。

### （二）湿生植物

广义上的湿生植物，是指生长在潮湿地或不是经常性淹水的环境中的植物，根具有一定的耐涝能力。类型多样，草本、藤本、灌木和乔木均有，该类植物具有适应陆地和水体环境的双重习性。这里是指在海绵城市实践应用上具有一定挺水植物功能，又具有独特意义的少数水陆两栖草本品种。

如美人蕉，本来是陆生植物，但因为它的根茎具有很强的耐水性，又具有根系发达、去污能力强、观花观叶效果突出、广泛普及等优势，使美人蕉在植草沟、雨水花园、下沉式绿地、潜流湿地等应用中成为主导品种之一；蕹菜也是陆生植物，拥有独特的漂浮性生长优势，又是蔬菜、饲料作物，经常被应用在生态浮岛上；又如千屈菜、水生鸢尾等，通常归类于挺水植物，但这些植物具有极强的耐旱性，在陆地也可长期正常生长。

在海绵城市实践项目上，河湖通常水位涨落幅度大，人工湿地因工艺需要的半饱和水体等因素，都给上述“湿生植物”提供了有别于“挺水植物”“陆生植物”特性的特殊的用武之地。所以，将这类植物归类于狭义的“湿生植物”来认识和掌握，有利于在实践应用上获得更好的科学配置。

**（三）浮叶植物**

根茎扎入泥土中生长，无地上茎或地上茎柔软不能直立，叶和花漂浮或半挺立于水面。叶片开始可沉水生长，后期出水面成浮水叶，花朵通常伸出水面。

常见的大型品种有王莲、芡实，中型品种有睡莲、萍蓬草等，小型品种有荇菜、菱、莼菜等。浮叶植物在水体净化项目上不是主要应用类型，通常作点缀配置；在水体景观上，与挺水植物互补，可凸显水面平面效果，也可弥补挺水植物所不能达到的深水区域。

**（四）漂浮植物**

根部扎入泥土，全株漂浮于水面生长，随风浪和水流四处漂浮。根系退化或成悬垂状，茎、叶海绵组织发达，有的还具有较大的空心气室，使其整株漂浮。大部分的漂浮植物也可以在浅水和潮湿地扎根生长。

常见的应用品种有凤眼莲、大薸等。因其漂浮移动、繁殖迅速，在实践应用上既难以定位，也易造成泛滥成灾，应慎重使用。

**（五）沉水植物**

根茎扎入泥土中生长，整个植株沉于水中。茎叶长度高出水深时，高出的部分平浮于水面，仅在开花时有部分花蕾伸出水面。

常用的品种有苦草、眼子菜类、黑藻、狐尾藻等。因沉水植物属于完全水生的植物，沉水而不露出水面，景观效果不明显，故在园林水景中应用不多，而在室内水族箱中应用广泛。沉水植物的衰退和消失，是水体污染和富营养化程度的重要参照指标。沉水植物的重建是水体生态修复的主要目的之一，在水体净化应用中具有重要意义。

在自然界和海绵城市实践应用中，上述分类中有部分植物的界限也不是完全绝对的。如陆生植物美人蕉，不仅完全适应湿生环境，大部分时期可以在浅水中生长，还可以在生态浮岛上无土漂浮生长；挺水植物菰，在自然界中可经常见到其以漂浮形式挺水生长；漂浮植物凤眼莲，也可在浅水或湿地中扎根挺水生长；沉水植物眼子菜、狐尾藻，在水落时期可短期挺水生长。在实践应用中，可以充分利用这些品种体现形式多样的特点，来最大限度地满足项目工艺需求。

水生植物的生命周期特征，有一年生和多年生之分。在海绵城市实践应用中，绝大部分的品种属于多年生；只有极少数为一年生，如芡实、水蕹等。另外，有些一年生品种在特殊条件下（如苦草在深水中或者暖冬），能以多年生形式生长；热带品种在北方无法过冬，可以将其视作一年生植物来应用。

## 二、影响水生植物生长的主要环境因素

水生植物的生长对环境的要求比陆生植物要高，环境因素较多且复杂，掌握这些环

境因素与水生植物发育之间的关系，有利于在实践应用中科学配置、施工和管理，提高水生植物在水体净化和水体景观中的功能作用。

**（一）水分**

水生植物，顾名思义，就是对水分依赖性很强的植物。挺水、湿生植物必须确保根部有充足的水分，浮叶植物的叶片需要在水面漂浮，漂浮植物的根部需要浸泡在水中，沉水植物则需要全株完全在水中才能成活。

水深是水生植物在实践应用中的一个关键问题。挺水植物适宜水深范围为5～40cm，通常植株越高，就越适应深水，以不淹没第一分枝或心叶最为适宜；湿生植物在地表无明水的水饱和基质中生长最适宜；浮叶植物适宜水深范围为20～80cm，一片新叶从叶柄开始生长到叶片出水，其在水体中的生长停留时间以不超过3d为宜；漂浮植物通常对水深没有要求；沉水植物适宜水深范围为20～200cm，茎蔓越长就越能耐水深。每个品种在其不同生长期，对水的深度适应性也是有差异的，在各自的适宜水深范围内，从幼苗生长初期（或刚移栽时）到长大成型期，最好采取先浅水后深水的渐进过程。

**（二）基质**

水生植物的栽种基质有固定或承载植株根系的功能，也是给植物提供营养的主要载体。在实践应用上，水生植物的栽种基质主要有以下几种：

（1）泥土基质。泥土作为水生植物的基质是最常见的，几乎绝大部分的水生植物包括漂浮植物，都适宜在泥土中生长。

（2）水体基质。漂浮植物直接以水体为根系承载基质，是典型的无土栽培。生态浮岛上的水生植物也相当于直接以水体为栽种基质。除漂浮植物外，挺水植物、湿生植物中有部分品种也适应无土栽培，如美人蕉、鸢尾、梭鱼草、泽苔草等。

（3）碎石等基质。潜流人工湿地污水处理厂为满足水体流动的特殊工艺要求，通常以碎石、煤渣、陶粒等粒径较大的非土壤材料为填充基质，同时潜流人工湿地的基质表面是没有明水的。故选用的水生植物，既要能适应碎石等粒径较大的要求，又要能在无明水的湿生地生长，如美人蕉、水生鸢尾、再力花、芦竹、风车草等品种。

**（三）营养**

不同的水生植物对营养成分的需求是有一定差异的，可分为两种类型。

一种水生植物是对养分的要求不高，只适宜在轻度富营养化水体中生长的耐贫瘠类型。在重度富营养化水体中会出现生长缓慢、中毒甚至死亡的现象，此类多为园艺品种、变种和根系欠发达品种。

另一种水生植物是在中度和重度富营养化水体中均能正常生长的喜肥类型。在富营养化水体中具有很强的适应能力，此类多为原生土著品种和根系发达品种。

在养分含量高的水体中，宜选择喜肥类型的水生植物；而在养分含量低的水体中，则选择耐贫瘠类型的水生植物。沉水植物则适应透明度高的水体，富营养化的水体通常悬浮物较多或暴发蓝藻，会严重影响沉水植物进行正常的光合作用。

在以水体净化为主要功能的实践工程中，通常水体营养化程度较高，水生植物的主要目的就是吸收或吸附水体中的氮、磷、有机物等营养物质来降低水体的富营养化程度，故应优先选用耐污性强、喜肥的水生植物，以最大程度提高水体净化能力。

**（四）光照**

根据水生植物对光照强度大小、时间长短的适应性，可分为喜光水生植物、耐阴水生植物和弱光沉水植物三种类型。

1. 喜光水生植物

在生长过程中需要有充足的光照，如光照不足，会发生植株生长慢、叶小而薄、不开花等不良现象。大部分的挺水植物、浮叶植物、漂浮植物均属于喜光植物。

2. 耐阴水生植物

对光照的要求不严，有些喜欢在有一定遮蔽的环境中生长，如芋类、石菖蒲类，在阴暗环境中生长良好；有些适宜在光照强度低、日照时间短的环境下生长，如耐寒植物路易斯安那鸢尾、灯心草等，其在南方地区高温、长日照的季节中，通常生长缓慢甚至出现叶片泛黄现象。

3. 弱光沉水植物

沉水植物属于光照要求特殊的类型，它虽完全生长在水中，也需要有一定的光照才能生长，光照通过水体这个透明介质来传递给植株，但又不能无水暴露在阳光下，否则沉水植物很快会脱水晒死。浑浊不透明的水体又会阻碍光照的传递，导致沉水植物得不到光照而死亡。

**（五）氧气**

水生植物的植株体内具有呈海绵状的气室组织，氧气通过这些气室，被输送到植物的根部，供根系呼吸。

氧气不仅是水生植物生长的必需条件，在水体净化功能方面，还能通过植株、根系输送到泥土、水体、碎石等基质层，在根区附近促进微生物的生长并形成生物膜，提高水生植物的整体净水能力。

**（六）温度**

温度也是水生植物实践应用中的一个很关键的问题。根据水生植物对温度、气候的适应性，可以分为三类。

（1）既耐寒又耐热水生植物。通常是世界广泛分布种类，在北方和南方均可正常生长，大部分的水生植物均属于此类。

（2）耐寒但不耐热水生植物。此类品种较少，如路易斯安那鸢尾在南方热带就生长缓慢甚至出现枯黄。

（3）热带水生植物。这类品种通常分布在热带或亚热带地区，大部分的品种如王莲、热带睡莲、纸莎草等只能在南方热带地区生长，在长江流域可能无法安全过冬，更不要说在北方了；有少数品种如风车草、再力花等在长江流域或黄河以南地区可以安全过冬。

## 三、水生植物在水体净化与生态修复中的功能作用

水生植物是湿地生态最重要的组成部分之一，是湿地生物的主体，也是水体净化与生态修复中的关键要素、关键技术之一，其功能作用体现在以下几个方面：

（1）直接吸收水体中的氮、磷等营养物质，吸附富集重金属和一些有毒、有害物

质。通过植株的收割和生理转化，减少城市水体中氮、磷、有机物等污染物，从而提高水体质量和透明度。水生植物的吸收、吸附和富集作用与植株的生长状况和根系发达程度等密切相关，不同的气候季节、不同的植物品种、不同的污水源、不同的湿地工艺等，都会导致污水净化效果有着较大差异。

（2）稳定并改善湿地基质层的物理化学结构，提升基质中微生物的净化能力。植物通过光合作用将氧经过植株、根系等基质层输送，湿地中发达的植物根系具有巨大的表面积，可以固着生长大量微生物并形成生物膜，有氧区域和缺氧区域的共存为根区的好氧、兼性和厌氧生物提供了各自适宜的小生境，使不同的微生物各得其所，发挥相辅相成的净化作用。植物根系对基质有很强的穿透作用，可提高湿地内部的通气和水体流动性能。植物残体及其根系分泌物可以改良湿地池的化学性质，为微生物的反硝化作用补充碳源，促进湿地脱氮。水生植物的此项作用在潜流人工湿地和生态浮岛中尤为明显。

（3）有效拦截地表污染物，固土护坡、保持水土稳定。茂盛的水生植物群落带，可拦截、净化地表径流夹带的泥沙和其他污染物，减轻湖泊、河流、渠塘的污染负荷；能够有效地减轻波浪对岸线和水体的冲击，消浪防蚀、稳定水体、防止底泥悬浮，从而减轻城市湖泊、河流、渠塘等水体的富营养化程度和生态破坏。

（4）能改善生态景观环境，产生一定的经济价值。水生植物在净化水质、恢复生物多样性的同时，也是一道亮丽的景观风景线。有些还可以根据条件或需求配置水生蔬菜、饲料作物、原材料植物等，可兼顾一定的直接经济效益。

**四、水生植物在水体净化与生态修复中的应用配置原则**

不同的水生植物在不同类型的湿地中，其成活率、生长状况、对污染物的吸收转换能力、供氧输送等存在着显著差异。因此，筛选适宜的水生植物，对提高和稳定湿地的净化和生态功能具有重要意义。在水生植物实践应用项目中，如何选用和配置往往是广大建设者最直接、最关心的一项工作。

（1）选用植株生物量大、根系发达、耐污性强的水生植物是首要原则。植物的根、茎、叶在构造上和生理上是相辅相成的，通常具有“根深叶茂”的一致性。水生植物的地上茎叶要高大茂盛，根系既粗壮密集又深入基质内部，这样有利于在水中吸收更多的有机物、氮、磷等营养成分来形成自身的物质，又有利于氧气及营养物质的运输、交换，促进根部形成更好的微生物活动环境。

沉水植物要优先选用容易繁殖、生长迅速、耐污性强、耐深水和浑浊水的品种。

（2）根据水位的不同深度配置植物。各类水生植物对水位深度的适宜性差异很大，是其能否成活和正常生长的关键因素之一。通常情况下可以遵循以下原则：

1）深水区。常年水深1m以上，如水体透明度较高，应以沉水植物为主；或配置生态浮岛。

2）一般深水区。常年水深0.3～1m的区域，以观赏荷花、睡莲等为主；可配置沉水植物。

3）浅水区。常年水深0.3m以内，是挺水植物的主要生长区域，基本上所有挺水植物均可选用。

4）水陆消落区。指水岸线上下波动覆盖的水陆交错区，需要选用具有一定耐旱性的挺水或湿生植物。

5）潜流人工湿地。水位通常在基质之下 10～20cm 位置，结合众多实践工程中水位经常不稳定的情况，要充分考虑湿地的长期水位因素，选用适宜水位变化的品种。

（3）根据不同的基质、载体配置植物。

1）泥土基质：是最常见和普遍的湿地基质，绝大部分水生植物均能适应生长。

2）碎石等填料基质：是潜流人工湿地的常用基质，潜流湿地的水力水位特征、种植基质、污水浓度、处理效率等各方面，均与表面流湿地有着明显区别和不同要求，对水生植物的选配要求更高，必须选用适合它生长的品种，不然轻则生长不良、重则无法成活。

3）生态浮岛载体：没有专门装载水生植物的种植篮（穴）的简易网状浮岛，通常只能种植浮叶和漂浮植物；有专门的种植篮或种植孔穴的浮岛，可以种植挺水植物。生态浮岛属于无土栽培，还要选择适应无土、能水培的品种，及考虑抗风浪、易维护等因素。

（4）根据不同的气候区域、季节配置植物。我国地域广阔，南北气候跨度大，在热带地区应以喜温植物为主，寒带地区则宜配置耐旱性强的植物。目前国内水生植物的主要应用品种，有很多是原产地在我国南方或从南美、非洲等地引进的热带植物，要注意其中有些品种是无法在北方室外自然安全过冬的。

在不同的季节移栽植物，要充分了解品种的繁殖特征。很多植物即使在同一地区，但春夏秋冬不同时间的移栽，在后期生长期间也会出现大不相同的状况。

（5）多层次、多物种植物合理搭配。选择多种不同类型的优势品种，可以增加海绵城市生态系统的多样性和稳定性。地上部分形成高低错落的种群，能更充分地利用太阳光能；地下部分根系深浅交错，使好氧微生物活动的范围加大，也有利于有机物质的分解和有毒物质的氧化。

具体可以体现在：湿生、挺水、浮叶、沉水等各类植物空间结构的优化搭配；冬季物种与夏季物种的搭配；多年生植物与一年生植物的搭配；植株高矮、景观效果差异的搭配等。

（6）可以兼顾一定的景观观赏和经济价值。以水体净化和生态修复为目标的植物配置，应以最大限度地提供净化处理能力为主要选用标准。在确保去污能力的条件下，可以适当配置有特定景观效果或经济价值的品种。

（7）容易采集或可以购买的品种。海绵城市建设要具有能大范围推广普及的使命要求，植物工程量和需求量通常也较大，在品种的配置上既要把握品种的去污能力，又要充分考虑其经济实用、操作性强、易推广等因素。选用的品种要么是在野外容易大量采集到的，要么是能够在各专业水生植物生产基地能采购到的。

（8）慎用易泛滥成灾或破坏生态平衡的品种。如凤眼莲和喜旱莲子草就是两种典型的水生外来入侵种，已造成我国大范围的生态灾难；近些年从国外引进的粉绿狐尾藻、水盾草等也是潜在的入侵种。这些繁殖力、破坏力极强的品种一定要慎用，甚至要坚决抵制使用。

谨慎使用漂浮植物，或在有围护等措施的情况下少量应用。在需要控制生长范围的水体中，荷花等繁殖快速的植物可采用缸或水下花坛等方式来控制。

## 【同 步 测 试】

1. 常规的雨水水质处理工艺有哪些？
2. 海绵城市建设中常用的水生植物有哪些种类？
3. 水生植物在海绵城市水体净化与生态修复中的应用领域有哪些？
4. 水生植物在海绵城市水体净化与生态修复中的应用功能有哪些？
5. 水生植物在海绵城市水体净化与生态修复中的应用配置原则有哪些？

## 【课 下 活 动】

小组讨论并形成报告：

1. 调查身边常见的水生植物，观察并记录它们的生长习性。
2. 根据工程资料，选择合适的水生植物类型并提出配置方案。

## 项目三

# 海绵城市建设一般要求

**【项目学习导语】**

《海绵城市建设技术指南——低影响开发雨水系统构建》旨在指导各地新型城镇化建设，推广和应用低影响开发建设模式，加大城市径流雨水源头减排的刚性约束，优先利用自然排水系统，建设生态排水设施，充分发挥城市绿地、道路、水系等对雨水的吸纳、蓄渗和缓释作用，使城市开发建设后的水文特征接近开发前，有效缓解城市内涝、削减城市径流污染负荷、节约水资源、保护和改善城市生态环境，为建设具有自然积存、自然渗透、自然净化功能的海绵城市提供重要保障。

《海绵城市建设技术指南——低影响开发雨水系统构建》借鉴国际上低影响开发建设模式的成功经验，并吸纳了我国相关政策法规的要求和低影响开发雨水系统的工程实践经验，适用于以下三个方面：一是指导海绵城市建设各层级规划编制过程中低影响开发内容的落实；二是指导新建、改建、扩建项目配套建设低影响开发设施的设计、实施与维护管理；三是指导城市规划、排水、道路交通、园林等有关部门监督落实海绵城市建设有关工作。

海绵城市-低影响开发雨水系统构建的基本原则是规划引领、生态优先、安全为重、因地制宜、统筹建设。

（1）规划引领。城市各层级、各相关专业规划以及后续的建设程序中，应落实海绵城市建设、低影响开发雨水系统构建的内容，先规划后建设，体现规划的科学性和权威性，发挥规划的控制和引领作用。

（2）生态优先。城市规划中应科学划定蓝线和绿线。城市开发建设应保护河流、湖泊、湿地、坑塘、沟渠等水生态敏感区，优先利用自然排水系统与低影响开发设施，实现雨水的自然积存、自然渗透、自然净化和可持续水循环，提高水生态系统的自然修复能力，维护城市良好的生态功能。

（3）安全为重。以保护人民生命财产安全和社会经济安全为出发点，综合采用工程和非工程措施提高低影响开发设施的建设质量和管理水平，消除安全隐患，增强防灾减灾能力，保障城市水安全。

（4）因地制宜。各地应根据本地自然地理条件、水文地质特点、水资源禀赋状况、降雨规律、水环境保护与内涝防治要求等，合理确定低影响开发控制目标与指标，科学规划布局和选用下沉式绿地、植草沟、雨水湿地、透水铺装、多功能调蓄等低影响开发设施及其组合系统。

(5) 统筹建设。地方政府应结合城市总体规划和建设，在各类建设项目中严格落实各层级相关规划中确定的低影响开发控制目标、指标和技术要求，统筹建设。低影响开发设施应与建设项目的主体工程同时规划设计、同时施工、同时投入使用。

# 单元一　海绵城市与低影响开发雨水系统

**【学习目标】**

知识目标：1. 了解海绵城市建设的主要途径。

2. 了解低影响开发雨水系统构建的主要途径。

3. 了解海绵城市建设的责任主体。

技能目标：会读懂海绵城市—低影响开发雨水系统构建示意图。

## 一、海绵城市

城镇化是保持经济持续健康发展的强大引擎，是推动区域协调发展的有力支撑，也是促进社会全面进步的必然要求。然而，快速城镇化的同时，城市发展也面临巨大的环境与资源压力，外延增长式的城市发展模式已难以为继。《国家新型城镇化规划(2014—2020 年)》明确提出，我国的城镇化必须进入以提升质量为主的转型发展新阶段。为此，必须坚持新型城镇化的发展道路，协调城镇化与环境资源保护之间的矛盾，才能实现可持续发展。党的十八大报告明确提出，“面对资源约束趋紧、环境污染严重、生态系统退化的严峻形势，必须树立尊重自然、顺应自然、保护自然的生态文明理念，把生态文明建设放在突出地位”。建设具有自然积存、自然渗透、自然净化功能的海绵城市是生态文明建设的重要内容，是实现城镇化和环境资源协调发展的重要体现，也是今后我国城市建设的重大任务。

海绵城市的建设途径主要有以下几方面：一是对城市原有生态系统的保护。最大限度地保护原有的河流、湖泊、湿地、坑塘、沟渠等水生态敏感区，留有足够涵养水源、应对较大强度降雨的林地、草地、湖泊、湿地，维持城市开发前的自然水文特征，这是海绵城市建设的基本要求。二是生态恢复和修复。对传统粗放式城市建设模式下已经受到破坏的水体和其他自然环境，运用生态的手段进行恢复和修复，并维持一定比例的生态空间。三是低影响开发。按照对城市生态环境影响最低的开发建设理念，合理控制开发强度，在城市中保留足够的生态用地，控制城市不透水面积比例，最大限度地减少对城市原有水生态环境的破坏，同时，根据需求适当开挖河湖沟渠、增加水域面积，促进雨水的积存、渗透和净化。

海绵城市建设应统筹低影响开发雨水系统、城市雨水管渠系统及超标雨水径流排放系统。低影响开发雨水系统可以通过对雨水的渗透、储存、调节、转输与截污净化等功能，有效控制径流总量、径流峰值和径流污染；城市雨水管渠系统即传统排水系统，应与低影响开发雨水系统共同组织径流雨水的收集、转输与排放；超标雨水径流排放系统，用来应对超过雨水管渠系统设计标准的雨水径流，一般通过综合选择自然水体、多功能调蓄水体、行泄通道、调蓄池、深层隧道等自然途径或人工设施构建。以上三个系统并不是孤立的，也没有严格的界限，三者相互补充、相互依存，是海绵城市建设的重要基础元素。

## 二、低影响开发雨水系统

低影响开发（Low Impact Development，LID）指在场地开发过程中采用源头、分散式措施维持场地开发前的水文特征，也称为低影响设计（Low Impact Design，LID）或低影响城市设计和开发（Low Impact Urban Design and Development，LIUDD）。其核心是维持场地开发前后水文特征不变，包括径流总量、峰值流量、峰现时间等。从水文循环角度，要维持径流总量不变，就要采取渗透、储存等方式，实现开发后一定量的径流量不外排；要维持峰值流量不变，就要采取渗透、储存、调节等措施削减峰值、延缓峰值时间。发达国家人口少，一般土地开发强度较低，绿化率较高，在场地源头有充足空间来消纳场地开发后径流的增量（总量和峰值）。我国大多数城市土地开发强度普遍较大，仅在场地采用分散式源头削减措施，难以实现开发前后径流总量和峰值流量等维持基本不变，所以还必须借助于中途、末端等综合措施，来实现开发后水文特征接近于开发前的目标。

从上述分析可知，低影响开发最初是强调从源头控制径流，但随着低影响开发理念及其技术的不断发展，加之我国城市发展和基础设施建设过程中面临的城市内涝、径流污染、水资源短缺、用地紧张等突出问题的复杂性，在我国，低影响开发的含义已延伸至源头、中途和末端不同尺度的控制措施。城市建设过程应在城市规划、设计、实施等各环节纳入低影响开发内容，并统筹协调城市规划、排水、园林、道路交通、建筑、水文等专业，共同落实低影响开发控制目标。因此，广义来讲，低影响开发指在城市开发建设过程中采用源头削减、中途转输、末端调蓄等多种手段，通过渗、滞、蓄、净、用、排等多种技术，实现城市良性水文循环，提高对径流雨水的渗透、调蓄、净化、利用和排放能力，维持或恢复城市的“海绵”功能。

## 三、海绵城市-低影响开发雨水系统构建途径

海绵城市-低影响开发雨水系统构建需统筹协调城市开发建设各个环节。在城市各层级、各相关规划中均应遵循低影响开发理念，明确低影响开发控制目标，结合城市开发区域特点或项目特点确定相应的规划控制指标，落实低影响开发设施建设的主要内容。设计阶段应对不同低影响开发设施及其组合进行科学合理的平面与竖向设计，在建筑与小区、城市道路、绿地与广场、水系等规划建设中，应统筹考虑景观水体、滨水带等开放空间，建设低影响开发设施，构建低影响开发雨水系统。低影响开发雨水系统的构建与所在区域的规划控制目标、水文、气象、土地利用条件等关系密切，因此，在选择低影响开发雨水系统的流程、单项设施或其组合系统时，需要进行技术经济分析和比较，优化设计方案。低影响开发设施建成后应明确维护管理责任单位，落实设施管理人员，细化日常维护管理内容，确保低影响开发设施运行正常。海绵城市-低影响开发雨水系统构建途径示意图如图 3-1 所示。

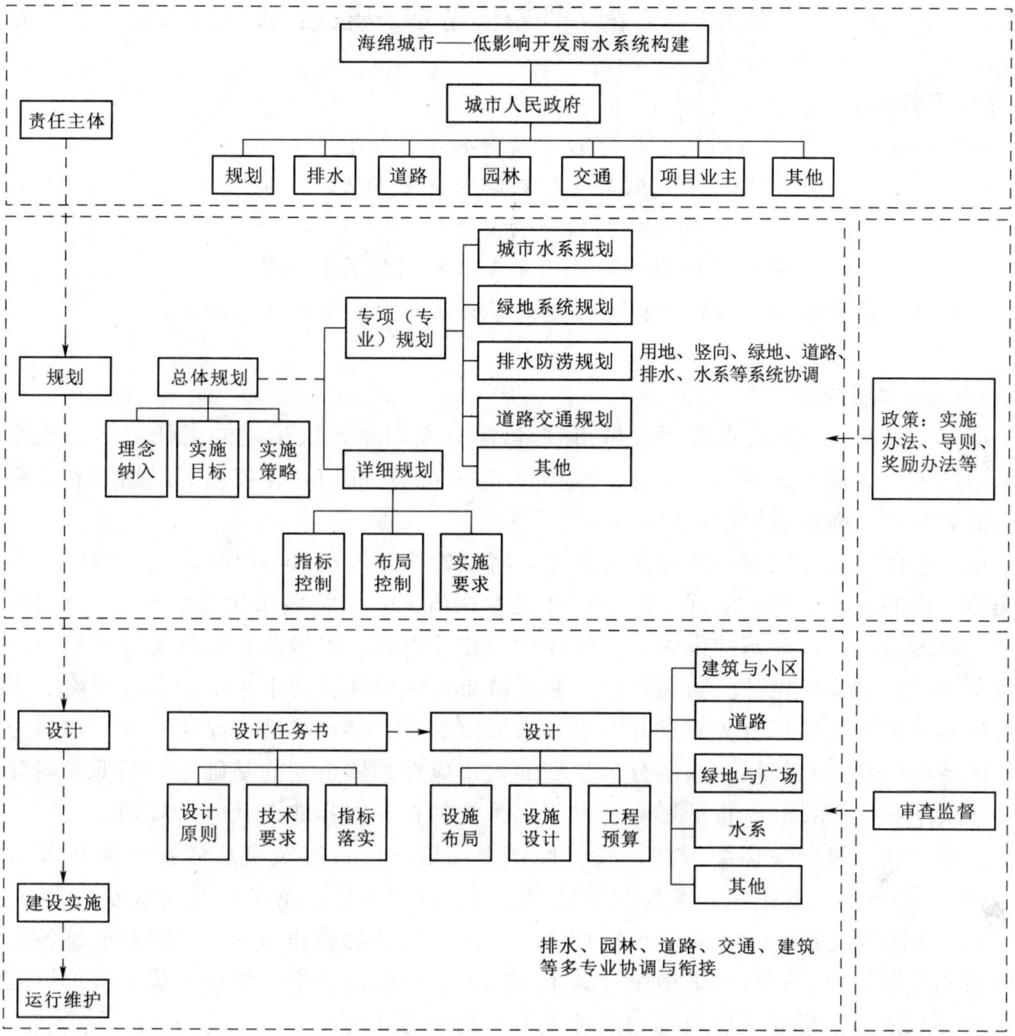


图 3－1　海绵城市-低影响开发雨水系统构建途径示意图

## 【同　步　测　试】

1. 海绵城市建设的主要途径有哪几个？
2. 从水文循环角度解释，如何才能保持径流总量不变、径流峰值不变？
3. 海绵城市建设涉及哪些部门、哪些专业、哪些责任主体？

## 【课　下　活　动】

分组讨论并形成报告：

调查所在城市或邻近城市的海绵城市建设规划情况。

# 单元二 海绵城市规划一般要求

【学习目标】

知识目标：1. 了解不同规划阶段的一般要求。

2. 理解各规划控制目标的内涵和确定方法。

3. 理解不同层次规划的一般要求。

4. 了解落实低影响开发雨水系统规划的关键环节。

技能目标：会根据工程资料初步构建低影响开发雨水系统技术框架。

## 一、基本要求

城市人民政府应作为落实海绵城市-低影响开发雨水系统构建的责任主体，统筹协调规划、国土、排水、道路、交通、园林、水文等职能部门，在各相关规划编制过程中落实低影响开发雨水系统的建设内容。

城市总体规划应创新规划理念与方法，将低影响开发雨水系统作为新型城镇化和生态文明建设的重要手段。应开展低影响开发专题研究，结合城市生态保护、土地利用、水系、绿地系统、市政基础设施、环境保护等相关内容，因地制宜地确定城市年径流总量控制率及其对应的设计降雨量目标，制定城市低影响开发雨水系统的实施策略、原则和重点实施区域，并将有关要求和内容纳入城市水系、排水防涝、绿地系统、道路交通等相关专项（专业）规划。编制分区规划的城市应在总体规划的基础上，按低影响开发的总体要求和控制目标，将低影响开发雨水系统的相关内容纳入其分区规划。

详细规划（控制性详细规划、修建性详细规划）应落实城市总体规划及相关专项（专业）规划确定的低影响开发控制目标与指标，因地制宜，落实涉及雨水渗、滞、蓄、净、用、排等用途的低影响开发设施用地；并结合用地功能和布局，分解和明确各地块单位面积控制容积、下沉式绿地率及其下沉深度、透水铺装率、绿色屋顶率等低影响开发主要控制指标，指导下层级规划设计或地块出让与开发。

有条件的城市（新区）可编制基于低影响开发理念的雨水控制与利用专项规划，兼顾径流总量控制、径流峰值控制、径流污染控制、雨水资源化利用等不同的控制目标，构建从源头到末端的全过程控制雨水系统；利用数字化模型分析等方法分解低影响开发控制指标，细化低影响开发规划设计要点，供各级城市规划及相关专业规划编制时参考；落实低影响开发雨水系统建设内容、建设时序、资金安排与保障措施。也可结合城市总体规划要求，积极探索将低影响开发雨水系统作为城市水系统规划的重要组成部分。

生态城市和绿色建筑作为国家绿色城镇化发展战略的重要基础内容，对我国未来城市发展及人居环境改善有长远影响，应将低影响开发控制目标纳入生态城市评价体系、绿色建筑评价标准，通过单位面积控制容积、下沉式绿地率及其下沉深度、透水铺装率、绿色屋顶率等指标进行落实。

## 二、规划控制目标

构建低影响开发雨水系统，规划控制目标一般包括径流总量控制、径流峰值控制、径流污染控制、雨水资源化利用等。各地应结合水环境现状、水文地质条件等特点，合理选择其中一项或多项目标作为规划控制目标。鉴于径流污染控制目标、雨水资源化利用目标大多可通过径流总量控制实现，各地低影响开发雨水系统构建可选择径流总量控制作为首要的规划控制目标。

**（一）径流总量控制目标**

1. 目标确定方法

低影响开发雨水系统的径流总量控制一般采用年径流总量控制率作为控制目标。年径流总量控制率与设计降雨量为一一对应关系，见表 1-1。理想状态下，径流总量控制目标应以开发建设后径流排放量接近开发建设前自然地貌时的径流排放量为标准。自然地貌往往按照绿地考虑，一般情况下，绿地的年径流总量外排率为 15%～20%（相当于年雨量径流系数为 0.15～0.20）。因此，借鉴发达国家实践经验，年径流总量控制率最佳为 80%～85%。这一目标主要通过控制频率较高的中、小降雨事件来实现。以北京市为例，当年径流总量控制率为 80%和 85%时，对应的设计降雨量为 27.3 mm 和 33.6 mm，分别对应约 0.5 年一遇和 1 年一遇的 1h 降雨量。

实践中，各地在确定年径流总量控制率时，需要综合考虑多方面因素。一方面，开发建设前的径流排放量与地表类型、土壤性质、地形地貌、植被覆盖率等因素有关，应通过分析综合确定开发前的径流排放量，并据此确定适宜的年径流总量控制率。另一方面，要考虑当地水资源禀赋情况、降雨规律、开发强度、低影响开发设施的利用效率以及经济发展水平等因素；具体到某个地块或建设项目的开发，要结合本区域建筑密度、绿地率及土地利用布局等因素确定。

因此，综合考虑以上因素，当不具备径流控制的空间条件或者经济成本过高时，可选择较低的年径流总量控制目标。同时，从维持区域水环境良性循环及经济合理性角度出发，径流总量控制目标也不是越高越好，雨水的过量收集、减排会导致原有水体的萎缩或影响水系统的良性循环；从经济性角度出发，当年径流总量控制率超过一定值时，投资效益会急剧下降，造成设施规模过大、投资浪费的问题。

2. 年径流总量控制率分区

我国地域辽阔，气候特征、土壤地质等天然条件和经济条件差异较大，径流总量控制目标也不同。在雨水资源化利用需求较大的西部干旱半干旱地区，以及有特殊排水防涝要求的区域，可根据经济发展条件适当提高径流总量控制目标；对于广西、广东及海南等部分沿海地区，由于极端暴雨较多导致设计降雨量统计值偏差较大，造成投资效益及低影响开发设施利用效率不高，可适当降低径流总量控制目标。

因此，《海绵城市建设技术指南——低影响开发雨水系统构建》未对年径流总量控制率提出统一的要求。对我国近 200 个城市 1983—2012 年日降雨量统计分析，分别得到各城市年径流总量控制率及其对应的设计降雨量值关系。基于上述数据分析，将我国大陆地区大致分为五个区，并给出了各区年径流总量控制率 $\alpha$ 的最低和最高限值，即 Ⅰ区（$85\% \leqslant \alpha \leqslant 90\%$）、Ⅱ区（$80\% \leqslant \alpha \leqslant 85\%$）、Ⅲ区（$75\% \leqslant \alpha \leqslant 85\%$）、Ⅳ区（$70\% \leqslant \alpha \leqslant 85\%$）、Ⅴ区（$60\% \leqslant \alpha \leqslant 85\%$）。各地应参照此限值，因地制宜地确定本地区径流总量控制目标。

3. 目标落实途径

各地城市规划、建设过程中，可将年径流总量控制率目标分解为单位面积控制容积，以其作为综合控制指标来落实径流总量控制目标。

径流总量控制途径包括雨水的下渗减排和直接集蓄利用。缺水地区可结合实际情况制定基于直接集蓄利用的雨水资源化利用目标。雨水资源化利用一般应作为落实径流总量控制目标的一部分。实施过程中，雨水下渗减排和资源化利用的比例需依据实际情况，通过合理的技术经济比较来确定。

**（二）径流峰值控制目标**

径流峰值流量控制是低影响开发雨水系统的控制目标之一。低影响开发设施受降雨频率与雨型、低影响开发设施建设与维护管理条件等因素的影响，一般对中、小降雨事件的峰值削减效果较好，对特大暴雨事件，虽仍可起到一定的错峰、延峰作用，但其峰值削减幅度往往较低。因此，为保障城市安全，在低影响开发设施的建设区域，城市雨水管渠和泵站的设计重现期、径流系数等设计参数仍然应当按照《室外排水设计规范》（GB 50014—2021）中的相关标准执行。

同时，低影响开发雨水系统是城市内涝防治系统的重要组成，应与城市雨水管渠系统及超标雨水径流排放系统相衔接，建立从源头到末端的全过程雨水控制与管理体系，共同达到内涝防治要求，城市内涝防治设计重现期应按《室外排水设计规范》（GB 50014—2021）中的标准执行。

**（三）径流污染控制目标**

径流污染控制是低影响开发雨水系统的控制目标之一，既要控制分流制径流污染物总量，也要控制合流制溢流的频次或污染物总量。各地应结合城市水环境质量要求、径流污染特征等确定径流污染综合控制目标和污染物指标，污染物指标可采用悬浮物（SS）、化学需氧量（COD）、总氮（TN）、总磷（TP）等。

城市径流污染物中，SS往往与其他污染物指标具有一定的相关性。因此，一般可采用SS作为径流污染物控制指标，低影响开发雨水系统的年SS总量去除率一般可达到40%～60%。年SS总量去除率可用下述方法进行计算：

年SS总量去除率＝年径流总量控制率×低影响开发设施对SS的平均去除率

城市或开发区域年SS总量去除率，可通过不同区域、地块的年SS总量去除率经年径流总量（年均降雨量×综合雨量径流系数×汇水面积）加权平均计算得出。

考虑到径流污染物变化的随机性和复杂性，径流污染控制目标一般也通过径流总量控制来实现，并结合径流雨水中污染物的平均浓度和低影响开发设施的污染物去除率确定。

**（四）控制目标的选择**

各地应根据当地降雨特征、水文地质条件、径流污染状况、内涝风险控制要求和雨水资源化利用需求等，结合当地水环境突出问题、经济合理性等因素，有所侧重地确定低影响开发径流控制目标。

（1）水资源缺乏的城市或地区，可采用水量平衡分析等方法确定雨水资源化利用的目标；雨水资源化利用一般应作为径流总量控制目标的一部分。

（2）对于水资源丰沛的城市或地区，可侧重径流污染及径流峰值控制目标。

（3）径流污染问题较严重的城市或地区，可结合当地水环境容量及径流污染控制要求，确定年 SS 总量去除率等径流污染物控制目标。实践中，一般转换为年径流总量控制率目标。

（4）对于水土流失严重和水生态敏感地区，宜选取年径流总量控制率作为规划控制目标，尽量减小地块开发对水文循环的破坏。

（5）易涝城市或地区可侧重径流峰值控制，并达到《室外排水设计规范》（GB 50014—2021）中内涝防治设计重现期标准。

（6）面临内涝与径流污染防治、雨水资源化利用等多种需求的城市或地区，可根据当地经济情况、空间条件等，选取年径流总量控制率作为首要规划控制目标，综合实现径流污染和峰值控制及雨水资源化利用目标。

## 三、规划中低影响开发控制目标的落实

### （一）规划原则

（1）保护性开发。城市建设过程中应保护河流、湖泊、湿地、坑塘、沟渠等水生态敏感区，并结合这些区域及周边条件（如坡地、洼地、水体、绿地等）进行低影响开发雨水系统规划设计。

（2）水文干扰最小化。优先通过分散、生态的低影响开发设施实现径流总量控制、径流峰值控制、径流污染控制、雨水资源化利用等目标，防止城镇化区域的河道侵蚀、水土流失、水体污染等。

（3）统筹协调。低影响开发雨水系统建设内容应纳入城市总体规划、水系规划、绿地系统规划、排水防涝规划、道路交通规划等相关规划中，各规划中有关低影响开发的建设内容应相互协调与衔接。

### （二）城市总体规划

城市总体规划（含分区规划）应结合所在地区的实际情况，开展低影响开发的相关专题研究，在绿地率、水域面积率等相关指标基础上，增加年径流总量控制率等指标，纳入城市总体规划。具体要点如下：

（1）保护水生态敏感区。应将河流、湖泊、湿地、坑塘、沟渠等水生态敏感区纳入城市规划区中的非建设用地（禁建区、限建区）范围，划定城市蓝线，并与低影响开发雨水系统、城市雨水管渠系统及超标雨水径流排放系统相衔接。

（2）集约开发利用土地。合理确定城市空间增长边界和城市规模，防止城市无序化蔓延，提倡集约型开发模式，保障城市生态空间。

（3）合理控制不透水面积。合理设定不同性质用地的绿地率、透水铺装率等指标，防止土地大面积硬化。

（4）合理控制地表径流。根据地形和汇水分区特点，合理确定雨水排水分区和排水出路，保护和修复自然径流通道，延长汇流路径，优先采用雨水花园、湿塘、雨水湿地等低影响开发设施控制径流雨水。

（5）明确低影响开发策略和重点建设区域。应根据城市的水文地质条件、用地性质、功能布局及近远期发展目标，综合经济发展水平等其他因素提出城市低影响开发策

略及重点建设区域，并明确重点建设区域的年径流总量控制率目标。

**（三）专项规划**

1. 城市水系规划

城市水系是城市生态环境的重要组成部分，也是城市径流雨水自然排放的重要通道、受纳体及调蓄空间，与低影响开发雨水系统联系紧密。具体要点如下：

（1）依据城市总体规划划定城市水域、岸线、滨水区，明确水系保护范围。城市开发建设过程中应落实城市总体规划明确的水生态敏感区保护要求，划定水生态敏感区范围并加强保护，确保开发建设后的水域面积应不小于开发前，已破坏的水系应逐步恢复。

（2）保持城市水系结构的完整性，优化城市河湖水系布局，实现自然、有序排放与调蓄。城市水系规划应尽量保护与强化其对径流雨水的自然渗透、净化与调蓄功能，优化城市河道（自然排放通道）、湿地（自然净化区域）、湖泊（调蓄空间）布局与衔接，并与城市总体规划、排水防涝规划同步协调。

（3）优化水域、岸线、滨水区及周边绿地布局，明确低影响开发控制指标。城市水系规划应根据河湖水系汇水范围，同步优化、调整蓝线周边绿地系统布局及空间规模，并衔接控制性详细规划，明确水系及周边地块低影响开发控制指标。

2. 城市绿地系统专项规划

城市绿地是建设海绵城市、构建低影响开发雨水系统的重要场地。城市绿地系统规划应明确低影响开发控制目标，在满足绿地生态、景观、游憩和其他基本功能的前提下，合理地预留或创造空间条件，对绿地自身及周边硬化区域的径流进行渗透、调蓄、净化，并与城市雨水管渠系统、超标雨水径流排放系统相衔接，要点如下：

（1）提出不同类型绿地的低影响开发控制目标和指标。根据绿地的类型和特点，明确公园绿地、附属绿地、生产绿地、防护绿地等各类绿地低影响开发规划建设目标、控制指标（如下沉式绿地率及其下沉深度等）和适用的低影响开发设施类型。

（2）合理确定城市绿地系统低影响开发设施的规模和布局。应统筹水生态敏感区、生态空间和绿地空间布局，落实低影响开发设施的规模和布局，充分发挥绿地的渗透、调蓄和净化功能。

（3）城市绿地应与周边汇水区域有效衔接。在明确周边汇水区域汇入水量，提出预处理、溢流衔接等保障措施的基础上，通过平面布局、地形控制、土壤改良等多种方式，将低影响开发设施融入绿地规划设计中，尽量满足周边雨水汇入绿地进行调蓄的要求。

（4）应符合园林植物种植及园林绿化养护管理技术要求。可通过合理设置绿地下沉深度和溢流口、局部换土或改良增强土壤渗透性能、选择适宜乡土植物和耐淹植物等方法，避免植物受到长时间浸泡而影响正常生长，影响景观效果。

（5）合理设置预处理设施。径流污染较为严重的地区，可采用初期雨水弃流、沉淀、截污等预处理措施，在径流雨水进入绿地前将部分污染物进行截流净化。

（6）充分利用多功能调蓄设施调控排放径流雨水。有条件地区可因地制宜规划布局占地面积较大的低影响开发设施，如湿塘、雨水湿地等，通过多功能调蓄的方式，对较大重现期的降雨进行调蓄排放。

3. 城市排水防涝综合规划

低影响开发雨水系统是城市内涝防治综合体系的重要组成，应与城市雨水管渠系统、超标雨水径流排放系统同步规划设计。城市排水系统规划、排水防涝综合规划等相关排水规划中，应结合当地条件确定低影响开发控制目标与建设内容，并满足《城市排水工程规划规范》（GB 50318—2017）、《室外排水设计规范》（GB 50014—2021）等相关要求，要点如下：

（1）明确低影响开发径流总量控制目标与指标。通过对排水系统总体评估、内涝风险评估等，明确低影响开发雨水系统径流总量控制目标，并与城市总体规划、详细规划中低影响开发雨水系统的控制目标相衔接，将控制目标分解为单位面积控制容积等控制指标，通过建设项目的管控制度进行落实。

（2）确定径流污染控制目标及防治方式。应通过评估、分析径流污染对城市水环境污染的贡献率，根据城市水环境的要求，结合悬浮物（SS）等径流污染物控制要求确定年径流总量控制率，同时明确径流污染控制方式并合理选择低影响开发设施。

（3）明确雨水资源化利用目标及方式。应根据当地水资源条件及雨水回用需求，确定雨水资源化利用的总量、用途、方式和设施。

（4）与城市雨水管渠系统及超标雨水径流排放系统有效衔接。应最大限度地发挥低影响开发雨水系统对径流雨水的渗透、调蓄、净化等作用，低影响开发设施的溢流应与城市雨水管渠系统或超标雨水径流排放系统衔接。城市雨水管渠系统、超标雨水径流排放系统应与低影响开发系统同步规划设计，应按照《城市排水工程规划规范》（GB 50318—2017）、《室外排水设计规范》（GB 50014—2021）等规范相应重现期设计标准进行规划设计。

（5）优化低影响开发设施的竖向与平面布局。应利用城市绿地、广场、道路等公共开放空间，在满足各类用地主导功能的基础上合理布局低影响开发设施；其他建设用地应明确低影响开发控制目标与指标，并衔接其他内涝防治设施的平面布局与竖向，共同组成内涝防治系统。

4. 城市道路交通专项规划

城市道路是径流及其污染物产生的主要场所之一，城市道路交通专项规划应落实低影响开发理念及控制目标，减少道路径流及污染物外排量，要点如下：

（1）提出各等级道路低影响开发控制目标。应在满足道路交通安全等基本功能的基础上，充分利用城市道路自身及周边绿地空间落实低影响开发设施，结合道路横断面和排水方向，利用不同等级道路的绿化带、车行道、人行道和停车场建设下沉式绿地、植草沟、雨水湿地、透水铺装、渗管（渠）等低影响开发设施，通过渗透、调蓄、净化方式，实现道路低影响开发控制目标。

（2）协调道路红线内外用地空间布局与竖向。道路红线内绿化带不足，不能实现低影响开发控制目标要求时，可由政府主管部门协调道路红线内外用地布局与竖向，综合达到道路及周边地块的低影响开发控制目标。道路红线内绿地及开放空间在满足景观效果和交通安全要求的基础上，应充分考虑承接道路雨水汇入的功能，通过建设下沉式绿地、透水铺装等低影响开发设施，提高道路径流污染及总量等控制能力。

（3）道路交通规划应体现低影响开发设施。涵盖城市道路横断面、纵断面设计的专项规划，应在相应图纸中表达低影响开发设施的基本选型及布局等内容，并合理确定低影响开发雨水系统与城市道路设施的空间衔接关系。

有条件的地区应编制专门的道路低影响开发设施规划设计指引，明确各层级城市道路（快速路、主干路、次干路、支路）的低影响开发控制指标和控制要点，以指导道路低影响开发相关规划和设计。

**（四）控制性详细规划**

控制性详细规划应协调相关专业，通过土地利用空间优化等方法，分解和细化城市总体规划及相关专项规划等上层级规划中提出的低影响开发控制目标及要求，结合建筑密度、绿地率等约束性控制指标，提出各地块的单位面积控制容积、下沉式绿地率及其下沉深度、透水铺装率、绿色屋顶率等控制指标，纳入地块规划设计要点，并作为土地开发建设的规划设计条件，要点如下：

1. 明确各地块的低影响开发控制指标

控制性详细规划应在城市总体规划或各专项规划确定的低影响开发控制目标（年径流总量控制率及其对应的设计降雨量）指导下，根据城市用地分类（R 居住用地、A 公共管理与公共服务用地、B 商业服务业设施用地、M 工业用地、W 物流仓储用地、S 交通设施用地、U 公用设施用地、G 绿地）的比例和特点进行分类分解，细化各地块的低影响开发控制指标（方法详见本项目单元三）。地块的低影响开发控制指标可按城市建设类型（已建区、新建区、改造区）、不同排水分区或流域等分区制定。有条件的控制性详细规划也可通过水文计算与模型模拟，优化并明确地块的低影响开发控制指标。

2. 合理组织地表径流

统筹协调开发场地内建筑、道路、绿地、水系等布局和竖向，使地块及道路径流有组织地汇入周边绿地系统和城市水系，并与城市雨水管渠系统和超标雨水径流排放系统相衔接，充分发挥低影响开发设施的作用。

3. 统筹落实和衔接各类低影响开发设施

根据各地块低影响开发控制指标，合理确定地块内的低影响开发设施类型及其规模，做好不同地块之间低影响开发设施之间的衔接，合理布局规划区内占地面积较大的低影响开发设施。

**（五）修建性详细规划**

修建性详细规划应按照控制性详细规划的约束条件，绿地、建筑、排水、结构、道路等相关专业相互配合，采取有利于促进建筑与环境可持续发展的设计方案，落实具体的低影响开发设施的类型、布局、规模、建设时序、资金安排等，确保地块开发实现低影响开发控制目标。

细化、落实上位规划确定的低影响开发控制指标。可通过水文、水力计算或模型模拟，明确建设项目的主要控制模式、比例及量值（下渗、储存、调节及弃流排放），以指导地块开发建设。

## 四、低影响开发雨水系统构建技术路线

在城市总体规划阶段，应加强相关专项（专业）规划对总体规划的有力支撑作用，提出城市低影响开发策略、原则、目标要求等内容；在控制性详细规划阶段，应确定各地块的控制指标，满足总体规划及相关专项（专业）规划对规划地段的控制目标要求；在修建性详细规划阶段，应在控制性详细规划确定的具体控制指标条件下，确定建筑、道路交通、绿地等工程中低影响开发设施的类型、空间布局及规模等内容，最终指导并通过设计、施工、验收环节实现低影响开发雨水系统的实施。低影响开发雨水系统应加强运行维护，保障实施效果，并开展规划实施评估，用以指导总规及相关专项（专业）规划的修订。城市规划、建设等相关部门应在建设用地规划或土地出让、建设工程规划、施工图设计审查及建设项目施工等环节，加强对海绵城市-低影响开发雨水系统相关目标与指标落实情况的审查。海绵城市-低影响开发雨水系统构建技术框架如图 3 - 2 所示。

具体落实时的几个关键技术环节如下：

（1）现状调研分析。通过当地自然气候条件（降雨情况）、水文及水资源条件、地形地貌、排水分区、河湖水系及湿地情况、用水供需情况、水环境污染情况调查，分析城市竖向、低洼地、市政管网、园林绿地等建设情况及存在的主要问题。

（2）制定控制目标和指标。各地应根据当地的环境条件、经济发展水平等，因地制宜地确定适用于本地的径流总量、径流峰值和径流污染控制目标及相关指标。

（3）建设用地选择与优化。本着节约用地、兼顾其他用地、综合协调设施布局的原则选择低影响开发技术和设施，保护雨水受纳体，优先考虑使用原有绿地、河湖水系、自然坑塘、废弃土地等用地，借助已有用地和设施，结合城市景观进行规划设计，以自然为主，人工设施为辅，必要时新增低影响开发设施用地和生态用地。有条件的地区，可在汇水区末端建设人工调蓄水体或湿地。严禁城市规划建设中侵占河湖水系，对于已经侵占的河湖水系，应创造条件逐步恢复。

（4）低影响开发技术、设施及其组合系统选择。低影响开发技术和设施选择应遵循以下原则：注重资源节约，保护生态环境，因地制宜，经济适用，并与其他专业密切配合。

结合各地气候、土壤、土地利用等条件，选取适宜当地条件的低影响开发技术和设施，主要包括透水铺装、生物滞留设施、渗透塘、湿塘、雨水湿地、植草沟、植被缓冲带等。恢复开发前的水文状况，促进雨水的储存、渗透和净化。

合理选择低影响开发雨水技术及其组合系统，包括截污净化系统、渗透系统、储存利用系统、径流峰值调节系统、开放空间多功能调蓄等。地下水超采地区应首先考虑雨水下渗，干旱缺水地区应考虑雨水资源化利用，一般地区应结合景观设计增加雨水调蓄空间。

（5）设施布局。应根据排水分区，结合项目周边用地性质、绿地率、水域面积率等条件，综合确定低影响开发设施的类型与布局。应注重公共开放空间的多功能使用，高效利用现有设施和场地，并将雨水控制与景观相结合。

（6）确定设施规模。低影响开发雨水设施规模设计应根据水文和水力学计算得出，

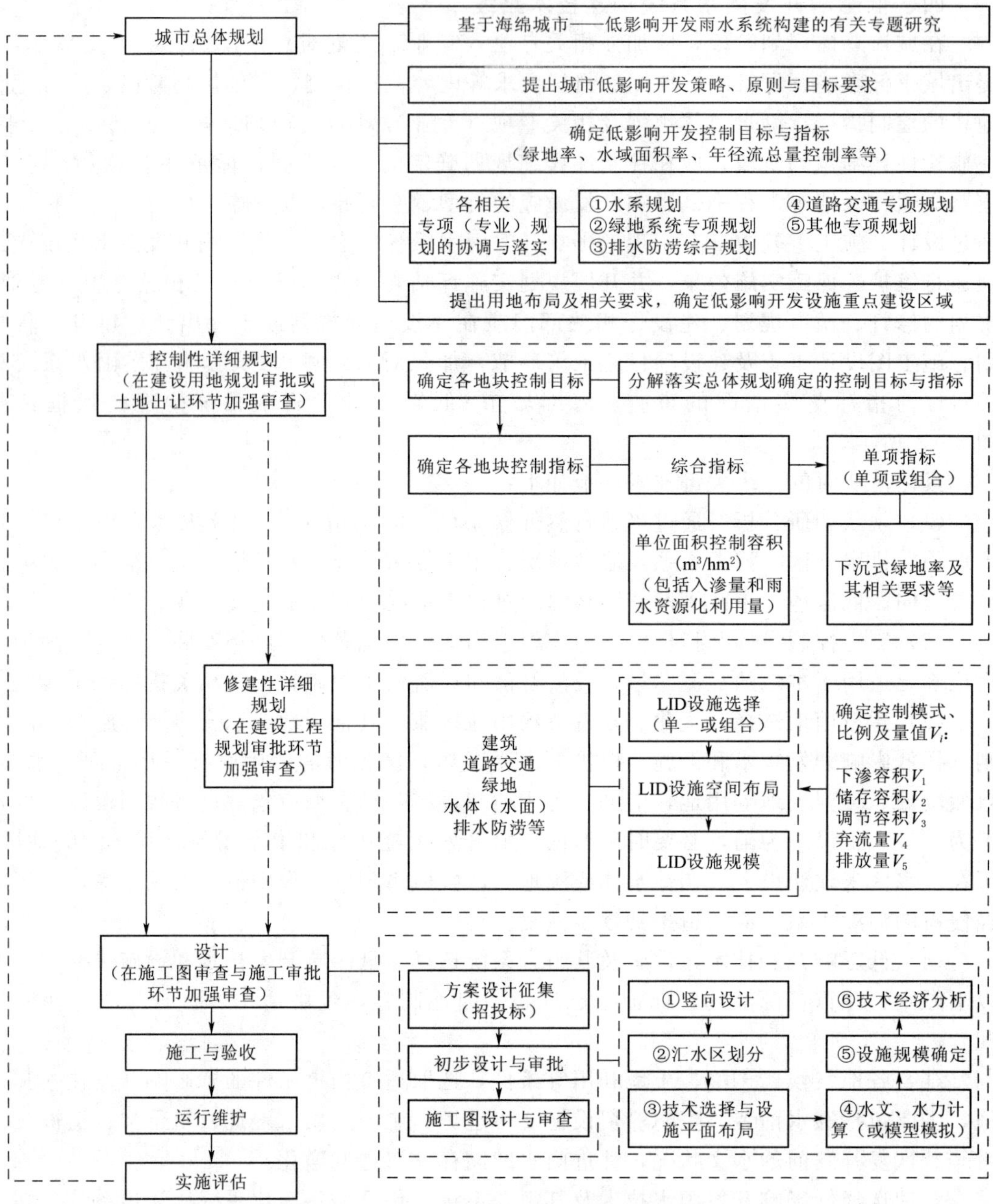


图 3-2 海绵城市-低影响开发雨水系统构建技术框架

也可根据模型模拟计算得出。

## 【同 步 测 试】

1. 构建低影响开发雨水系统时，规划控制目标一般包括哪几个？
2. 根据工程具体情况，各低影响开发径流控制目标应如何侧重？
3. 城市道路交通系统专项规划的一般要求是什么？

## 【课 下 活 动】

分组讨论并形成报告：
结合上单元调查结果，分析低影响开发径流控制的主要目标。

# 单元三 海绵城市设计一般要求

**【学习目标】**

知识目标：1. 了解低影响开发雨水系统设计一般流程。
2. 了解建筑与小区低影响开发雨水系统一般流程。
3. 了解城市道路低影响开发雨水系统一般流程。
4. 了解城市绿地与广场低影响开发雨水系统一般流程。
5. 了解城市水系低影响开发雨水系统一般流程。
6. 掌握常见海绵设施的功能、结构及优缺点。
7. 掌握各类型设施规模计算方法。

技能目标：1. 会根据工程资料进行海绵设施比选。
2. 会根据海绵建设场景确定一般设计流程。
3. 会根据工程资料计算设施规模。

## 一、基本要求

城市建筑与小区、道路、绿地与广场、水系低影响开发雨水系统建设项目，应以相关职能主管部门、企事业单位作为责任主体，落实有关低影响开发雨水系统的设计。城市规划建设相关部门应在城市规划、施工图设计审查、建设项目施工、监理、竣工验收备案等管理环节，加强对低影响开发雨水系统建设情况的审查。

适宜作为低影响开发雨水系统构建载体的新建、改建、扩建项目，应在园林、道路交通、排水、建筑等各专业设计方案中明确体现低影响开发雨水系统的设计内容，落实低影响开发控制目标。

## 二、设计流程

低影响开发雨水系统的一般设计流程如图 3－3 所示。

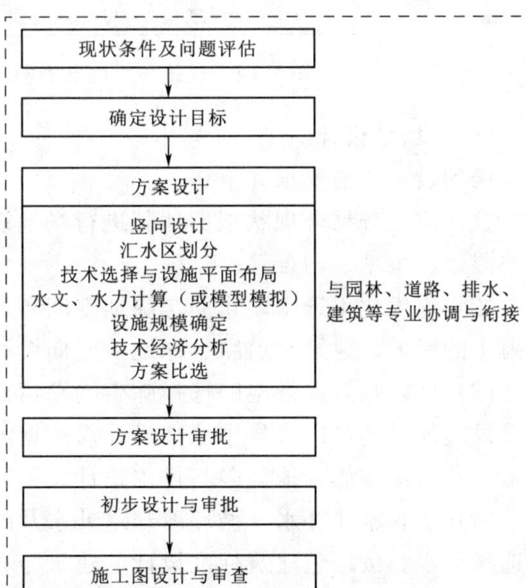


图 3－3 低影响开发雨水系统设计流程

（1）低影响开发雨水系统的设计目标应满足城市总体规划、专项规划等相关规划提出的低影响开发控制目标与指标要求，并结合气候、土壤及土地利用等条件，合理选择单项或组合的以雨水渗透、储存、调节等为主要功能的技术及设施。

(2) 低影响开发设施的规模应根据设计目标，经水文、水力计算得出，有条件的应通过模型模拟对设计方案进行综合评估，并结合技术经济分析确定最优方案。

(3) 低影响开发雨水系统设计的各阶段均应体现低影响开发设施的平面布局、竖向、构造，及其与城市雨水管渠系统和超标雨水径流排放系统的衔接关系等内容。

(4) 低影响开发雨水系统的设计与审查（规划总图审查、方案及施工图审查）应与园林绿化、道路交通、排水、建筑等专业相协调。

### 三、建筑与小区设计

建筑屋面和小区路面径流雨水应通过有组织地汇流与转输，经截污等预处理后引入绿地内的以雨水渗透、储存、调节等为主要功能的低影响开发设施。因空间限制等原因不能满足控制目标的建筑与小区，径流雨水还可通过城市雨水管渠系统引入城市绿地与广场内的低影响开发设施。低影响开发设施的选择应因地制宜、经济有效、方便易行，如结合小区绿地和景观水体优先设计生物滞留设施、渗井、湿塘和雨水湿地等。建筑与小区低影响开发雨水系统典型流程示例如图 3-4 所示。

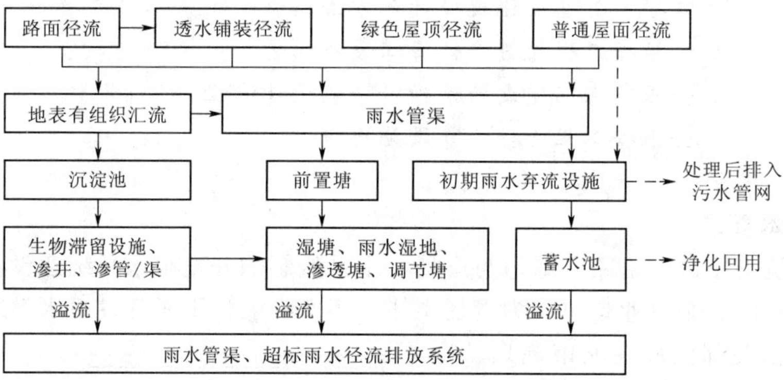


图 3-4 建筑与小区低影响开发雨水系统典型流程示例

#### （一）场地设计

场地设计一般要求如下：

(1) 应充分结合现状地形地貌进行场地设计与建筑布局，保护并合理利用场地内原有的湿地、坑塘、沟渠等。

(2) 应优化不透水硬化面与绿地空间布局，建筑、广场、道路周边宜布置可消纳径流雨水的绿地。建筑、道路、绿地等竖向设计应有利于径流汇入低影响开发设施。

(3) 低影响开发设施的选择除生物滞留设施、雨水罐、渗井等小型、分散的低影响开发设施外，还可结合集中绿地设计渗透塘、湿塘、雨水湿地等相对集中的低影响开发设施，并衔接整体场地竖向与排水设计。

(4) 景观水体补水、循环冷却水补水及绿化灌溉、道路浇洒用水的非传统水源宜优先选择雨水。按绿色建筑标准设计的建筑与小区，其非传统水源利用率应满足《绿色建筑评价标准》(GB/T 50378—2019) 的要求，其他建筑与小区宜参照该标准执行。

(5) 有景观水体的小区，景观水体宜具备雨水调蓄功能，景观水体的规模应根据降雨规律、水面蒸发量、雨水回用量等，通过全年水量平衡分析确定。

（6）雨水进入景观水体之前应设置前置塘、植被缓冲带等预处理设施，同时可采用植草沟转输雨水，以降低径流污染负荷。景观水体宜采用非硬质池底及生态驳岸，为水生动植物提供栖息或生长条件，并通过水生动植物对水体进行净化，必要时可采取人工土壤渗滤等辅助手段对水体进行循环净化。

**（二）建筑设计**

建筑设计一般要求如下：

（1）屋顶坡度较小的建筑可采用绿色屋顶，绿色屋顶的设计应符合《屋面工程技术规范》（GB 50345—2012）的规定。

（2）宜采取雨落管断接或设置集水井等方式将屋面雨水引入周边绿地内小型、分散的低影响开发设施，或通过植草沟、雨水管渠将雨水引入场地内的集中调蓄设施。

（3）建筑材料也是径流雨水水质的重要影响因素，应优先选择对径流雨水水质没有影响或影响较小的建筑屋面及外装饰材料。

（4）水资源紧缺地区可考虑优先将屋面雨水进行集蓄回用，净化工艺应根据回用水水质要求和径流雨水水质确定。雨水储存设施可结合现场情况选用雨水罐、地上或地下蓄水池等设施。当建筑层高不同时，可将雨水集蓄设施设置在较低楼层的屋面上，收集较高楼层建筑屋面的径流雨水，从而借助重力供水而节省能量。

（5）应限制地下空间的过度开发，为雨水回补地下水提供渗透路径。

**（三）小区道路设计**

小区道路设计一般要求如下：

（1）道路横断面设计应优化道路横坡坡向、路面与道路绿化带及周边绿地的竖向关系等，便于径流雨水汇入绿地内低影响开发设施。

（2）路面排水宜采用生态排水的方式。路面雨水首先汇入道路绿化带及周边绿地内的低影响开发设施，并通过设施内的溢流排放系统与其他低影响开发设施或城市雨水管渠系统、超标雨水径流排放系统相衔接。

（3）路面宜采用透水铺装，透水铺装路面设计应满足路基路面强度和稳定性等要求。

**（四）小区绿化设计**

小区绿化设计一般要求如下：

（1）绿地在满足改善生态环境、美化公共空间、为居民提供游憩场地等基本功能的前提下，应结合绿地规模与竖向设计，在绿地内设计可消纳屋面、路面、广场及停车场径流雨水的低影响开发设施，并通过溢流排放系统与城市雨水管渠系统和超标雨水径流排放系统有效衔接。

（2）道路径流雨水进入绿地内的低影响开发设施前，应利用沉淀池、前置塘等对进入绿地内的径流雨水进行预处理，防止径流雨水对绿地环境造成破坏。有降雪的城市还应采取措施对含融雪剂的融雪水进行弃流，弃流的融雪水宜经处理（如沉淀等）后排入市政污水管网。

（3）低影响开发设施内植物宜根据水分条件、径流雨水水质等进行选择，宜选择耐盐、耐淹、耐污等能力较强的乡土植物。

## 四、城市道路设计

城市道路径流雨水应通过有组织地汇流与转输，经截污等预处理后引入道路红线内、外绿地内，并通过设置在绿地内的以雨水渗透、储存、调节等为主要功能的低影响开发设施进行处理。低影响开发设施的选择应因地制宜、经济有效、方便易行，如结合道路绿化带和道路红线外绿地优先设计下沉式绿地、生物滞留带、雨水湿地等。城市道路低影响开发雨水系统典型流程示例如图 3-5 所示。

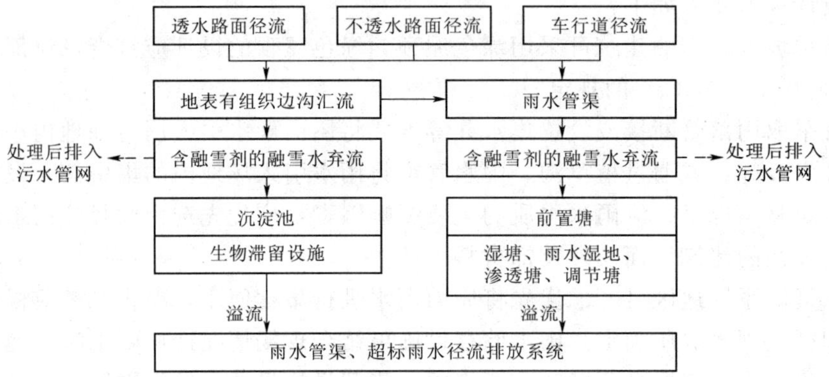


图 3-5　城市道路低影响开发雨水系统典型流程示例

城市道路设计一般要求如下：

(1) 城市道路应在满足道路基本功能的前提下达到相关规划提出的低影响开发控制目标与指标要求。为保障城市交通安全，在低影响开发设施的建设区域，城市雨水管渠和泵站的设计重现期、径流系数等设计参数应按《室外排水设计规范》(GB 50014—2021) 中的相关标准执行。

(2) 道路人行道宜采用透水铺装，非机动车道和机动车道可采用透水沥青路面或透水水泥混凝土路面，透水铺装设计应满足国家有关标准规范的要求。

(3) 道路横断面设计应优化道路横坡坡向、路面与道路绿化带及周边绿地的竖向关系等，便于径流雨水汇入低影响开发设施。

(4) 规划作为超标雨水径流行泄通道的城市道路，其断面及竖向设计应满足相应的设计要求，并与区域整体内涝防治系统相衔接。

(5) 路面排水宜采用生态排水的方式，也可利用道路及周边公共用地的地下空间设计调蓄设施。路面雨水宜首先汇入道路红线内绿化带，当红线内绿地空间不足时，可由政府主管部门协调，将道路雨水引入道路红线外城市绿地内的低影响开发设施进行消纳。当红线内绿地空间充足时，也可利用红线内低影响开发设施消纳红线外空间的径流雨水。低影响开发设施应通过溢流排放系统与城市雨水管渠系统相衔接，保证上下游排水系统的顺畅。

(6) 城市道路绿化带内低影响开发设施应采取必要的防渗措施，防止径流雨水下渗对道路路面及路基的强度和稳定性造成破坏。

(7) 城市道路经过或穿越水源保护区时，应在道路两侧或雨水管渠下游设计雨水应急处理及储存设施。雨水应急处理及储存设施的设置，应具有截污与防止事故情况下泄露的有毒有害化学物质进入水源保护区的功能，可采用地上式或地下式。

(8) 道路径流雨水进入道路红线内外绿地内的低影响开发设施前，应利用沉淀池、前置塘等对进入绿地内的径流雨水进行预处理，防止径流雨水对绿地环境造成破坏。有降雪的城市还应采取措施对含融雪剂的融雪水进行弃流，弃流的融雪水宜经处理（如沉淀等）后排入市政污水管网。

(9) 低影响开发设施内植物宜根据水分条件、径流雨水水质等进行选择，宜选择耐盐、耐淹、耐污等能力较强的乡土植物。

(10) 城市道路低影响开发雨水系统的设计应满足《城市道路工程设计规范》（CJJ 37—2012）中的相关要求。

## 五、城市绿地与广场设计

城市绿地、广场及周边区域径流雨水应通过有组织的汇流与转输，经截污等预处理后引入城市绿地内的以雨水渗透、储存、调节等为主要功能的低影响开发设施，消纳自身及周边区域径流雨水，并衔接区域内的雨水管渠系统和超标雨水径流排放系统，提高区域内涝防治能力。低影响开发设施的选择应因地制宜、经济有效、方便易行，如湿地公园和有景观水体的城市绿地与广场宜设计雨水湿地、湿塘等。城市绿地与广场低影响开发雨水系统典型流程示例如图 3-6 所示。

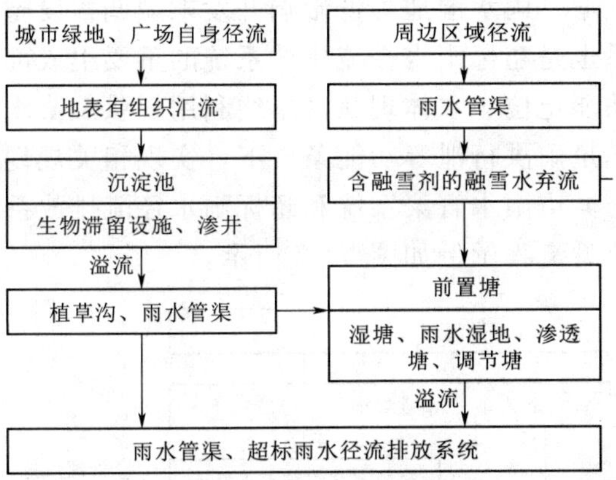


图 3-6 城市绿地与广场低影响开发雨水系统典型流程示例

城市绿地与广场设计一般要求如下：

(1) 城市绿地与广场应在满足自身功能条件下（如吸热、吸尘、降噪等生态功能，为居民提供游憩场地和美化城市等功能），达到相关规划提出的低影响开发控制目标与指标要求。

(2) 城市绿地与广场宜利用透水铺装、生物滞留设施、植草沟等小型、分散式低影响开发设施消纳自身径流雨水。

(3) 城市湿地公园、城市绿地中的景观水体等宜具有雨水调蓄功能，通过雨水湿地、湿塘等集中调蓄设施，消纳自身及周边区域的径流雨水，构建多功能调蓄水体、湿地公园，并通过调蓄设施的溢流排放系统与城市雨水管渠系统和超标雨水径流排放系统相衔接。

(4) 规划承担城市排水防涝功能的城市绿地与广场，其总体布局、规模、竖向设计应与城市内涝防治系统相衔接。

(5) 城市绿地与广场内湿塘、雨水湿地等雨水调蓄设施应采取水质控制措施，利用雨水湿地、生态堤岸等设施提高水体的自净能力，有条件的可设计人工土壤渗滤等辅助设施对水体进行循环净化。

(6) 应限制地下空间的过度开发，为雨水回补地下水提供渗透路径。

(7) 周边区域径流雨水进入城市绿地与广场内的低影响开发设施前，应利用沉淀池、前置塘等对进入绿地内的径流雨水进行预处理，防止径流雨水对绿地环境造成破坏。有降雪的城市还应采取措施对含融雪剂的融雪水进行弃流，弃流融雪水宜经处理（如沉淀等）后排入市政污水管网。

(8) 低影响开发设施内植物宜根据设施水分条件、径流雨水水质等进行选择，宜选择耐盐、耐淹、耐污等能力较强的乡土植物。

(9) 城市公园绿地低影响开发雨水系统设计应满足《城市公园设计规范》(CJJ 48—92) 中的相关要求。

## 六、城市水系设计

城市水系在城市排水、防涝、防洪及改善城市生态环境中发挥着重要作用，是城市水循环过程中的重要环节，湿塘、雨水湿地等低影响开发末端调蓄设施也是城市水系的重要组成部分，同时城市水系也是超标雨水径流排放系统的重要组成部分。

城市水系设计应根据其功能定位、水体现状、岸线利用现状及滨水区现状等，进行合理保护、利用和改造，在满足雨洪行泄等功能条件下，实现相关规划提出的低影响开发控制目标及指标要求，并与城市雨水管渠系统和超标雨水径流排放系统有效衔接。城市水系低影响开发雨水系统典型流程示例如图 3-7 所示。

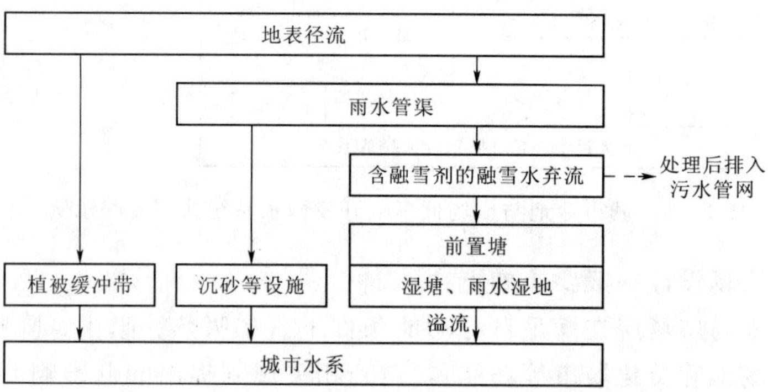


图 3-7 城市水系低影响开发雨水系统典型流程示例

城市水系设计的一般要求如下：

(1) 应根据城市水系的功能定位、水体水质等级与达标率、保护或改善水质的制约因素与有利条件、水系利用现状及存在问题等因素，合理确定城市水系的保护与改造方案，使其满足相关规划提出的低影响开发控制目标与指标要求。

(2) 应保护现状河流、湖泊、湿地、坑塘、沟渠等城市自然水体。

(3) 应充分利用城市自然水体设计湿塘、雨水湿地等具有雨水调蓄与净化功能的低影响开发设施，湿塘、雨水湿地的布局、调蓄水位等应与城市上游雨水管渠系统、超标雨水径流排放系统及下游水系相衔接。

（4）规划建设新的水体或扩大现有水体的水域面积，应与低影响开发雨水系统的控制目标相协调，增加的水域宜具有雨水调蓄功能。

（5）应充分利用城市水系滨水绿化控制线范围内的城市公共绿地，在绿地内设计湿塘、雨水湿地等设施调蓄、净化径流雨水，并与城市雨水管渠的水系入口、经过或穿越水系的城市道路的排水口相衔接。

（6）滨水绿化控制线范围内的绿化带接纳相邻城市道路等不透水面的径流雨水时，应设计为植被缓冲带，以削减径流流速和污染负荷。

（7）有条件的城市水系，其岸线应设计为生态驳岸，并根据调蓄水位变化选择适宜的水生及湿生植物。

（8）地表径流雨水进入滨水绿化控制线范围内的低影响开发设施前，应利用沉淀池、前置塘等对进入绿地内的径流雨水进行预处理，防止径流雨水对绿地环境造成破坏。有降雪的城市还应采取措施对含融雪剂的融雪水进行弃流，弃流的融雪水宜经处理（如沉淀等）后排入市政污水管网。

（9）低影响开发设施内植物宜根据水分条件、径流雨水水质等进行选择，宜选择耐盐、耐淹、耐污等能力较强的乡土植物。

（10）城市水系低影响开发雨水系统的设计应满足《城市防洪工程设计规范》（GB/T 50805—2012）中的相关要求。

## 七、技术选择

### （一）技术类型

低影响开发技术按主要功能一般可分为渗透、储存、调节、转输、截污净化等几类。通过各类技术的组合应用，可实现径流总量控制、径流峰值控制、径流污染控制、雨水资源化利用等目标。实践中，应结合不同区域水文地质、水资源等特点及技术经济分析，按照因地制宜和经济高效的原则选择低影响开发技术及其组合系统。

### （二）单项设施

各类低影响开发技术又包含若干不同形式的低影响开发设施，主要有透水铺装、绿色屋顶、下沉式绿地、生物滞留设施、渗透塘、渗井、湿塘、雨水湿地、蓄水池、雨水罐、调节塘、调节池、植草沟、渗管（渠）、植被缓冲带、初期雨水弃流设施、人工土壤渗滤等。

低影响开发单项设施往往具有多个功能，如生物滞留设施的功能除渗透补充地下水外，还可削减峰值流量、净化雨水，实现径流总量、径流峰值和径流污染控制等多重目标。因此应根据设计目标灵活选用低影响开发设施及其组合系统，根据主要功能按相应的方法进行设施规模计算，并对单项设施及其组合系统的设施选型和规模进行优化。

### （三）设施功能比较

低影响开发设施往往具有补充地下水、集蓄利用、削减峰值流量及净化雨水等多个功能，可实现径流总量、径流峰值和径流污染等多个控制目标，因此应根据城市总体规划、专项规划及详规明确的控制目标，结合汇水区特征和设施的主要功能、经济性、适用性、景观效果等因素灵活选用低影响开发设施及其组合系统。低影响开发设施比选见表 3-1。

**表 3-1　低影响开发设施比选一览表**

| 单项设施 | 功能 | | | | | 控制目标 | | | 处置方式 | | 经济性 | | 污染物去除率（以SS计）/% | 景观效果 |
|---|---|---|---|---|---|---|---|---|---|---|---|---|---|---|
| | 集蓄利用雨水 | 补充地下水 | 削减峰值流量 | 净化雨水 | 转输 | 径流总量 | 径流峰值 | 径流污染 | 分散 | 相对集中 | 建造费用 | 维护费用 | | |
| 透水砖铺装 | ○ | ● | ◎ | ◎ | ○ | ● | ◎ | ◎ | √ | — | 低 | 低 | 80～90 | — |
| 透水水泥混凝土 | ○ | ○ | ◎ | ◎ | ○ | ◎ | ◎ | ◎ | √ | — | 高 | 中 | 80～90 | — |
| 透水沥青混凝土 | ○ | ○ | ◎ | ◎ | ○ | ◎ | ◎ | ◎ | √ | — | 高 | 中 | 80～90 | — |
| 绿色屋顶 | ○ | ○ | ◎ | ◎ | ○ | ● | ◎ | ◎ | √ | — | 高 | 中 | 70～80 | 好 |
| 下沉式绿地 | ○ | ● | ◎ | ◎ | ○ | ● | ◎ | ◎ | √ | — | 低 | 低 | — | 一般 |
| 简易型生物滞留设施 | ○ | ● | ◎ | ◎ | ○ | ● | ◎ | ◎ | √ | — | 低 | 低 | — | 好 |
| 复杂型生物滞留设施 | ○ | ● | ◎ | ● | ○ | ● | ◎ | ● | √ | — | 中 | 低 | 70～95 | 好 |
| 渗透塘 | ○ | ● | ◎ | ● | ○ | ● | ◎ | ● | — | √ | 中 | 中 | 70～80 | 一般 |
| 渗井 | ○ | ● | ◎ | ◎ | ○ | ● | ◎ | ◎ | √ | √ | 低 | 低 | — | — |
| 湿塘 | ● | ○ | ● | ◎ | ○ | ● | ● | ● | — | √ | 高 | 中 | 50～80 | 好 |
| 雨水湿地 | ● | ○ | ● | ● | ○ | ● | ● | ● | √ | √ | 高 | 中 | 50～80 | 好 |
| 蓄水池 | ● | ○ | ◎ | ◎ | ○ | ● | ◎ | ◎ | | √ | 高 | 中 | 80～90 | — |
| 雨水罐 | ● | ○ | ◎ | ◎ | ○ | ● | ◎ | ◎ | √ | — | 低 | 低 | 80～90 | — |
| 调节塘 | ○ | ○ | ● | ◎ | ○ | ○ | ● | ◎ | — | √ | 高 | 中 | — | 一般 |
| 调节池 | ○ | ○ | ● | ○ | ○ | ○ | ● | ○ | — | √ | 高 | 中 | — | — |
| 转输型植草沟 | ◎ | ○ | ○ | ◎ | ● | ◎ | ○ | ◎ | √ | — | 低 | 低 | 35～90 | 一般 |
| 干式植草沟 | ○ | ● | ○ | ◎ | ● | ◎ | ○ | ◎ | √ | — | 低 | 低 | 35～90 | 好 |
| 湿式植草沟 | ○ | ○ | ○ | ● | ● | ○ | ○ | ● | √ | — | 中 | 低 | — | 好 |
| 渗管（渠） | ○ | ◎ | ○ | ○ | ● | ◎ | ○ | ◎ | √ | — | 中 | 中 | 35～70 | — |
| 植被缓冲带 | ○ | ○ | ○ | ● | — | ○ | ○ | ● | √ | — | 低 | 低 | 50～75 | 一般 |
| 初期雨水弃流设施 | ◎ | ○ | ○ | ● | — | ○ | ○ | ● | √ | — | 低 | 中 | 40～60 | — |
| 人工土壤渗滤 | ● | ○ | ○ | ● | — | ○ | ○ | ◎ | — | √ | 高 | 中 | 75～95 | 好 |

注　1. ●—强 ◎—较强 ○—弱或很小。

2. SS去除率数据来自美国流域保护中心（Center For Watershed Protection，CWP）的研究数据。

各类用地中低影响开发设施的选用应根据不同类型用地的功能、用地构成、土地利用布局、水文地质等特点进行，可参照表3-2选用。

**表 3-2　各类用地中低影响开发设施选用一览表**

| 技术类型（按主要功能） | 单项设施 | 用地类型 | | | |
|---|---|---|---|---|---|
| | | 建筑与小区 | 城市道路 | 绿地与广场 | 城市水系 |
| 渗透技术 | 透水砖铺装 | ● | ● | ● | ◎ |
| | 透水水泥混凝土 | ◎ | ◎ | ◎ | ◎ |
| | 透水沥青混凝土 | ◎ | ◎ | ◎ | ◎ |
| | 绿色屋顶 | ● | ○ | ○ | ○ |
| | 下沉式绿地 | ● | ● | ● | ◎ |
| | 简易型生物滞留设施 | ● | ● | ● | ◎ |
| | 复杂型生物滞留设施 | ● | ● | ◎ | ○ |
| | 渗透塘 | ● | ◎ | ● | ○ |
| | 渗井 | ● | ◎ | ● | ○ |

续表

| 技术类型<br>(按主要功能) | 单项设施 | 用 地 类 型 | | | |
|---|---|---|---|---|---|
| | | 建筑与小区 | 城市道路 | 绿地与广场 | 城市水系 |
| 储存技术 | 湿塘 | ● | ◎ | ● | ● |
| | 雨水湿地 | ● | ● | ● | ● |
| | 蓄水池 | ◎ | ○ | ◎ | ○ |
| | 雨水罐 | ● | ◎ | ○ | ◎ |
| 调节技术 | 调节塘 | ● | ◎ | ● | ◎ |
| | 调节池 | ◎ | ◎ | ◎ | ○ |
| 转输技术 | 转输型植草沟 | ● | ● | ● | ◎ |
| | 干式植草沟 | ● | ● | ● | ◎ |
| | 湿式植草沟 | ● | ● | ● | ◎ |
| | 渗管/渠 | ● | ● | ● | ○ |
| 截污净化技术 | 植被缓冲带 | ● | ● | ● | ● |
| | 初期雨水弃流设施 | ● | ◎ | ◎ | ○ |
| | 人工土壤渗滤 | ◎ | ○ | ◎ | ◎ |

**注** ●—宜选用 ◎—可选用 ○—不宜选用。

### (四) 低影响开发设施组合系统优化

低影响开发设施的选择应结合不同区域水文地质、水资源等特点，建筑密度、绿地率及土地利用布局等条件，根据城市总规、专项规划及详规明确的控制目标，结合汇水区特征和设施的主要功能、经济性、适用性、景观效果等因素选择效益最优的单项设施及其组合系统。组合系统的优化应遵循以下原则：

(1) 组合系统中各设施的适用性应符合场地土壤渗透性、地下水位、地形等特点。在土壤渗性能差、地下水位高、地形较陡的地区选用渗透设施时，应进行必要的技术处理，防止塌陷、地下水污染等次生灾害的发生。

(2) 组合系统中各设施的主要功能应与规划控制目标相对应。缺水地区以雨水资源化利用为主要目标时，可优先选用以雨水集蓄利用为主要功能的雨水储存设施；内涝风险严重的地区以径流峰值控制为主要目标时，可优先选用峰值削减效果较优的雨水储存和调节等技术；水资源较丰富的地区以径流污染控制和径流峰值控制为主要目标时，可优先选用雨水净化和峰值削减功能较优的雨水截污净化、渗透和调节等技术。

(3) 在满足控制目标的前提下，组合系统中各设施的总投资成本宜最低，并综合考虑设施的环境效益和社会效益，当场地条件允许时，优先选用成本较低且景观效果较优的设施。

## 八、设施规模计算

### (一) 计算原则

(1) 低影响开发设施的规模应根据控制目标及设施在具体应用中发挥的主要功能，选择容积法、流量法或水量平衡法等方法通过计算确定；按照径流总量、径流峰值与径流污染综合控制目标进行设计的低影响开发设施，应综合运用以上方法进行计算，并选择其中较大的规模作为设计规模；有条件的可利用模型模拟的方法确定设施规模。

(2) 当以径流总量控制为目标时，地块内各低影响开发设施的设计调蓄容积之和，即总调蓄容积（不包括用于削减峰值流量的调节容积），一般不应低于该地块“单位面积控制容积”的控制要求。计算总调蓄容积时，应符合以下要求：

1) 顶部和结构内部有蓄水空间的渗透设施（如复杂型生物滞留设施、渗管或渠等）的渗透量应计入总调蓄容积。

2) 调节塘、调节池对径流总量削减没有贡献，其调节容积不应计入总调蓄容积；转输型植草沟、渗管（渠）、初期雨水弃流、植被缓冲带、人工土壤渗滤等对径流总量削减贡献较小的设施，其调蓄容积也不计入总调蓄容积。

3) 透水铺装和绿色屋顶仅参与综合雨量径流系数的计算，其结构内的空隙容积一般不再计入总调蓄容积。

4) 受地形条件、汇水面大小等影响，设施调蓄容积无法发挥径流总量削减作用的设施（如较大面积的下沉式绿地，往往受坡度和汇水面竖向条件限制，实际调蓄容积远远小于其设计调蓄容积），以及无法有效收集汇水面径流雨水的设施具有的调蓄容积不计入总调蓄容积。

**（二）一般计算**

1. 容积法

低影响开发设施以径流总量和径流污染为控制目标进行设计时，设施具有的调蓄容积一般应满足“单位面积控制容积”的指标要求。设计调蓄容积一般采用容积法进行计算：

$$V = 10H\varphi F \tag{3-1}$$

式中 $V$——设计调蓄容积，$m^3$；

$H$——设计降雨量，mm；

$\varphi$——综合雨量径流系数，可参照表 3-3 进行加权平均计算；

$F$——汇水面积，$hm^2$。

用于合流制排水系统的径流污染控制时，雨水调蓄池的有效容积可参照《室外排水设计规范》(GB 50014—2021) 进行计算。

**表 3-3　径流系数**

| 汇水面种类 | 雨量径流系数 | 流量径流系数 |
| --- | --- | --- |
| 绿化屋面（绿色屋顶，基质层厚度不小于 300mm） | 0.30～0.40 | 0.40 |
| 硬屋面，未铺石子的平屋面，沥青屋面 | 0.80～0.90 | 0.85～0.95 |
| 铺石子的平屋面 | 0.60～0.70 | 0.80 |
| 混凝土或沥青路面及广场 | 0.80～0.90 | 0.85～0.95 |
| 大块石等铺砌路面及广场 | 0.50～0.60 | 0.55～0.65 |
| 沥青表面处理的碎石路面及广场 | 0.45～0.55 | 0.55～0.65 |
| 级配碎石路面及广场 | 0.40 | 0.40～0.50 |

续表

| 汇水面种类 | 雨量径流系数 | 流量径流系数 |
|---|---|---|
| 工砌砖石或碎石路面及广场 | 0.40 | 0.35～0.40 |
| 非铺砌的土路面 | 0.30 | 0.25～0.35 |
| 绿地 | 0.15 | 0.10～0.20 |
| 水面 | 1.00 | 1.00 |
| 地下建筑覆土绿地（覆土厚度不小于 500mm） | 0.15 | 0.25 |
| 地下建筑覆土绿地（覆土厚度小于 500mm） | 0.30～0.40 | 0.40 |
| 透水铺装地面 | 0.08～0.45 | 0.08～0.45 |
| 下沉广场（50 年及以上一遇） | — | 0.85～1.00 |

**注** 以上数据参照《室外排水设计规范》（GB 50014—2021）和《海绵城市雨水控制与利用工程设计规范》（DB11/685—2021）。

2. 流量法

植草沟等转输设施，其设计目标通常为排除一定设计重现期下的雨水流量，可通过推理公式来计算一定重现期下的雨水流量：

$$Q=\psi qF \tag{3-2}$$

式中 $Q$——雨水设计流量，L/s；

$\psi$——流量径流系数，可参见表 3-3；

$q$——设计暴雨强度，$L/(s \cdot hm^2)$；

$F$——汇水面积，$hm^2$。

城市雨水管渠系统设计重现期的取值及雨水设计流量的计算等还应符合《室外排水设计规范》（GB 50014—2021）的有关规定。

3. 水量平衡法

水量平衡法主要用于湿塘、雨水湿地等设施储存容积的计算。设施储存容积应首先按照容积法进行计算，同时为保证设施正常运行（如保持设计常水位），再通过水量平衡法计算设施每月雨水补水水量、外排水量、水量差、水位变化等相关参数，最后通过经济分析确定设施设计容积的合理性并进行调整，水量平衡计算过程可参照表 3-4。

**表 3-4 水量平衡计算表**

| 项目 | 汇流雨水量 | 补水量 | 蒸发量 | 用水量 | 渗漏量 | 水量差 | 水体水深 | 剩余调蓄高度 | 外排水量 | 额外补水量 |
|---|---|---|---|---|---|---|---|---|---|---|
| 单位 | $m^3$/月 | $m^3$/月 | $m^3$/月 | $m^3$/月 | $m^3$/月 | $m^3$/月 | m | m | $m^3$/月 | $m^3$/月 |
| 编号 | [1] | [2] | [3] | [4] | [5] | [6] | [7] | [8] | [9] | [10] |
| 1 月 | | | | | | | | | | |
| 2 月 | | | | | | | | | | |
| ⋮ | | | | | | | | | | |
| 11 月 | | | | | | | | | | |
| 12 月 | | | | | | | | | | |
| 合计 | | | | | | | | | | |

**（三）以渗透为主要功能的设施规模计算**

对于生物滞留设施、渗透塘、渗井等顶部或结构内部有蓄水空间的渗透设施，设施规模应按照以下方法进行计算。对透水铺装等仅以原位下渗为主、顶部无蓄水空间的渗透设施，其基层及垫层空隙虽有一定的蓄水空间，但其蓄水能力受面层或基层渗透性能的影响很大，因此透水铺装可通过参与综合雨量径流系数计算的方式确定其规模。

（1）渗透设施有效调蓄容积按式（3-3）进行计算：

$$V_s = V - W_p \tag{3-3}$$

式中 $V_s$——渗透设施的有效调蓄容积，包括设施顶部和结构内部蓄水空间的容积，$m^3$；

$V$——渗透设施进水量，$m^3$；

$W_p$——渗透量，$m^3$。

（2）渗透设施渗透量按式（3-4）进行计算：

$$W_p = KJA_s t_s \tag{3-4}$$

式中 $W_p$——渗透量，$m^3$；

$K$——土壤（原土）渗透系数，m/s；

$J$——水力坡降，一般可取 $J=1$；

$A_s$——有效渗透面积，$m^2$；

$t_s$——渗透时间，s，指降雨过程中设施的渗透历时，一般可取 2h。

渗透设施的有效渗透面积 $A_s$ 应按下列要求确定：

（1）水平渗透面按投影面积计算。

（2）竖直渗透面按有效水位高度的 1/2 计算。

（3）斜渗透面按有效水位高度的 1/2 所对应的斜面实际面积计算。

（4）地下渗透设施的顶面积不计。

**（四）以储存为主要功能的设施规模计算**

雨水罐、蓄水池、湿塘、雨水湿地等设施以储存为主要功能时，其储存容积应通过“容积法”及“水量平衡法”计算，并通过技术经济分析综合确定。

**（五）以调节为主要功能的设施规模计算**

调节塘、调节池等调节设施，以及以径流峰值调节为目标进行设计的蓄水池、湿塘、雨水湿地等设施的容积应根据雨水管渠系统设计标准、下游雨水管道负荷（设计过流流量）及入流、出流流量过程线，经技术经济分析合理确定，调节设施容积按式（3-5）进行计算：

$$V = \mathrm{Max}\left[\int_0^T (Q_{\mathrm{in}} - Q_{\mathrm{out}})\mathrm{d}t\right] \tag{3-5}$$

式中 $V$——调节设施容积，$m^3$；

$Q_{\mathrm{in}}$——调节设施的入流流量，$m^3/s$；

$Q_{\mathrm{out}}$——调节设施的出流流量，$m^3/s$；

$t$——计算步长，s；

$T$——计算降雨历时，s。

**（六）调蓄设施规模计算**

具有储存和调节综合功能的湿塘、雨水湿地等多功能调蓄设施，其规模应综合储存设施和调节设施的规模计算方法进行计算。

**（七）以转输与截污净化为主要功能的设施规模计算**

植草沟等转输设施的计算方法如下：

（1）根据总平面图布置植草沟并划分各段的汇水面积。

（2）根据《室外排水设计规范》（GB 50014—2021）确定排水设计重现期，参考“流量法”计算设计流量 $Q$。

（3）根据工程实际情况和植草沟设计参数取值，确定各设计参数。

容积法弃流设施的弃流容积应按“容积法”计算；绿色屋顶的规模计算参照透水铺装的规模计算方法；人工土壤渗滤的规模根据设计净化周期和渗滤介质的渗透性能确定；植被缓冲带规模根据场地空间条件确定。

## 【同 步 测 试】

1. 低影响开发雨水系统的设计目标是什么？
2. 从低影响开发雨水系统构建视角，描述建筑与小区内的雨水径流路径。
3. 城市道路雨水在哪些情况下需要排入污水管道？
4. 城市道路与广场低影响开发雨水系统设计时，应遵循哪些规范标准？
5. 低影响开发设施组合系统优化应遵循哪些原则？
6. 计算海绵设施的总调蓄容积时，应符合哪些要求？
7. 设计调蓄容积的常用计算方法有哪些？

## 【线 下 活 动】

分组讨论形成报告：

1. 根据工程资料，提出低影响开发设施组合系统优化设计方案。
2. 根据工程资料，选择适用的方法计算海绵设施的设计调蓄容积。

# 项目四

# 低影响开发设施的施工技术

**【项目学习导语】**

海绵城市建设是一项复杂的系统工程。在实际施工过程中，要遵循严格的施工程序，配备优质的施工队伍，熟练识别施工图纸，把复杂的海绵城市工程分解到单个的低影响开发设施中，按照先地下、后地上的供需原则，进行单个低影响开发设施的施工。

## 单元一　海绵城市施工基础知识

**【学习目标】**

知识目标：1. 了解海绵城市工程的分类情况。

2. 了解海绵小区、城市道路、绿地与广场及水系等海绵工程分类情况和施工要点。

3. 理解“大海绵”“中海绵”“小海绵”的含义，了解低影响开发设施的功能分类情况。

技能目标：1. 会读懂各类海绵工程的工程划分表。

2. 会根据工程资料选择适用的低影响开发设施类型。

### 一、海绵城市概述

海绵城市是在总结发达国家过去几十年的雨水管理经验和实践研究的基础上，结合我国的经济状况、土地利用状况以及气候条件而提出的。

国内最早提出的生态海绵城市旨在解决缺水地区的雨水资源化利用问题，通过城市绿地、蓄水池等设计将雨水短暂储存，需要时再利用，或让雨水缓慢下渗，从而实现场域雨水的“可持续利用”和“零排放”。“海绵城市”“低影响开发”“可持续雨洪管理”等理念在本质上是相同的，都强调城市绿地系统、水系统与城市建设用地在规划设计阶段进行综合考虑，以达到控制暴雨径流、减轻城市雨水管网压力、解决城市内涝等目的；通过植物和土壤对雨水净化，控制雨水造成的污染；有效利用雨水、污水，建设智能、绿色的节水城市；提高生物多样性和场地的视觉审美；创造亲密的“人-水”关系，增加滨水娱乐设施及开放空间。

海绵城市建设应统筹低影响开发雨水系统、城市雨水管渠系统、超标雨水径流排放系统及水污染控制系统。低影响开发雨水系统可以通过对雨水的渗透、储存、调节、转输与截污、净化等功能，有效控制径流总量、径流峰值和径流污染；城市雨水管渠系统即传统排水系统，应与低影响开发雨水系统共同组织对径流雨水的收集、转输与排放；超标雨水径流排放系统用来应对超过雨水管渠系统设计标准的雨水径流，一般通过综合选择自然水体、多功能调蓄水体、行泄通道、调蓄池、深层隧道等自然途径或人工设施构建；水污染控制系统通过植被、土壤等自然系统来削减污染物、控制径流污染，维持城市良好的生态循环。以上四个系统并不是孤立的，也没有严格的界限，四者相互补充、相互依存，是海绵城市建设的重要基础元素。

根据责任主体及规划布局特点，可将海绵城市工程分为建筑与小区海绵城市工程、城市道路海绵城市工程、绿地与广场海绵城市工程和水系海绵城市工程等四大类，如图 4－1 所示。

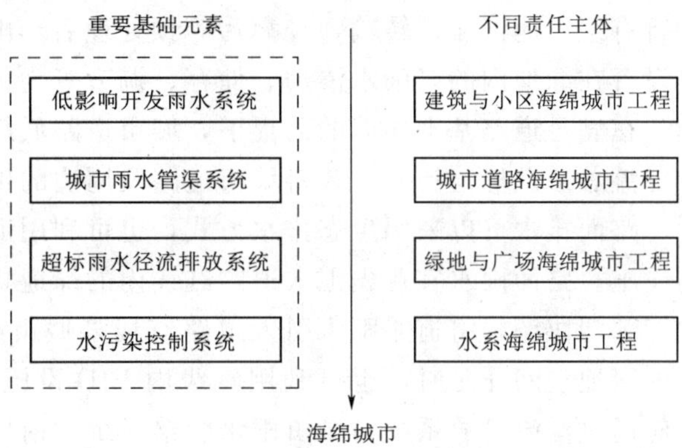


图 4－1　海绵城市工程类别分解表

## 二、建筑与小区海绵城市工程概述

建筑与小区路面的径流雨水可通过有组织的汇流与转输，经截污等预处理后引入绿地内的以雨水渗透、储存、调节等为主要功能的海绵设施中。因空间限制等原因不能满足控制目标的建筑小区，径流雨水还可通过城市雨水管渠系统引入城市绿地与广场内的海绵设施。具体雨水组织流程为：屋面雨水的滞蓄、净化与利用→铺装路面雨水渗透、疏导→雨水转输系统→雨水滞蓄设施→雨水溢流系统→雨水调蓄设施→溢流雨水接入市政雨水管网。

根据对建筑与小区分部工程、分项工程的分析，建筑与小区海绵城市工程可分为屋顶工程、道路铺装工程和绿化工程。具体到海绵设施，主要包括渗透设施（透水铺装）、蓄滞设施（屋顶绿化、下沉式绿地、生物滞留设施）、储存设施（雨水罐）、转输设施（植草沟、渗管/渠）、净化设施（初期雨水弃流设施）等。

建筑与小区海绵城市工程施工要点主要包括以下几个方面：

（1）建筑与小区海绵工程要严格按照规划总图、施工图进行施工建设，以达到海绵控制目标与指标要求。

（2）建筑与小区海绵设施应按照先地下、后地上的顺序进行施工，防渗、水土保持、土壤介质回填等分项工程的施工应符合设计文件及相关规范的规定。

（3）建筑与小区施工应结合实际情况，明确建筑与小区各类海绵设施的施工程序，制定相应的施工保护措施，主要包括地形起伏较大的建筑与小区的水土流失、植物保护、建筑物地基下陷等问题。

（4）建筑与小区低影响开发设施应建设有效的进水及转输设施，汇水面径流雨水经截污等预处理后，优先进入低影响开发设施进行消纳。

（5）建筑与小区低影响开发设施应设置溢流排放系统，并与城市雨水管渠系统和超标雨水径流排放系统有效衔接。

(6) 建筑与小区低影响开发设施建设工程的竣工验收应严格按照相关施工验收规范执行，并重点对设施规模、竖向、进水设施、溢流排放口、防渗、水土保持等关键设施和环节做好验收记录，验收合格后方能交付使用。

### 三、城市道路海绵城市工程概述

海绵道路模拟自然水文循环过程，应用不同海绵技术措施，结合景观设计，对雨水进行有组织地汇流、转输，经截污等预处理后，雨水被引入道路红线内、外绿地内，通过设置在绿地内的以雨水渗透、储存、调节等为主要功能的低影响开发设施进行后续处理。在满足道路基本功能的前提下，城市道路低影响开发系统要有效缓解道路径流、减少径流总量及峰值流量，改善城市道路及周边的生态环境。

路面排水可以采用生态排水方式，也可利用道路及周边公共用地的地下空间设计调蓄设施。路面雨水宜首先汇入道路红线内的绿地，当红线内绿地空间不足时，可由政府主管部门协调，将道路雨水引入道路红线外城市绿地内的 LID 设施中进行消纳。当红线内绿地空间充足时，也可利用红线内 LID 设施消纳红线外空间的径流雨水。LID 设施应通过溢流排放系统与城市雨水管渠系统相衔接，保证上下游排水系统的顺畅。

道路横断面设计应优化道路横坡坡向、路面与道路绿带及周边绿地的竖向关系等，便于径流雨水汇入 LID 设施。人行道应采用透水铺装，非机动车道可采用透水沥青路面或透水水泥混凝土路面。表 4-1 介绍了适宜应用于道路的 LID 技术措施。

**表 4-1 海绵道路低影响开发（LID）设施类型及适用范围**

| 类别 | 名称 | 适用范围 |
|---|---|---|
| 源头低影响开发设施 | 透水铺装（透水砖、透水混凝土、透水沥青） | 用于停车场、人行道、车行道等 |
| | 渗透设施（渗透管、渠） | 在用地紧张、有透水性良好的土层且地下水位较低、雨水径流水质较好等条件下较适用，常设置于沿道路周边区域 |
| | 水质型进水口（油砂分离器、截污式雨水口） | 用于立交、市政道路的源头截污和控油 |
| | 复杂式生物滞留设施、简易型生物滞留设施、下沉式绿地、生态树池 | 适用于汇水面积小于 $1hm^2$ 的区域，如人行道、中央绿化带、机非隔离带、停车场等 |
| 中途低影响开发设施 | 植被浅沟 | 城市道路两侧、地块边界或不透水铺装地面周边、功能区的绿地。与场地、道路排水系统构成一个整体。植被浅沟还可部分或全部替代雨水管道（较小的汇水流域）起输送和净化的目的 |
| | 渗透管、渠 | 城市道路两侧、地块边界或不透水铺装地面周边、功能区的绿地。根据下渗性，渗透管、渠可部分或全部替代雨水管道起输送和下渗的目的 |

道路海绵城市工程施工要点主要包括以下几个方面：

(1) 施工单位应具备相应的城镇道路工程施工资质。从事城镇道路工程施工的技术管理人员、作业人员应认真学习并执行国家现行有关法律法规、标准、规范。

（2）施工单位应建立健全施工技术、质量、安全生产管理体系，制定各项施工管理制度，并贯彻执行。

（3）施工前，施工单位应组织有关施工技术管理人员深入现场调查，了解掌握现场情况，做好充分的施工准备工作。

（4）工程开工前，施工单位应根据合同文件、设计单位提供的施工界域内地下管线等建（构）筑物资料及工程水文地质资料等踏勘施工现场，依据工程特点编制施工组织设计，并按其管理程序进行审批。

（5）施工单位应按合同规定的、经过审批的有效设计文件进行施工。未经批准的设计变更、工程洽商严禁施工。

（6）与道路同期施工，敷设于城镇道路下的新管线等构筑物，应按先深后浅的原则与道路配合施工。施工中应保护好既有及新建的地上杆线、地下管线等建（构）筑物。

（7）道路范围（含人行步道、隔离带）内的各种检查井井座应设于混凝土或钢筋混凝土井圈上。井盖宜能锁固。检查井的井盖、井座应与道路交通等级匹配。

**四、绿地与广场海绵城市工程概述**

根据对绿地与广场分部工程、分项工程的分析，绿地海绵城市工程可分为绿化工程园路、广场及停车场铺装工程。具体的海绵设施主要包括渗透设施（透水铺装、渗透塘渗井），蓄滞设施（下沉式绿地、生物滞留设施、雨水湿地），调节设施（调节池、调节增）、转输设施（植草沟、渗管/渠）、储存设施（蓄水池）、净化设施（人工土壤渗滤、初期雨水弃流设施）等。广场海绵工程涉及的主要海绵设施有透水铺装、蓄水池等。

绿地与广场海绵城市工程施工要点主要包括以下几个方面：

（1）绿地广场的传统工程，如园林绿化工程、园路工程、广场工程、停车场工程、水景工程、园林小品工程等，需符合《园林绿化工程施工及验收规范》（CJJ 82—2012）等相关规范的要求。

（2）低影响开发设施需符合相关施工工序及工法。

（3）施工现场质量管理应有相应的施工技术标准、健全的质量管理体系、施工质量检验制度和综合施工质量水平评定考核制度。

（4）公园绿地工程的施工应编制施工组织设计或施工方案，经批准后方可实施。

（5）公园绿地工程的施工应按照批准的设计文件和施工技术标准进行施工。修改设计应有设计单位出具的设计变更通知单。

（6）各工序应按施工技术标准进行质量控制，每道工序完成后，应进行检查。

（7）相关各专业工程之间，应进行交接检验并形成记录，未经监理工程师（建设单位技术负责人）检查认可，不得进行下一道工序施工。

（8）参加工程施工质量验收的各方人员应具备规定的资格。

（9）公园绿地工程的施工应符合施工设计文件的要求。

（10）工程质量的验收均应在施工单位自行检查评定的基础上进行。

（11）隐蔽工程在隐蔽前应有施工单位通知有关单位进行验收，并应形成验收文件。

（12）分项工程的质量应按主控项目和一般项目验收。

（13）关系到植物成活的水、土、基质，涉及结构安全的试块、试件及有关材料，应按规定进行见证取样检测。

（14）承担见证取样检测及有关结构安全检测的单位应具有相应资质。

（15）公园绿地工程物资的主要原材料、成品、半成品、配件、器具和设备必须具有质量合格证明文件，规格型号及性能检测报告应符合国家现行技术标准及设计要求。植物材料、工程物资进场时应做检查验收，并经监理工程师核查确认，形成相应的检查记录。

（16）工程竣工验收后，建设单位应将有关文件和技术资料归档。

## 五、水系海绵城市工程概述

根据对水系分部工程、分项工程的分析，水系海绵城市工程可分为水系治理工程和绿化工程，涉及的主要海绵设施有雨水湿地、生态驳岸、植被缓冲带等。

水系海绵建设工程施工要点主要包括：

（1）水系传统工程，如河道开挖疏浚、河道防渗、清淤、围堰等，需符合《水工建筑物岩石基础开挖工程施工技术规范》（DL/T 5389—2007）、《水工混凝土施工规范》（DL/T 5144—2015）等相关规范的要求。

（2）低影响开发设施需符合相关施工工序及施工工法。

（3）从事河道治理及疏浚工程的施工单位应具备相应的施工资质，施工人员应具备相应的资格。河道治理及疏浚工程施工和质量管理应具有相应的施工技术标准。

（4）施工单位应建立健全施工技术、质量、安全生产等管理体系，制定各项施工管理规定，并贯彻执行。

（5）施工单位应按照合同文件、设计文件和有关规范、标准要求，根据建设单位提供的施工界域内地下管线等建（构）筑物资料、工程水文地质资料等，组织有关施工技术管理人员深入沿线调查，掌握现场实际情况，做好施工准备工作。

（6）施工单位应熟悉和审查施工图纸，掌握设计意图与要求，实行自审、会前（交底）和签证制度；发现施工图有疑问、差错时，应及时提出意见和建议；如需变更设计，应按照相应程序报审，经相关单位签证认定后实施。

（7）施工单位在开工前应编制施工组织设计，对关键的分项、分部工程应分别编制专项施工方案。施工组织设计、专项施工方案必须按规定程序审批后执行，需要变更时要办理变更审批。

（8）施工临时设施应根据工程特点合理设置，并有总体布置方案。对不宜间断施工的项目，应有备用动力和设备。

（9）施工测量应实行施工单位复核制、监理单位复测制，填写相关记录，并符合下列规定：

1）施工前，建设单位应组织有关单位进行现场交桩，施工单位对所交桩进行复核测量，原测桩有遗失或变位时，应及时补钉桩校正，并应经相应的技术质量管理部门和人员认定。

2）临时水准点和河道中心线控制桩的设置应便于观测、不易被扰动且必须牢固，并应采取保护措施，开挖河道的沿线临时水准点，每 200m 不宜少于 1 个。

3）临时水准点、河道中心线控制桩、高程桩，必须经过复核方可使用，并应经常校核。

4）对既有河道、构（建）筑物与拟建工程衔接的平面位置和高程，开工前必须校测。

（10）施工测量的允许偏差，应符合表 4－2 的规定，并应满足《工程测量规范》（GB 50026—2007）和《城市测量规范》（CJJ/T 8—2011）的有关规定；对有特定要求的河道还应遵守其特殊规定。

**表 4－2　施工测量的允许偏差表**

| 项目 | | 允许偏差 |
| --- | --- | --- |
| 水准测量高程闭合差/mm | 平地 | $\pm 20\sqrt{n}$ |
| | 山地 | $\pm 6\sqrt{n}$ |
| 导线测量方位角闭合差/(″) | | $40\sqrt{n}$ |
| 导线测量相对闭合差 | | 1/5000 |
| 直接丈量测距的两次较差 | | 1/5000 |

（11）工程所用的主要原材料、构（配）件等产品，进入施工现场时必须进行进场验收并妥善保管。进场验收时应检查每批产品的订购合同、质量合格证书、性能检验报告、使用说明书、进口产品的商检报告及证件等，并按国家有关标准规定进行复验，验收合格后方可使用。

（12）现场配制的混凝土、砂浆、防水涂料等工程材料应经检测合格后使用。所用成品、半成品、构（配）件等在运输、保管和施工过程中，必须采取有效措施防止其损坏、锈蚀或变质。

（13）施工单位必须遵守国家和地方政府有关环境保护的法律法规，采取有效措施控制施工现场的各种粉尘、废气、废弃物、污泥、污水以及噪声、振动等对环境造成的污染和危害。

（14）施工单位必须取得安全生产许可证，并应遵守有关施工安全、劳动保护、防火、防毒的法律法规，建立安全管理体系和安全生产责任制，确保安全施工。对临近重要构（建）筑物的深基槽等特殊作业，应制订专项施工方案。

（15）在质量检验、验收中使用的计量器具和检测设备，必须经计量检定、校准合格后使用。承担材料和设备检测的单位，应具备相应的资质。

（16）河道治理及疏浚工程施工质量控制应符合下列规定：

1）各分项工程应按照施工技术标准进行质量控制，每分项工程完成后，必须进行检验。

2）相关各分项工程之间，必须进行交接检验，所有隐蔽分项工程必须进行隐蔽验收，未经检验或验收不合格不得进行下一道分项工程。

3）施工单位应按照相应的施工技术标准对工程施工质量进行全过程控制，建设单位、勘察单位、设计单位、监理单位等各方应按有关规定对工程质量进行管理。

4）工程经过竣工验收合格后，方可投入使用。

## 六、海绵城市低影响开发设施概述

海绵城市分为大海绵、中海绵、小海绵。所谓“大海绵”是指绿海绵、蓝海绵，主要由规划部门来管理，通过在规划中管控绿线、蓝线来实现；所谓“中海绵”是指灰海绵，即传统意义上的市政基础设施，以单一功能的市政工程为主导，包括道路、管网系统，主要由城建部门负责管理；所谓“小海绵”是指低影响开发海绵，分布于建筑与小区、城市道路、绿地与广场等场域。单个小海绵体微不足道，但成千上万个小海绵体就可以拼成大的海绵块。本书所述海绵体主要指“小海绵”，即低影响开发设施。

低影响开发设施是指在城市开发建设过程中，通过生态化措施，尽可能维持城市开发建设前后水文特征不变，有效缓解不透水面积增加造成的径流总量、径流峰值、径流污染增加等对环境造成不利影响的措施。根据设施的主要功能，可以分为渗滞设施、调节设施、储存设施、转输设施、截污净化设施等五大类。

建筑与小区、城市道路、绿地与广场、城市水系等四类用地有不同的用地功能、用地构成、土地利用布局、水文地质特点，在选择低影响开发设施时应综合考虑各类设施的特点，具体可参考表4－3。

**表4－3　低影响开发设施**

| 技术类型（按主要功能） | 低影响开发设施 | 用地类型 | | | |
|---|---|---|---|---|---|
| | | 建筑与小区 | 城市道路 | 绿地与广场 | 城市水系 |
| 渗滞技术 | 透水砖铺装 | ● | ● | ● | ◎ |
| | 透水混凝土铺装 | ◎ | ◎ | ◎ | ◎ |
| | 透水沥青铺装 | ◎ | ◎ | ◎ | ◎ |
| | 屋顶绿化 | ● | ○ | ○ | ○ |
| | 渗透塘 | ● | ◎ | ● | ○ |
| | 渗井 | ● | ◎ | ● | ○ |
| | 简易型生物滞留设施 | ● | ● | ● | ◎ |
| | 复杂型生物滞留设施 | ● | ● | ◎ | ◎ |
| | 下沉式绿地 | ● | ● | ● | ◎ |
| 储存技术 | 蓄水池 | ◎ | ○ | ◎ | ○ |
| | 雨水罐 | ● | ○ | ○ | ○ |
| | 屋面雨水收集系统 | ● | ○ | ○ | ○ |
| | 湿塘 | ● | ◎ | ● | ● |
| 调节技术 | 调节塘 | ● | ◎ | ● | ◎ |
| | 调节池 | ◎ | ◎ | ◎ | ○ |
| 转输技术 | 转输型植草沟 | ● | ● | ● | ◎ |
| | 干式植草沟 | ● | ● | ● | ◎ |
| | 湿式植草沟 | ● | ● | ● | ◎ |
| | 渗透管/渠 | ● | ● | ● | ○ |

续表

| 技术类型（按主要功能） | 低影响开发设施 | 用地类型 | | | |
|---|---|---|---|---|---|
| | | 建筑与小区 | 城市道路 | 绿地与广场 | 城市水系 |
| 截污净化技术 | 雨水湿地 | ● | ● | ● | ● |
| | 植被缓冲带 | ● | ● | ● | ● |
| | 初期雨水弃流设施 | ● | ◎ | ◎ | ○ |
| | 人工土壤渗滤 | ◎ | ○ | ◎ | ◎ |

注　●—宜选用；◎—可选用；○—不宜选用。

表格来源：《海绵城市建设技术指南——低影响开发雨水系统构建》。

## 【同　步　测　试】

1. 海绵城市工程可以划分为哪几类？
2. 建筑与小区海绵城市工程的施工要点是什么？
3. 城市道路海绵城市工程的施工要点是什么？
4. 绿地与广场海绵城市工程的施工要点是什么？
5. 水系海绵城市工程的施工要点是什么？
6. 什么是“大海绵”“中海绵”“小海绵”？
7. 低影响开发设施按功能可划分为哪几类？

## 【课　下　活　动】

分组讨论并形成报告：

1. 根据工程资料提出简单的低影响开发设施系统组合方案。
2. 根据工程资料，分析海绵工程施工要点。

# 单元二　低影响开发渗滞设施施工技术

**【学习目标】**

知识目标：1. 掌握透水铺装基础知识。

2. 了解透水砖铺装、透水沥青铺装及透水混凝土铺装的施工工序。

3. 了解透水砖铺装、透水沥青铺装及透水混凝土铺装各工序的施工工法。

技能目标：1. 会根据工程资料确定合理的施工工序。

2. 会根据工程资料确定各工序的施工工法。

低影响开发渗滞设施是指低影响开发“蓄、滞、渗、净、用、排”中主要以“渗、滞”为主的设施，包括透水铺装（透水砖铺装、透水混凝土铺装、透水沥青铺装）、渗透塘、渗井、生物滞留设施、下沉式绿地等。低影响开发渗滞设施的重点是，通过土壤缓慢下渗雨水、蓄滞雨水，减少雨水径流量。因此，施工的关键点是，在土方地基开挖时不得压实原土，在渗透率不满足要求的情况下要对原土进行松翻。

本单元以透水铺装为例，对设施施工的相关基础知识、施工工序、施工工法等进行详细阐述。

## 一、透水铺装的基础知识

一般的道路设计为了保证路面结构的承载能力，都尽量采用不透水材料。透水铺装设计是通过透水材料在各结构层的应用，使雨水能够顺畅进入道路结构并及时下渗，这就导致透水铺装结构承载力下降。因此，透水路面铺装主要应用于人行道、广场、停车场等对路面承载力要求较低的场合。

透水铺装按铺装材料不同，可分为三种：透水砖铺装、透水混凝土铺装、透水沥青铺装。

透水铺装按铺装方式不同，可分为三种：透水整体现浇铺装、透水板材砌块铺装和嵌草铺装。整体现浇铺装的路面适宜风景区通车干道及公园主园路、次园路或一些附属道路。园林铺装广场、停车场等也常常采用整体现浇铺装方式。采用这种铺装的路面主要是透水混凝土铺装和透水沥青铺装。板材砌块铺装（即透水砖铺装）适用于一般的散步游览道、草坪路、岸边小路和城市游憩林荫道、街道上的人行道。嵌草铺装是指采用预制混凝土砌块和草皮相间铺装路面，主要用于人流量不太大的公园散步道、小游园道路、草坪道路或庭园内道路、停车场等地。

### （一）透水砖铺装

透水砖具有保持地面的透水性、保湿性，防滑、高强度、抗寒、耐风化、吸音等特点，按制备方式不同可分为两类：烧制产品和非烧产品。

（1）烧制产品主要包括高温高压产品和中温中压产品。高温高压产品主要为陶瓷透水砖，烧成温度在1200℃以上，烧成时间为8～12h，成形压力约1600t。

（2）非烧产品主要包括两层结构硅砂透水砖、单层透水水泥砖、胶黏石子砖（后两种老产品已逐渐被市场淘汰）。两层结构硅砂透水砖的上层是沙子黏合结构，下层为透水混凝土结构，两层材料的致密度与膨胀系数相差比较大，在昼夜温差比较大的地区，它的结构不稳定。

透水砖按其组成材料不同可分为六类：普通透水砖、聚合物纤维混凝土透水砖、彩石复合混凝土透水砖、彩石环氧通体透水砖、混凝土透水砖、生态砂基透水砖。

（1）普通透水砖。材质为普通碎石的多孔混凝土材料经压制成形，用于一般街区人行步道、广场，是一般化铺装的产品。

（2）聚合物纤维混凝土透水砖。材质为花岗岩石集料、高强水泥和水泥聚合物增强剂，并掺和聚丙烯纤维，用料配比严密，搅拌后经压制成形，主要用于市政、重要工程和住宅小区的人行步道、广场、停车场等场地的铺装。

（3）彩石复合混凝土透水砖。材质面层为天然彩色花岗岩、大理石与改性环氧树脂胶合，再与底层聚合物纤维、多孔混凝土经压制复合成形。此产品面层华丽，具天然色彩，有与石材一般的质感，与混凝土复合后，强度高于石材且成本略高于混凝土透水砖，价格是石材地砖的1/2，是一种经济、高档的铺地产品。主要用于豪华商业区、大型广场、酒店停车场和高档别墅小区等场所。

（4）彩石环氧通体透水砖。材质集料为天然彩石与进口改性环氧树脂胶合，经特殊工艺加工成形，此产品可预制，还可以现场浇制，并可拼出各种艺术图形和色彩线条，给人们一种赏心悦目的感受。主要用于园林景观工程和高档别墅小区。

（5）混凝土透水砖。材质为河沙、水泥、水，再添加一定比例的透水剂制成。此产品与树脂透水砖、陶瓷透水砖、缝隙透水砖相比，生产成本低，制作流程简单、易操作。广泛用于高速路、飞机场跑道、车行道、人行道、广场及园林建筑等地方。

（6）生态砂基透水砖。它是通过“破坏水的表面张力”的透水原理，有效解决传统透水材料通过孔隙透水易被灰尘堵塞及“透水与强度”“透水与保水”相矛盾的技术难题，在常温下免烧结成型，是以沙漠中的风积沙为原料生产出的一种新型生态环保材料。其渗透原理和成型方法被住房和城乡建设部建筑节能与科技司评为国内首创，并成功运用于鸟巢、水立方、上海世博会中国馆、中南海办公区、国庆60周年长安街改造等国家重点工程。

**（二）透水水泥混凝土铺装**

透水水泥混凝土是一种不掺或者掺少量细骨料的混凝土，空隙率较大，一般为15%～25%，目的是要形成贯通的孔洞，可以使水迅速通过混凝土排走，不形成积水，以有效缓解城市内涝。透水水泥混凝土是一种采用水泥净浆或加入少量细集料的砂浆薄层以包裹在粗集料颗粒的表面，作为集料颗粒之间的胶结层，形成骨架，且具有孔隙结构的多孔混凝土材料。由于集料级配特殊，形成了蜂窝状结构，或称为米花糖结构。由于缺少了大部分细骨料，透水水泥混凝土的强度较低。目前，大部分学者配制的透水混凝土的抗压强度在C20～C25之间，部分学者配制的C30级透水混凝土强度较高，但透水系数和孔隙率较低，无法真正用于工程实践。

透水水泥混凝土有以下优点：

（1）增加城市可透水、透气面积，有利于缓解城市“热岛效应”。

（2）增加地表相对湿度，发挥透水路基的“蓄水池”功能。

（3）减轻降雨季节道路排水负担。

（4）吸收噪音，防止路面积水和夜间反光。

（5）有良好的耐磨性和防滑性。

将透水性混合料直接摊铺在路基上，经压实、养护等工艺构筑而成的路面即为透水水泥混凝土路面。透水性混凝土路基应稳定、均质，以保证雨水能够顺利渗透。与传统的封闭性路基结构相比，透水性混凝土路基是开放式的。透水水泥混凝土也可作于生态树池构建。

**（三）透水沥青混凝土铺装**

透水沥青混凝土是一种压实后空隙率在20%左右的路面材料，是能够在混合料内部形成排水通道的新型沥青混凝土面层。透水沥青混凝土利用级配调整使粗细集料间的孔隙率提高，降落在道路上的雨水可从透水沥青混合料中大量的孔隙迅速排至道路两边。

透水沥青路面增加城市可透水、透气面积，加强地表与空气的热量和水分交换，调节城市气候，降低地表温度，有利于缓解城市“热岛效应”。透水沥青路面不易剥落和老化，高温天气不易产生泛油现象。透水沥青混凝土路面压实后空隙率在18%～25%，降雨渗透到排水功能层，路表水可进入路面横向排出或渗入路基内部，它具有良好的排水性能，能够迅速排出路表积水，从而消除路表水膜，提高雨天行车的安全性和舒适性，并可以大幅降低交通噪音。其粗集料高达 80%，具有良好的抗滑性能。其较大的空隙率能够吸收噪音，为低噪声沥青路面。因此，透水沥青混凝土路面具有良好的使用性能和广泛的应用前景。

透水沥青路面按结构可分为以下三种类型：

(1) 透水沥青路面Ⅰ型，路表水进入表面层后排入邻近排水设施。

(2) 透水沥青路面Ⅱ型，路表水由面层进入基层（或垫层）后排入邻近排水设施。

(3) 透水沥青路面Ⅲ型，路表水进入路面后渗入路基。

透水砖、透水水泥混凝土、透水沥青混凝土三类透水铺装的适用范围由其孔隙率、渗透率和承载力所决定，三类透水材料对比和三种类型透水铺装与道路类别的应用衔接见表 4-4。

**表 4-4　　三种主要透水铺装比较表**

| 比较项目 | 透水砖 | 透水混凝土 | 透水沥青 |
|---|---|---|---|
| 综合成本 | 较高 | 较低 | 较低 |
| 强度 | 高 | 低 | 一般 |
| 表面粗糙度 | 平整 | 粗糙 | 粗糙 |
| 整体性 | 一般 | 好 | 好 |
| 对路基稳定性要求 | 一般 | 高 | 高 |
| 对路基透水性要求 | 高 | 高 | 高 |
| 适用道路类别 | 人行道、路边停车位等 | 人行道、非机动车道、小型车辆停车场、组团级住宅路面等 | 人行道、非机动车道、机动车道等 |
| 交通条件 | 仅供行人 | 仅供行人和非机动车及小型机动车 | 可供大型车辆 |

## 二、透水砖铺装的施工工序

透水砖铺装按图 4-2 所列工序施工。

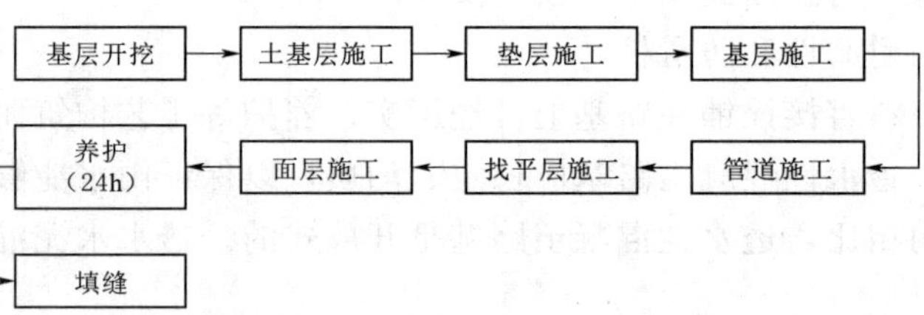


图 4-2　透水砖铺装施工工序

## 三、透水砖铺装的施工工法

### (一) 土基层施工

土基层碾压应遵循先轻后重、先稳后振、先低后高、先慢后快、轮迹重叠的原则，从边缘向中央进行，达到设计要求压实度为止（表 4-5）。不宜采用压路机碾压时应用人工或振动夯实机等夯实。

**表 4-5　　土质路基压实度**

| 填挖类型 | 深度范围/mm | 压实度/% |
|---|---|---|
| 填方 | 0～800 | 90 |
| | >800 | 87 |
| 挖方 | 0～300 | 90 |

土基必须密实、均匀、稳定，土基顶面压实度应达到 90%（重型标准），为保证土基的渗透性，不宜超过 93%。土基设计回弹模量值不宜小于 20MPa，浸水饱和后，回弹模量不小于 15MPa。在通水人行道与车行道分界位置 0.5m 范围内，压实度应按照车行道压实度要求进行控制。

**（二）垫层施工**

（1）施工前应确认土基验收合格。

（2）中粗砂、级配碎石、尾矿砂可作为垫层材料。

中粗砂或天然级配砂砾料的含泥量应不大于 5%，泥块含量应小于 2%，含水率应小于 3%。

级配碎石宜为质地坚硬、耐磨的破碎花岗岩或石灰石。集料中扁平、长条粒径含量不应超过 10%，且不应含有黏土块、植物等物质。碎石级配应符合表 4-6 中的规定。

**表 4-6　碎石级配**

| 筛孔尺寸/mm | 通过率/% |
|---|---|
| 26.50 | 100 |
| 19.00 | 85～95 |
| 13.20 | 65～80 |
| 9.50 | 55～71 |
| 4.75 | 8～16 |
| 2.36 | 0～7 |
| 0.075 | 0～3 |

（3）垫层应进行摊铺，适量洒水并压实，压实度应不小于 95%。

（4）天然粒料垫层，最大粒径宜不大于 26.5mm，不大于 0.075mm 颗粒含量不超过 3%，有效空隙率不小于 15%。

**（三）基层施工**

（1）施工前应确认垫层验收合格。

（2）透水混凝土基层或手摆石灌砂基层宜加厚或设置渗水沟，沟中填级配砾石。

（3）透水混凝土或级配砂砾基层施工时，每间距 30m 宜设置 $\varphi$1500mm 渗水井，井内填级配砾石。

（4）水泥稳定层为基层时，每间距 1.5m 宜按梅花形设置 $\varphi$75mm PVC—U 塑料透水管，管中填无砂混凝土。

（5）若在铺装广场或停车场等面积较大的基层时，每间距 20m 宜设置 $\varphi$300mm 连通孔（与地下透水层连通），孔内填级配砾石。

透水砖路面可分为Ⅰ型路面、Ⅱ型路面和Ⅲ型路面。

Ⅰ型——以小区道路（1.75t 以下汽车通行）为代表，还包括小型停车场、市政道路人行道（有停车）等。

Ⅱ型——以市政道路人行道为代表，还包括休闲广场、步行街（无公交通行）、景观广场等。

Ⅲ型——以小区步行道为代表，还包括公园休闲道、宅间小路等。

三类透水砖路面的抗压回弹模量和压实度性能指标见表 4-7。

**表 4-7　透水砖路面抗压回弹模量和压实度性能指标**

| 透水砖路面类型 | 部　位 | 抗压回弹模量 $E$/MPa | 压实度/% |
|---|---|---|---|
| Ⅰ型路面 | 水泥稳定层 | ≥1300 | 95 |
|  | 无砂混凝土 | ≥1500 | 95 |

续表

| 透水砖路面类型 | 部　位 | 抗压回弹模量 $E$/MPa | 压实度/% |
|---|---|---|---|
| Ⅱ型路面 | 水泥稳定层 | ≥1300 | 95 |
| | 无砂混凝土 | ≥1300 | 93 |
| | 级配砂砾底基层、垫层材料 | ≥180 | 93 |
| Ⅲ型路面 | 中粗砂垫层或手摆石灌砂 | — | 93 |
| | 级配砂砾基层、垫层材料 | ≥180 | 93 |

**（四）渗管施工**

渗管（渠）四周应填充砾石或其他多孔材料，砾石层外包透水土工布，土工布搭接宽度应不少于200mm。

**（五）找平层施工**

（1）施工前应确认透水基层验收合格。

（2）透水砖找平层用砂与黏结剂重量比宜为8∶1，再加入少量水拌和，搅拌时间应保证在2min以上，搅拌均匀后应达到手握成团、落地成花的状态。

（3）透水黏结找平层的摊铺厚度：人行道应为30～40mm；停车场及车行道应为40～50mm。

**（六）排水沟施工**

（1）透水砖铺装土基层土壤透水系数应不小于$1.0\times10^{-3}$mm/s，且土基顶面距离地下水位宜大于1.0m。当以上条件不满足时，宜增加排水沟。

（2）排水沟在坡面上的比降，应根据其排水去处（蓄水池或天然排水道）的位置而定，当排水出口的位置在坡脚时，排水沟大致与坡面等高线正交布设；当排水去处的位置在坡面时，排水沟可基本沿等高线或与等高线斜交布设。

（3）根据排水沟的设计断面尺寸，沿施工线进行挖沟和筑埂。筑埂填方部分应将地面清理耙毛后均匀铺土，每层厚约20cm，用杵夯实后厚约15cm，沟底或沟薄弱环节处应加固处理。

**（七）面层施工**

切割砖时，应弹线切割；遇到连续切割砖的现象，应保证切边在一条直线上，偏差应不大于2mm。

按放线高程，在方格内按线砌第一行样板砖，然后以此挂纵横线，纵线不动，横线平移，依次按线及样板砖砌筑。直线段纵线应向远处延伸，纵缝应直顺。曲线段可砌筑成扇形，空隙部分用切割砖填筑，也可按直线顺延铺筑，然后填补边缘处空隙。对基层因强度不足产生的沉陷、破碎损坏，应先加固基层，再铺砌面层砌块。

铺装时应避免与路缘石间出现空隙，如有空隙应甩在建筑物一侧，建筑物一侧及井边出现空隙可用切割砖填平。铺装时，砖应轻放、平放，落砖应贴近已铺好的砖垂直落下，不能推砖，造成积砂现象，并应观察和调整好砖面图案的方向。用木槌或胶锤轻击砖的中间1/3面积处，不应损伤砖的边角，直至透水砖顶面与标志点引拉的通线在同一标高，并使砖平铺在找平层上稳定。铺砌时应随时用水平尺检验平整度。透水砖铺装过程中，不应在新铺装的路面上拌和砂浆、堆放材料或遗撒灰土。面层铺装完成到基层达到规定强度前，应设置围挡，维持铺装完成面的平整。铺砌后的砖面应平整一致，同时坡向要根据施工现场利于排水而调整，施工的一般允许偏差要求见表 4-8。

表 4-8　　透水砖路面施工项目一般允许偏差值

| 序号 | 项　目 | 频　率 | 允许偏差 | 检　查　方　法 |
|---|---|---|---|---|
| 1 | 表面平整度 | 每 20m，1 处 | ≤5mm | 3m 靠尺和楔形塞尺 |
| 2 | 宽度 | 每 40m，1 处 | 不小于设计规定 | 钢尺量 |
| 3 | 相邻块高差 | 每 20m，1 处 | ≤2mm | 钢尺和楔形塞尺 |
| 4 | 横坡 | 每 20m，1 处 | ±0.3% | 水准仪测量 |
| 5 | 纵缝直顺度 | 每 40m，1 处 | ≤10mm | 拉 5m 线和用钢尺 |
| 6 | 横缝直顺度 | 每 20m，1 处 | ≤10mm | 拉 5m 线和用钢尺 |
| 7 | 缝宽 | 每 20m，1 处 | ≤2mm | 钢尺 |
| 8 | 井框与路面高差 | 每座 4 处 | ≤5mm | 钢尺和楔形塞尺 |

表格来源：《河北省海绵城市设施施工及工程质量验收规范》。

面层砌块发生错台、凸出、沉陷时，应将其取出，整理基层和找平层，重新铺装面层，填缝。更换的砌块色彩、强度、块型、尺寸均应与原面层砌块一致，砌块的修补部位宜大于损坏部位一整砖。

**（八）填缝施工**

透水砖面层铺砌完成并养护 24h 后，用填缝砂填缝（当缝隙小于 2mm 时不进行填缝），分多次进行，直至缝隙饱满，同时将遗留在砖表面的余砂清理干净。

**（九）路缘石施工**

（1）路缘石基础宜与相应的基层同步施工。

（2）安装路缘石的控制桩，直线段桩距宜为 10～15m；曲线段桩距宜为 5～10m；路口处桩距宜为 1～5m。

（3）采用 1∶2（体积比）水泥砂浆勾平缝。

（4）砌筑应稳固，直线段顺直，曲线段圆顺，砂浆饱满，缝隙均匀，勾缝密实，外露面清洁，线条顺畅，平缘石不阻水。

（5）路缘石采用 1∶2 水泥砂浆灌缝。灌缝后，常温期养护不应少于 3d。立缘石、平石及平缘石安砌允许偏差见表 4-9。

表 4-9　　路缘石施工及检验技术要求

| 项　目 | 允许偏差/mm | 检验频率 | | 检　验　方　法 |
|---|---|---|---|---|
| | | 范　围 | 点　数 | |
| 顶面高程 | ≤10 | 100m | 1 | 用水准仪测量 |
| 直顺度 | ≤3 | 20m | 1 | 拉 20m 线量 3 点，取最大值 |
| 相邻块高差 | ±3 | 20m | 1 | 用塞尺量取最大值 |
| 缝宽 | ±10 | 20m | 1 | 用钢尺量 3 点，取最大值 |

表格来源：《河北省海绵城市设施施工及工程质量验收规范》。

透水砖铺装完成后采用扫缝施工，应采用干中砂，并保证7天之内不受扰动。

## 四、透水混凝土铺装的施工工序

透水混凝土铺装应按图4-3所列工序施工。

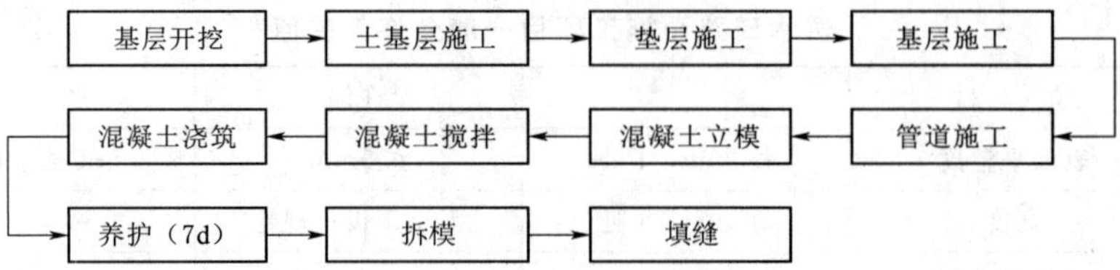


图4-3 透水混凝土铺装施工工序

## 五、透水混凝土铺装的施工工法

### （一）基层施工

透水混凝土路面基层施工工法同透水砖铺装。

### （二）透水混凝土立模

混凝土立模的平面位置和高程应符合设计要求，支立稳固准确，接头紧密而无离缝、无前后错位和高低不平等现象。模板接头处及模板与基层相接处均不能漏浆。模板内侧清洁并涂隔离剂，支模时用18mm螺纹钢筋打入基层进行固定。

应根据模板材料选择支设方法，钢筋支护的间距不宜大于500mm，嵌入基层深度不宜大于200mm，使用木模板时，模板背后宜加背楞，不得在基层上挖槽嵌入模板。

透水混凝土模板支设的允许偏差与检验方法见表4-10。

**表4-10 透水混凝土模板支设的允许偏差与检验方法**

| 序号 | 检查项目 | 允许偏差/mm | 检验频率 | | 检验方法 |
|---|---|---|---|---|---|
| | | | 范围 | 点数 | |
| 1 | 中线偏位 | 15 | 100m | 2 | 用经纬仪、钢尺量 |
| 2 | 宽度 | ≤15 | 20m | 1 | 用钢尺量 |
| 3 | 顶面高度 | ±10 | 20m | 1 | 用水准仪测量 |
| 4 | 相邻模板高度差 | ≤3 | 每个接点 | 1 | 用塞尺测量 |
| 5 | 模板接缝宽度 | ≤3 | 每缝 | 1 | 用钢尺量 |
| 6 | 侧面垂直度 | ≤4 | 20m | 1 | 用水平尺、卡尺量 |
| 7 | 顶面平整度 | ≤2 | 每两缝间 | 1 | 用直尺、塞尺量 |
| 8 | 纵向顺直度 | ≤5 | 50m | 1 | 用20m小线、钢尺量取最大值 |

表格来源：《河北省海绵城市设施施工及工程质量验收规范》。

### （三）透水混凝土搅拌

透水混凝土拌和前需将石子及黄沙洗刷干净并风干，必须采用机械搅拌，如双卧轴强制式混凝土搅拌机。搅拌机的容量应根据工程量大小、施工进度、施工顺序和运输工具等参数选择。搅拌地点距作业面运输时间不宜超过0.5h。常用拌和方法有以下三种。

(1) 一次投料拌和。具体步骤为：先将按配合比称量好的水泥、掺合料、骨料加入搅拌机中，搅拌 25s 使其均匀混合，然后加入总用水量的 50%再搅拌 35s，使拌合物达到均匀湿润状态，最后将剩余的水和减水剂混合在一起边搅拌边加入，最后阶段搅拌 120s 左右，具体流程如图 4-4 所示。

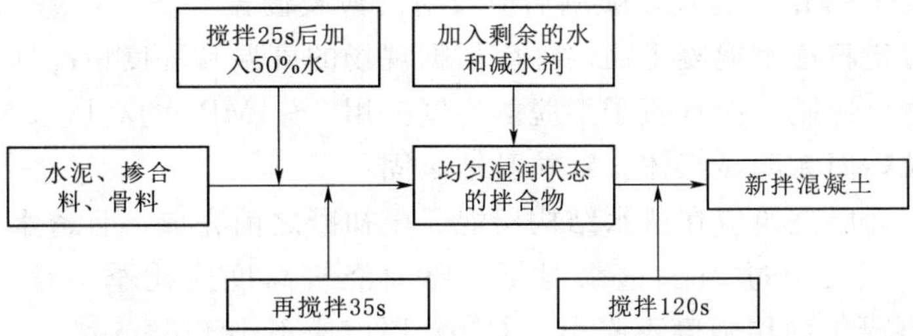


图 4-4 一次投料拌和

(2) 预拌水泥净浆。具体步骤为：先将按配合比称量好的水泥和掺合料加入搅拌机中，一边搅拌一边加入拌和水和减水剂，搅拌 60s 使其均匀，然后加入骨料搅拌 120s，具体流程如图 4-5 所示。

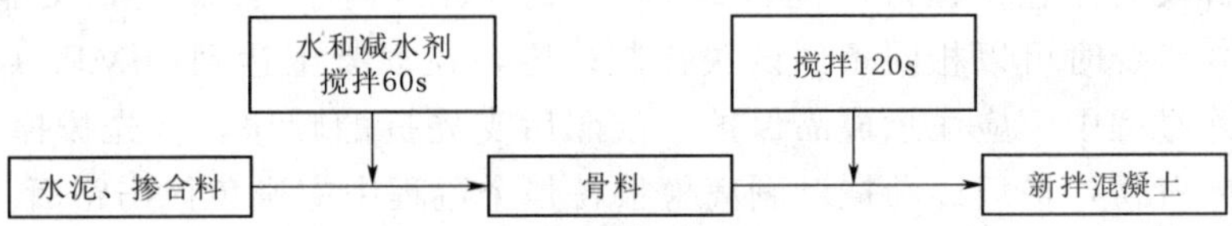


图 4-5 预拌水泥净浆

(3) 水泥裹石。具体步骤为：先将按配合比称量好的骨料和 20%的水加入搅拌机中，搅拌 30s 使骨料表面达到均匀湿润状态，然后将水泥掺合料加入其中，形成水泥浆壳对骨料表面的包裹，最后将剩余的水和减水剂混合在一起，一边搅拌一边加入，最后阶段搅拌 150s 左右，具体流程如图 4-6 所示。

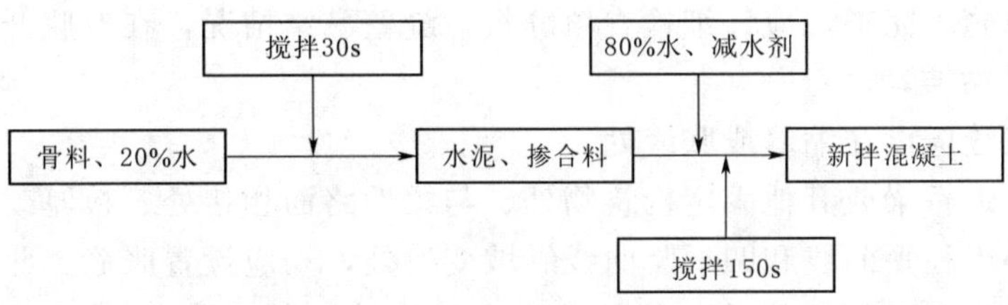


图 4-6 水泥裹石

**(四) 透水混凝土面层浇筑**

透水面层浇筑应在透水结构层混凝土初凝之前完成，且透水面层和透水结构层摊铺间隔时间不宜超过 2h。

混凝土运到现场应立即摊铺，摊铺厚度可根据事先实验的松铺高度系数确定，松铺系数宜控制在 1.05～1.12。摊铺后用刮杠刮平，对摊铺不均匀的部位进行补料。

透水面层的振动整平遍数以 3 次为宜，振动整平时要均匀行驶，对缺料部位及时补料，直至将混凝土压至模板上表面齐平为止，并应随时检查模板，如有下沉、变形或松动，应及时纠正。

混凝土整平后，应对表面缺料、麻面较多的部位和路面边缘进行修整。

(1) 对于露集料透水混凝土面层，在表面修整后应立即在混凝土表面层喷刷冲洗剂，喷刷厚度以1～2mm为宜，喷刷后应及时用薄膜覆盖。

(2) 对于露集料透水混凝土面层，应根据现场的气温和湿度情况确定冲刷时间，以面层表面水泥浆可冲刷干净且石子不脱落为度。用2～4MPa的高压水对表面进行冲洗，露集料面层颗粒表面无明显浆体，颗粒黏结牢固。

透水混凝土面层浇筑应在透水结构层混凝土初凝之前完成，且透水面层和透水结构层摊铺间隔时间不宜超过2h。透水混凝土路面浇筑高度应比季节性地下水至少高出900mm。透水混凝土面层强度不应小于C20，厚度应不小于60mm。

铺筑完的路面应立即用塑料布覆盖保湿，每天洒水养护至一周龄期。

**(五) 渗透管施工**

渗透管在行车路面下时，覆土深度应不小于700mm。

**(六) 透水混凝土模板拆除**

混凝土拆模要注意掌握好时间(24h)，一般以既不损坏混凝土，又能兼顾模板周转使用为准，必要时可以相同条件试块控制确定，在混凝土达到10MPa后拆除。混凝土模板在拆除过程中，应注意成品保护，依照后支先拆的顺序，首先拔掉竖向锚固筋，然后去掉横向背楞，最后逐渐撬动剥离模板，整个过程中应避免损伤路面。

**(七) 填缝**

(1) 采用灌入式填缝的方式，应符合以下规定：

1) 灌注填缝料必须在缝槽干燥状态下进行，填缝料应与混凝土缝壁黏附紧密不渗水。

2) 填缝料的灌注深度宜为3～4cm。当缝槽大于3～4cm时，可填入多孔柔性衬底材料。填缝料的灌注高度，夏天宜与板面平，冬天宜稍低于板面。

3) 热灌填缝料加热时，应不断搅拌均匀，直到规定温度。当气温较低时，应用喷灯加热缝壁。施工完毕，应仔细检查填缝料与缝壁黏结情况，在有脱开处，应用喷灯小火烘烤，使其黏结紧密。

(2) 施工缝应设在缩缝或胀缝处。

(3) 在临近桥梁或其他固定构筑物处、与柔性路面相接处、板厚改变处、交叉口路缘切点处、小半径平曲线和凹形竖曲线纵坡变换处，均应设置胀缝。此外尽量不设或少设胀缝。夏季施工可不设胀缝，其他季节宜设胀缝，其间距为1.50m。无法设传力杆时，可采用边缘钢筋。

(4) 在临近胀缝或路面自由端部的3条缩缝内，均宜加设传力杆。

(5) 拉杆应采用螺纹钢筋，设在板厚中央，并对拉杆中部10cm范围内进行防锈处理。

(6) 传力杆应采用光面钢筋，其长度的一半加5cm应涂以沥青或加塑料套，胀缝的传力杆上应在涂沥青的一端加一套子。套子宜在相邻板中交替布置。

(7) 接缝板选用泡沫橡胶板，应满足如下要求：压缩应力0.2～0.6Pa，复原率大于90%，挤出量小于5mm，弯曲荷载0～50N。填缝料选用氯丁橡胶类，应满足如下要求：

灌入稠度小于 20s，失黏时间 6～24h，复原率大于 75%，流度 0，拉伸量大于 15mm。

(8) 混凝土板纵横向自由边边缘加设补强钢筋。

(9) 混凝土路面横纵缝及胀缝位置保持和原有路面一致。

(10) 局部板块破除修补施工时，宜用液压镐凿除破碎混凝土板，并注意对相邻板块的影响，尽可能地保留原有拉杆或传力杆，原混凝土板块未设拉杆传力杆或者拉杆传力杆断的，需要植筋安设或采用原规格拉杆、传力杆焊接。

## 六、透水沥青铺装的施工工序

透水沥青铺装按图 4-7 所列工序施工。

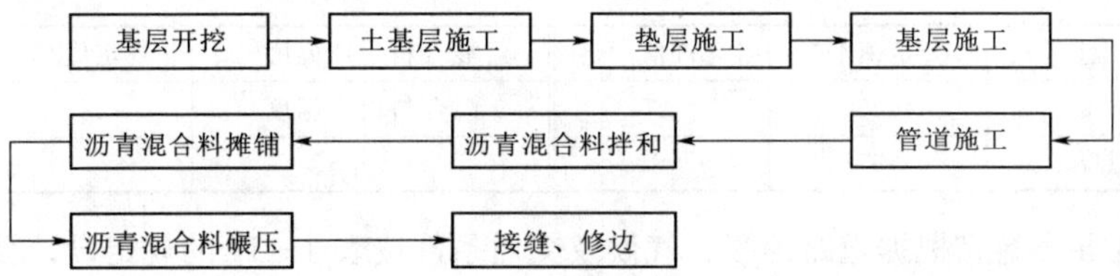


图 4-7 透水沥青铺装施工工序

## 七、透水沥青铺装的施工工法

### (一) 一般规定

(1) 透水沥青路面开工前，宜铺筑单幅长度为 100～200m 的试验路段，进行混凝土的试拌、试铺和试压，确定合适的施工工艺。

(2) 当遇到雨天或气温低于 10℃时，不得进行透水沥青路面的施工。

### (二) 下封层施工

按验收规范对基层严格验收，如果有不合要求的地段，需按要求进行处理，认真对基层进行清扫，并用森林灭火器吹干净。

采用汽车式洒布机进行下封层施工。

### (三) 透水沥青混合料拌和

透水沥青混合料中，粗集料宜采用轧制碎石，技术要求应符合表 4-11 中的规定。

**表 4-11　透水沥青混合料中粗集料性能指标**

| 试验项目 | 层次位置 | |
|---|---|---|
| | 表面层 | 其他层次 |
| 石料压碎值/% | ≤26 | ≤28 |
| 洛杉矶磨耗损失/% | ≤28 | ≤30 |
| 表观相对密度 | ≥2.6 | ≥2.5 |
| 吸水率/% | ≤2 | ≤2 |
| 坚固性/% | ≤8 | ≤10 |
| 针片状颗粒含量/% | ≤10 | ≤15 |
| 水洗法小于 0.075mm 颗粒含量/% | ≤1 | ≤1 |
| 软石含量/% | ≤3 | ≤5 |

透水沥青路面表面层粗集料磨光值及与沥青的黏附性应符合表 4-12 中的规定。

表 4-12 粗集料磨光值及与沥青的黏附性

| 雨量气候区 | | 1（湿区） | 2（湿润区） | 3（半干区） | 4（干旱区） |
|---|---|---|---|---|---|
| 年降水量/mm | | >1000 | 1000～500 | 500～250 | <250 |
| 磨光值 *PSV* | | ≥42 | ≥40 | ≥38 | ≥36 |
| 粗集料与沥青的黏附性 | 表面层 | ≥5 | ≥5 | ≥5 | ≥4 |
| | 其他层次 | ≥5 | ≥5 | ≥4 | ≥4 |

透水沥青混合料生产温度控制应符合表 4-13 中的规定。

表 4-13 透水沥青混合料生产温度控制

| 混合料生产温度 | 规定值/℃ | 允许值/℃ | 混合料生产温度 | 规定值/℃ | 允许值/℃ |
|---|---|---|---|---|---|
| 沥青加热温度 | 165 | ±5 | 混合料出厂温度 | 180 | ±5 |
| 集料加热温度 | 195 | ±5 | | | |

透水沥青混合料宜根据道路等级、气候及交通条件按表 4-14 的规定设计级配范围。

表 4-14 级配碎石的级配范围

| 筛孔尺寸/mm | 31.5 | 26.5 | 19.0 | 9.5 | 4.75 | 2.36 | 0.6 | 0.075 |
|---|---|---|---|---|---|---|---|---|
| 通过率/% | 100 | 80～95 | 65～85 | 30～60 | 20～40 | 10～22 | 3～12 | 1～6 |

透水沥青中大粒径混合料技术要求见表 4-15。

表 4-15 大粒径透水性沥青混合料技术要求

| 技术指标 | 技术要求 | 技术指标 | 技术要求 |
|---|---|---|---|
| 击实次数（双面）/次 | 4.62 | 飞散损失/% | <20 |
| 空隙率/% | 13～18 | 参考沥青用量/% | 3～3.5 |
| 析漏损失/% | <0.2 | 动稳定度　次/mm | ≥2600 |

注　用于动稳定度指标测试的车辙试件厚度为 8cm。

透水沥青混合料运输过程中，应采取保温措施。运送到摊铺现场的混合料温度应不低于 175℃。

沥青混合料由间隙式拌和机拌制，骨料加热温度控制在 175～190℃，后经热料提升斗运至振动筛，经 33.5mm、19mm、13.2mm、5mm 四种不同规格筛网筛分后储存到五个热矿仓中。沥青采用导热油加热至 160～170℃，五种热料及矿粉和沥青用料经生产配合比设计确定，最后吹入矿粉进行拌和，直至沥青混合料均匀一致，所有矿料颗粒全部裹覆沥青，混合料无花料、无结团或块或严重粗料细料离析现象为止。沥青混凝土的拌和时间由试拌确定，出厂的沥青混合料温度严格控制在 155～170℃范围内。

**（四）透水沥青混合料摊铺**

施工前，应提前 0.5～1.0h 预热摊铺机熨平板，使其温度不低于 100℃。铺筑过程中，熨平板的振捣或开锤压实装置应具有适宜的振动频率和振幅。

摊铺机应缓慢、均匀、连续不间断地摊铺，不得随意变换速度或中途停顿。摊铺速度宜控制在 1.5～3.0m/min。透水沥青混合料的摊铺温度应不低于 170℃。应采用沥青摊铺机摊铺。摊铺机受料前，应在料斗内涂刷防黏剂，并在施工中经常将两侧板收拢。

铺筑透水沥青混合料时，一台摊铺机的铺筑宽度不宜超过 6.0（双车道）～7.5m（3 车道以上），宜采用两台或多台摊铺机前后错开 10～20m，呈梯队方式同步摊铺。

透水沥青混合料的松铺系数应通过试验段确定。摊铺过程中应随时检查摊铺层厚度及路拱、横坡。

### （五）透水沥青混合料碾压

选择合理的压路机组合方式及碾压步骤，以达到最佳结果，沥青混合料压实采用钢筒式静态压路机与轮胎压路机组合的方式。

沥青混合料的压实按初压、复压和终压（包括成型）三个阶段进行。压实过程中，初压温度不应低于 160℃。复压应紧接初压进行，复压温度不应低于 130℃。终压温度不宜低于 90℃。

压实后的沥青混合料应符合压实度及平整度的要求，具体要求见表 4－16。

表 4－16　透水沥青混合料面层允许偏差

| 项目 | | 允许偏差 | 检验频率 | | | | 检验方法 |
|---|---|---|---|---|---|---|---|
| | | | 范围 | 点数 | | | |
| 纵断高程/mm | | ±15 | 20m | 1 | | | 用水准仪测量 |
| 中线偏差/mm | | ≤20 | 100m | 1 | | | 用经纬仪测量 |
| 平整度/mm | 标准差 | ≤1.5 | 100m | 路宽/m | <5 | 1 | 用测平仪检测 |
| | | | | | 5～15 | 2 | |
| | | | | | >15 | 3 | |
| | 最大间隙 | ≤5 | 20m | 路宽/m | <5 | 1 | 用 3m 直尺和塞尺连续量取两尺，取最大值 |
| | | | | | 5～15 | 2 | |
| | | | | | >15 | 3 | |
| 宽度/mm | | 不小于设计值 | 40m | 1 | | | 用钢尺量 |
| 横坡 | | ±0.3%且不反坡 | 20m | 路宽/m | <5 | 2 | 用水准仪测量 |
| | | | | | 5～15 | 4 | |
| | | | | | >15 | 6 | |
| 井框与路面高差/mm | | ≤5 | 每座 | 1 | | | 十字法，用直尺、塞尺量取最大值 |
| 抗滑 | 摩擦系数 | 符合设计要求 | 20m | 1 | | | 摆式仪 |
| | | | | 全线连续 | | | 横向力系数车 |
| | 构造深度 | 符合设计要求 | 20m | 1 | | | 砂铺法 |
| | | | | | | | 激光构造深度仪 |

注　1. 测平仪为全线每车道连续检测每 100m 计算标准差，无测平仪时可采用 3m 直尺检测。表中检验频率点数为测线数。
2. 平整度、抗滑性能也可采用自动检测设备进行检测。
3. 底基层表面、下面层应按设计规定用量洒泼透层油、黏层油。
4. 中面层、下面层仅进行中线偏位、平整度、宽度、横坡的检测。
5. 十字法检查井框与路面高差，每口检查井均应检查。十字法检查中，以平行于道路中线，过检查井盖中心的直线做基线，另一条线与基线垂直，构成检查用十字线。

表格来源：《河北省海绵城市设施施工及工程质量验收规范》。

**(六) 沥青面层接缝施工**

(1) 清理缝面和台阶：接缝面不允许有松动抛撒的集料，无灰尘、不污染，台阶面上不应留下夹层和杂物。

(2) 喷洒黏层油：要求喷洒均匀，接缝面不露白、不流淌。

(3) 接缝面热处理：通过提前烘烤接触面使老路接缝面温度升高到100～110℃。摊铺机铺筑的热料和加热的缝面接触能有效地提高接缝的黏合力。

(4) 接缝面处补料、剔除大集料，确保接缝面沥青混合料都能均匀填满。

(5) 接缝压实：压路机距接缝面20～30cm，先将热料稳压以防止接缝处集料推移，再贴紧接缝，振压接缝处沥青混合料，使接缝处新老沥青混合料互相嵌挤形成整体。

(6) 接缝平整度：3m直尺最大间隙 $h \leqslant 5mm$；压实度：满足设计要求；表面没有离析线，不出现油迹。

(7) 做完的摊铺层外露边缘应准确到要求的线位，修边切下的材料及任何其他废弃沥青混合料应从路上清除。

(8) 透水沥青路面与不透水沥青路面衔接处，应做好封水、防水处理。

## 【同 步 测 试】

1. 透水砖与普通砖相比有哪些特点?
2. 常见透水砖有哪些类型?
3. 透水砖、透水沥青、透水混凝土三者相比，应用前景最好的是哪种?
4. 透水砖路面施工前应做哪些准备工作?
5. 透水混凝土常用的搅拌方法有哪些?

## 【课 下 活 动】

分组讨论并形成报告（二选一）：

1. 调查周边的透水铺装工程施工情况，分析其当前工序的施工工法。
2. 根据工程资料，分析施工工法。

# 单元三 低影响开发储存设施施工技术

**【学习目标】**

知识目标：1. 掌握蓄水池基础知识。
2. 了解钢筋混凝土蓄水池、硅砂蓄水池、PP模块蓄水池的施工工序。
3. 了解钢筋混凝土蓄水池、硅砂蓄水池、PP模块蓄水池各工序的施工工法。

能力目标：1. 会根据工程资料确定合理的施工工序。
2. 会根据工程资料确定各工序的施工工法。

低影响开发储存设施是指低影响开发“蓄、滞、渗、净、用、排”中主要以“滞、用”为主的设施，包括蓄水池、雨水罐、雨水收集系统、湿塘等。低影响开发储存设施的重点是，雨季储存雨水，非雨季时回用或缓慢排放，实现非常规水资源的合理利用，一方面可以减少雨水排放量，另一方面可以解决水资源短缺问题。对于需要回用的低影响开发储存设施，施工关键点是对初期雨水进行弃流，或者在设施前端加上净化设施，以及施工时注意保持水质，以满足回用要求；同时应考虑储存设施的荷载安全问题，避免设施下沉。本单元以蓄水池为例，对设施施工的相关基础知识、施工工序、施工工法等进行详细阐述。

## 一、蓄水池的基础知识

蓄水池是用人工材料修建、具有防渗作用的蓄水设施。蓄水池的附属设施包括沉沙池、进水管、溢水管、出水管等。

### （一）蓄水池按材料分类

根据材料，蓄水池分为钢筋混凝土蓄水池、硅砂蓄水池、模块蓄水池、玻璃钢蓄水池等。

（1）钢筋混凝土蓄水池包括现场浇筑蓄水池和成品不锈钢蓄水池。

（2）硅砂蓄水池由钢筋混凝土底板、水池骨架、防水土工膜围护结构及钢筋混凝土顶盖构成，底板上局部布有透气防渗方格，方格内应置透气防渗砂，水池骨架宜由硅砂雨水井室组成，并坐落在水池底板上，四周应采用防水土工膜包围，顶部应采用钢筋混凝土顶板封盖。

（3）模块蓄水池一般指PP模块蓄水池，是以聚丙烯塑料单元模块组合，形成一个地下储水池，在水池周围根据工程需要包裹防渗土工布或单向渗透土工布。

（4）玻璃钢蓄水池是采用机械缠绕工艺，经国家化学建筑材料测试中心检测的蓄水池。

钢筋混凝土蓄水池、硅砂蓄水池、PP模块蓄水池、玻璃钢蓄水池的性能对比情况见表4-17。

**表4-17　各类蓄水池性能比较一览表**

| 性　能 | 钢筋混凝土蓄水池 | PP模块蓄水池 | 硅砂蓄水池 | 玻璃钢蓄水池 |
|---|---|---|---|---|
| 作用 | 储存雨水 | 储存雨水，渗透雨水 | 储存雨水 | 储存雨水 |
| 覆土高度 | 可达3m以上 | 6～14cm | 可达3m以上 | 可达3m以上 |
| 蓄水地 | 接近100%蓄水空间 | PP模块本身占空间，约有20%空间无法蓄水 | 接近100%蓄水空间 | 接近100%蓄水空间 |
| 是否包土工布 | 不需要土工布 | 需要土工布，PE防渗膜焊接 | 不需要土工布 | 不需要土工布 |
| 密封性 | 2年做一次防渗漏处理 | 有可能渗漏 | 2年做一次防渗漏处理 | 不渗漏 |
| 耐腐蚀性 | 耐腐蚀 | 耐腐蚀 | 耐腐蚀 | 耐腐蚀 |
| 成型 | 现场浇筑或预制 | 现场组装拼接 | 现场砌块 | 工厂一次整体成型 |
| 池体容积 | 及时清理不受影响 | 垃圾清理不彻底会影响容积 | 及时清理不受影响 | 及时清理不受影响 |

续表

| 性　能 | 钢筋混凝土蓄水池 | PP模块蓄水池 | 硅砂蓄水池 | 玻璃钢蓄水池 |
|---|---|---|---|---|
| 后期清理检修 | 可进入内部清理检修 | 无法进入内部清理检修 | 可进入内部清理检修 | 可进入内部清理检修 |
| 劳动力 | 最多 | 较多 | 较多 | 最少 |
| 施工速度 | 现场浇筑较慢 | 现场组装，比土建（钢筋混凝土蓄水池、硅砂蓄水池）快 | 现场砌块较慢 | 无须组装，直接出厂，最快 |
| 长青苔可能性 | 可能会 | 不会 | 可能会 | 不会 |
| 可否移动再利用 | 不可回收，垃圾处理 | 废品回收 | 不可回收，垃圾处理 | 可移位继续利用 |
| 施工安全性 | 存在隐患，须有防护措施 | 存在隐患，须有防护措施 | 存在隐患，须有防护措施 | 施工无须人力下基坑，即使塌方也无关系 |
| 承压承重 | $\geqslant 15t/m^2$ | 约 $8t/m^2$ | $>15t/m^2$ | $>30t/m^2$ |
| 产品使用年限 | 70年以上 | 50年以上 | 70年以上 | 70年以上 |
| 建造成本 | 高 | 低 | 高 | 低 |

**（二）蓄水池按建造位置分类**

根据建造位置不同，蓄水池分为地面蓄水池和屋面蓄水池。地面蓄水池和屋面蓄水池的施工工序差别较大，屋面蓄水池通常同屋顶绿化联合设计施工，重点是做好屋顶防水。地面蓄水池又可以分为地下开敞式蓄水池、地下封闭式蓄水池和地上封闭式蓄水池。

1. 地下开敞式蓄水池

开敞式圆形蓄水池池体由池底和池墙两部分组成。它多是季节性蓄水池，不具备防冻、防蒸发功效。圆形池结构受力条件好，在相同蓄水量条件下所用建筑材料较省，投资较少。开敞式圆形浆砌石水池地基承载力按 $10t/m^2$ 设计；池底板为C15混凝土，厚度10cm；池壁为M7.5浆砌石；其厚度根据荷载条件按标准设计或有关规范确定。

开敞式矩形蓄水池的池体组成、附属设施、墙体结构与圆形蓄水池基本相同，不同的只是根据地形条件将圆形变为矩形罢了。但矩形蓄水池的结构受力条件不如圆形池好，拐角处是薄弱环节，需采取防范加固措施。当蓄水量在 $60m^3$ 以内时，其形状近似正方形布设，当蓄水池长宽比超过3时，需在中间布设隔墙，以防侧压力过大使边墙失去稳定性，这样将一池分二，在隔墙上部留水口，可有效地沉淀泥沙。

开敞式蓄水池也属于一种地表水体，调蓄容积较大，费用较低。开敞式蓄水池应结合景观设计、周边整体规划及现场条件，进行综合设计，充分利用自然条件，如天然低洼地、池塘、河湖等，多用于开阔区域。开敞式蓄水池无法实现防冻和减少蒸发的功能，而且占地面积较大，一般由钢筋混凝土组成，容易渗漏。一旦渗漏，修复造价较高，因此在施工时要注意采取有效的防渗漏措施。

2. 地下封闭式蓄水池

封闭式圆形蓄水池池体大部分设在地面以下，它增加了防冻保温功效，保温防冻层厚度设计要根据当地气候情况和最大冻土层深度确定，保证池水不发生结冰和冻胀破坏。封闭式蓄水池结构较复杂，投资较大，其池顶多采用薄壳型混凝土拱板或肋拱，以减轻荷载和节省投资。封闭式圆柱形混凝土蓄水池深径比取值范围为1.2～1.8；其蓄水池底部为反拱，池底铺三七灰土，厚30cm；其上再浇筑混凝土，厚10cm；池壁为现浇混凝土，厚10cm；混凝土表面抹一层水泥砂浆加强防渗；盖板为铁丝网预制混凝土；池颈为砌砖水泥砂浆抹面。

封闭式矩形蓄水池适应性强，可根据地形、蓄水量要求，采用不同的规格尺寸和结构形式，蓄水量变化幅度大。封闭式矩形蓄水池池底为M7.5水泥砂浆砌石，厚40cm；其上浇筑C20混凝土，厚15cm；池壁为混凝土，厚15cm；顶盖采用混凝土空心板，上铺炉渣保温层，厚1.0m；覆土层厚度30cm；设爬梯及有关附属设施。

3. 地上封闭式蓄水池

地上封闭式蓄水池雨水管渠易于接入，管理方便，但需占地面空间。

## 二、蓄水池的施工工序

地下封闭式蓄水池比屋面蓄水池施工工艺复杂，地下蓄水池又分为地下开敞式蓄水池和地下封闭式蓄水池。地下封闭式蓄水池按图4-8所列工序施工。

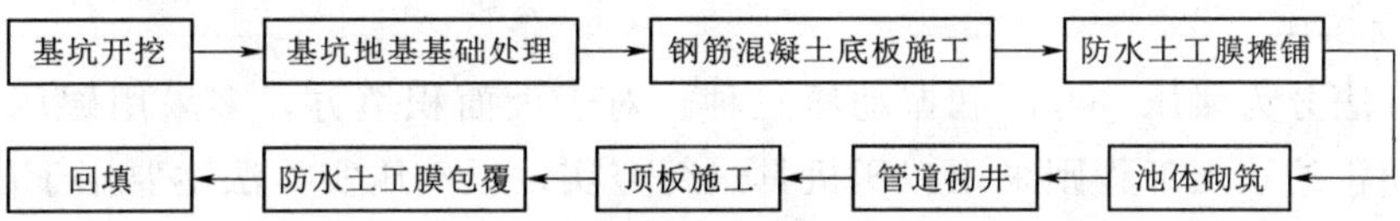


图4-8　地下封闭式蓄水池施工工序

地下开敞式蓄水池不同于地下封闭式蓄水池的工序有：无须顶板施工及土工布包覆顶板和回填顶层土，具体见图4-9所列工序施工。

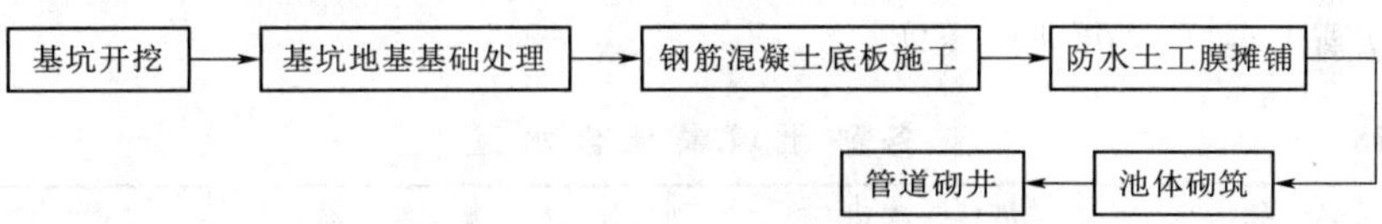


图4-9　地下开敞式蓄水池施工工序

屋面蓄水池施工前准备工序及工法同屋顶绿化。

## 三、钢筋混凝土蓄水池的施工工法

### （一）地基工程施工

施工前应首先了解地质资料和土壤的承载力，并在现场进行坑探试验。如地基承载力不够时，应根据设计提出对地基的要求采取加固措施，如扩大基础、换基夯实等措施。

检查基层是否平整、坚实，如有异物，应事先处理妥善。

1. 底土处理

（1）凡是土质基础，一般都要经过换基土、夯实碾压后才能进行建筑物施工。

（2）首先在池旁设高程基准点，根据设计尺寸开挖池底土体，并碾压夯实底部原状土。回填土可按设计施工要求采用3∶7灰土、1∶10水泥土或原状土，采用分层填土碾压、夯实。

（3）原土翻夯应分层夯实，每层铺松土应不大于 20cm。夯实深度和密实度应达到设计要求。

（4）夯实后表面应整平。

基底因排水不良被扰动时，应将扰动部分全部清除，可回填卵石、碎石或级配砾石；基底超挖时，应采用原土回填压实，其压实度不应低于原地基的天然密实度；基底含水量较大时，可回填卵石、碎石、级配砂石；岩石基底局部超挖量超过允许偏差时，将基底碎渣全部清除，回填低强度混凝土或碎石。

土方开挖应保证水池基础周边离基坑壁至少 0.5m 的距离，基坑需放坡，基坑内不得有过多的大石块或尖锐物质。为防止地基沉降，水池底部基础需铺设钢筋混凝土，先将原土夯实，然后铺设 100mm 厚的 C15 素混凝土，最后铺设 200mm 厚的 C25 钢筋混凝土底板，钢筋直径 $\Phi 12$，间距 250mm，双层双向搭筋，基础点要求：①基础顶部标高误差值控制在±1%；②基础平面必须平整光滑。

土方必须垂直向下挖土的，则在松软土情况下挖深不超过 0.7m，中密度土质的挖深不超过 1.25m，硬土情况下不超过 2m。超过以上数值的须加设支撑，或保留符合规定的边坡。

2. 土方压实

压实方法分为碾压、夯压和振动压三种。对于大面积填方，多采用碾压方法压实；对于较小面积的填土工程则采用夯压机具进行夯实；振动压实方法主要用于压实非黏性填料，如石渣、碎石类土、杂填土或亚黏土等。

填土的含水量对压实质量有直接影响。每种土壤都有其最佳含水量，见表 4-18。土在这种含水量条件下压实后，可以得到最大容重效果。为了确保填土在压实过程中处于最佳含水量，当土过湿时，应予翻松晾干，也可掺不同类土或吸水性填料；当填土过干时，则应洒水湿润后再进行压实。

**表 4-18 各种土壤最佳含水量**

| 土壤名称 | 最佳含水量/% | 土壤名称 | 最佳含水量/% |
|---|---|---|---|
| 粗砂 | 8～10 | 砂黏土和黏土 | 20～30 |
| 砂质黏土 | 6～22 | 重砂土 | 30～35 |
| 细砂和黏质砂土 | 10～15 | | |

压实必须分层进行，应采用“薄填、慢驶、多次”的方法，每层的厚度要根据压实机械、土的性质和含水量来决定，压路机压实不应超过 25～30cm，羊足碾压实时不宜大于 50cm；不要一次性填到设计土面高度后才进行碾压打夯，否则会导致填方地面上紧下松、沉降和塌陷等情况。用铲运机及运土工具进行压实，铲运机及运土工具的移动须均匀分布于填筑层的全面，逐次卸土碾压。

压实要注意均匀，要使填方区各处土壤密度一致，避免以后出现不均匀沉降。

松土不宜用重型碾压机械直接滚压，否则土层会有强烈起伏现象，效率不高，应先用轻碾压实，再用重碾压实，这样效果较好。碾压机械压实填方时，应控制行驶速度，一般平碾、振动碾不应超过 2km/h，羊足碾不应超过 3km/h，并要控制压实遍数。碾压机械与管道或基础应保持一定的距离，防止将管道或基础压坏或使其移位。

压实应自边缘开始逐渐向中间收拢，否则边缘土方易外挤引起坍落。为防止漏压，压路机碾轮每次重叠宽度约15～25cm，羊足碾碾压每次重叠宽度约15～20cm。运行中，碾轮边距填方边缘应大于500mm，以免发生溜坡倾倒。边坡、边角、边缘压实不到的地方，应辅以人力夯或小型夯实机具夯实。人工打夯前应将填土初步整平，打夯要按一定方向进行，一夯压半夯，夯夯相接，行行相连，两遍纵横交叉，分层打夯。用蛙式打夯机等小型机具夯实时，一般填土厚度不宜大于25cm，打夯之前应将填土初步整平，打夯机依次夯打，分布均匀，不留间隙。

平碾每碾压完一层后，应用推土机或人工将表面拉毛。土层表面太干时，应洒水湿润后，继续回填，以确保上、下层接合良好。回填土每层都必须测定夯实后的干密度，待符合要求后方可进行上一层的填土。

压实密实度，除另有规定外，应压至轮子下沉量不超过1cm为宜。

地基平整后，进行两布一膜的铺设。防渗膜为HDPE材质，其厚度不得小于1.0mm；防渗膜必须在池底平铺焊接，不得随意拉扯；膜片之间保持至少10cm长的搭接，防渗膜的焊接缝应尽量留在水池上部；穿膜管道尽量布置在水池上方，尽量减少穿膜的管道数量；管道和膜之间要用焊枪加固。土工布为纤维丝针织品，每平方米重量不得低于300g；可采用手提式缝纫机缝纫连接；土工布采用双层，内层隔离防渗膜和PP模块水池，外层隔离防渗膜和细砂层及土层。在模块的转角处要采用多层土工布叠加，防止防渗膜被刺破、划伤。

3. 基坑降、排水

开挖基坑周围应设挡水堤或排水沟，防止地面水流入基坑内，挖土放坡时，坡脚和坡顶至排水沟应保持一定的距离，一般为0.5～1.0m。施工中应保持连续的降、排水，直至基坑回填完毕。对已被水浸泡的土质，采取排水晾晒后夯实或换灰土（3：7）夯实或抛填碎石、小块石夯实；对已被水浸泡的基坑，应立即检查降、排水设施，疏通排水沟，并采取措施将水引走、排净。

深基坑上下应先挖好阶梯或支撑靠梯，或开斜坡道，并采取防滑措施，禁止踩踏支撑上下。应在坑的四周设置安全栏杆。

4. 土方外运

在土方外运过程中，应充分考虑运输路线的安排、组织，尽可能使路线最短，以节省运力。常用的转运方式有两种，即机械转运和人工转运。

机械转运土方通常为长距离运土或工程量很大时的运土，运输工具主要是汽车和装载机。根据工程施工特点和工程量大小的不同，还可采用人工与半机械化相结合的方式转运土方。

人工转运土方一般为短途的小搬运。搬运方式有用手推车推、用人力车拉或由人力肩挑背扛等。

以上施工工法同样适用于模块蓄水池、硅砂蓄水池等。

**（二）管道工程施工**

穿墙管道应在浇注混凝土前埋设。穿墙管道结构变形或者管道伸缩量较小时，穿墙管可采用直接埋入混凝土内的固定式防水法；结构变形或者伸缩量较大时应采用套管式防水法，套管与主管之间用密封膏封严。套管端部应留 15mm×15mm 凹槽，内嵌密封膏。穿墙管道迎水面应做两道附加层，即长条形和圆形伸出管道 150mm，收头处用金属箍扎紧，外用嵌缝膏密封，再用硅胶封闭。

进水管上边缘安装高度与池墙顶面平，管出口端做一倾斜向下的弯头，水落池底处放一块 50cm×50cm 的防冲池底水泥板。

出水管径一般为 100mm 左右。出水管下边缘安装高度距池底 50mm，管伸入池壁净长 100mm，且在管口端用 Φ10 钢筋焊接一周，以便绑扎滤水网不致脱掉，出水管上焊接的止水法兰直径（或钢板）一般为出水管径的 2 倍，安装位置在墙中或墙中偏内一点，周围用细石混凝土捣实，池墙外壁再用砖砌墩加固。

此施工工法同样适用于模块蓄水池、硅砂蓄水池等。

**（三）底板工程施工**

钢筋下料成型要准确，对形状复杂及图纸要求的应先放出大样，再依样成型，钢筋堆放应分类成堆，堆放时应离地面不小于 20cm，以防止锈蚀、污染，对于钢筋锈蚀、污染严重者，不得擅自使用。所用钢筋必须具有出厂合格证及试验报告，并按规定做原材料及焊接试验，合格后方可使用。钢筋绑扎壁板上的绑丝应朝里，长度、规格、间距、根数、搭接必须符合设计要求，焊接搭接。钢筋接头应错开，同一截面接头数量不大于 50%，钢筋遇孔洞处尽量绕过，不得截断。如必须截断，应与洞口加固筋焊牢或与预埋套管焊牢，底板钢筋与壁板钢筋在第一次浇筑前要一起绑完，管道套管应带有止水环，在支模前预埋到准确位置上，要结合泵房实际管位来做到预埋位置的准确。

钢筋混凝土底板施工前应对地基基础进行复验，符合设计要求和有关规定后方可施工。底板浇筑前应把防水土工膜放置到位，底板以下的防水土工膜应在底板浇筑前完成焊接和检查工作，且焊接长度超出底板外应不小于 300mm。

钢筋混凝土底板应按图纸进行浇筑，并预留透气防渗方格。透气防渗方格施工应从下至上依次铺设 20～30mm 厚原砂、30～50mm 厚透气防渗砂、透水土工布、透水混凝土，每层需要均匀压实。底板表面要平整与压实。设置底板混凝土表面高程控制轨。在稳固的底板钢筋排架上安装临时控制轨。在浇筑底板混凝土时，用杠尺对混凝土表面整平。当底板钢筋采取焊接排架的方法固定时，排架的间距应根据钢筋的刚度适当选择。蓄水池支模必须保证有足够的强度、刚度和稳定性，水平、竖向支模板支得好坏，直接决定着混凝土浇筑质量和整个水池工程质量的高低。

钢筋混凝土底板应连续浇筑，不得留置施工缝；设计有变形缝时，应按变形缝分仓浇筑。

底板浇筑完成后，应在 12h 后铺盖塑料薄膜，并适当进行浇水养护，保持混凝土有足够的湿润状态，养护期不得少于 7d。养护期完成后，方可进行下一步施工。

此施工工法同样适用于模块蓄水池、硅砂蓄水池等。

**（四）池体工程施工**

蓄水池池体可以采用混凝土现场浇筑和模块成品拼接。

在浇筑混凝土之前先上一道 5cm 的水泥砂浆（砂浆标号同混凝土标号），然后再浇筑混凝土，接茬处的振捣必须严密，绝不允许出现漏振现象。

水池分两步浇筑而成：第一步，浇筑底板及施工缝下壁板；第二步，浇筑施工缝以上壁板及顶板。

混凝土浇筑的同时，必须做两组实验（抗压及抗渗实验）。

壁板中留设一道施工缝，在施工缝处应加设止水钢板，要求专人负责。在池壁浇筑时，必须先清除施工缝表面的污垢，以保证在混凝土浇筑过程中不出现跑模、撑模等现象。混凝土的振捣，振捣的主要人员必须认真、细致、可靠，将每处逐一振捣，按施工要求振好。严禁漏振，并避免出现蜂窝、麻面、露筋等缺陷，这将直接影响水池的质量和功能。混凝土的振捣用插入式振捣器，应快插慢拔，插点要均匀排列，逐点移动，按顺序进行，不得漏振，振动半径不得大于振捣器长度的3/4。振捣器以插入到下层混凝土3～5cm为宜，尽量不要碰撞模板和钢筋。

蓄水池施工完毕必须进行满水试验。

（1）待水池混凝土强度达到设计强度后，先在池壁上做好标高的标志，以不超过2m/d的速度灌入清水，第一次充水至设计水位的1/3，第二次充水至设计水位的2/3，第三次充水至设计水位，相邻两次充水时间不少于24h，同时进行沉降观测并做好记录。

（2）在按设计水位标高充满水24h后，用以下方法测定水池24h渗水量：事先做直径为50cm、高30cm的敞口钢板水箱，要求绝对不渗漏，将其灌满水后在同等日照条件下进行蒸发量测试。

（3）在业主和监理工程师的监督下，对池外壁认真地进行外观检查，有无渗漏点及水印湿迹，并填写记录表。

现浇混凝土水池模板安装允许偏差应符合表4-19中的规定。

**表4-19　　现浇混凝土水池模板安装允许偏差**

<table>
<tr><th colspan="3" rowspan="2">检　查　项　目</th><th rowspan="2">允许偏差/mm</th><th colspan="2">检查数量</th><th rowspan="2">检　查　方　法</th></tr>
<tr><th>范围</th><th>点数</th></tr>
<tr><td>1</td><td colspan="2">相邻板差</td><td>2</td><td>每20m</td><td>1</td><td>用靠尺量测</td></tr>
<tr><td>2</td><td colspan="2">表面平整度</td><td>3</td><td>每20m</td><td>1</td><td>用2m直尺配合塞尺检查</td></tr>
<tr><td>3</td><td colspan="2">高程</td><td>±5</td><td>每10m</td><td>1</td><td>用水准仪测量</td></tr>
<tr><td rowspan="2">4</td><td rowspan="2">池壁柱垂直度</td><td>$H\leqslant5$m</td><td>5</td><td rowspan="2">每10m（每柱）</td><td>1</td><td rowspan="2">用垂线或经纬仪测量</td></tr>
<tr><td>5m$<H\leqslant$15m</td><td>0.1%$H$，且不大于6</td><td>2</td></tr>
<tr><td rowspan="3">5</td><td rowspan="3">平面尺寸</td><td>$L\leqslant$20m</td><td>±10</td><td rowspan="3">每池（每仓）</td><td>4</td><td rowspan="3">用钢尺量测</td></tr>
<tr><td>20m$<L<$50m</td><td>±$L$/2000</td><td>6</td></tr>
<tr><td>$L\geqslant$50m</td><td>±25</td><td>8</td></tr>
<tr><td>6</td><td colspan="2">池壁、顶板截面尺寸</td><td>±3</td><td>每池（每仓）</td><td>4</td><td>用钢尺量测</td></tr>
<tr><td rowspan="3">7</td><td rowspan="3">轴线位移</td><td>底板</td><td>10</td><td>每侧面</td><td>1</td><td rowspan="3">用经纬仪测量</td></tr>
<tr><td>墙</td><td>5</td><td>每10m</td><td>1</td></tr>
<tr><td>预埋件、放埋管</td><td>3</td><td>每件</td><td>1</td></tr>
</table>

续表

| 检查项目 | | | 允许偏差/mm | 检查数量 | | 检查方法 |
|---|---|---|---|---|---|---|
| | | | | 范围 | 点数 | |
| 8 | 预留洞中心位置 | | 5 | 每洞 | 1 | 用钢尺量测 |
| 9 | 止水带 | 中心位移 | 5 | 每5m | 1 | 用钢尺量测 |
| | | 垂直度 | 5 | 每5m | 1 | 用垂线配合钢尺量测 |

表格来源：《海绵城市设施施工及工程质量验收规范》[DB13 (J)/T 211—2016]。

现浇混凝土水池允许偏差应符合表4-20中的规定。

**表4-20　现浇混凝土水池允许偏差和检查方法**

| 项次 | 检验项目 | | 允许偏差/mm | 检查方法 |
|---|---|---|---|---|
| 1 | 轴线位移 | 池壁、柱、梁 | 8 | 用经纬仪测量，纵横轴线各计1点 |
| 2 | 高程 | 池壁 | ±10 | 用水准仪测量 |
| | | 柱、梁、顶板 | ±10 | |
| 3 | 平面尺寸（池体的长宽或直径） | 边长或直径 | ±20 | 用尺量测，长、宽各计1点 |
| 4 | 截面尺寸 | 池壁、柱、梁、顶板 | +10，-5 | 用尺量测 |
| | | 孔洞、槽内净空 | ±10 | 用尺量测 |
| 5 | 表面平整度 | 一般平面 | 8 | 用2m直尺检查 |
| | | 轮轨面 | 5 | 用水准仪测量 |
| 6 | 墙面垂直度 | $H\leqslant5$m | 8 | 用垂线检查每侧面 |
| | | 5m$<H\leqslant$20m | 1.5$H$/1000 | |
| 7 | 中心线位置偏移 | 预埋件、预埋支管 | 5 | 用尺量测 |
| | | 预留洞 | 10 | |
| | | 沉沙槽 | ±5 | 用经纬仪测量，纵横轴线各计1点 |
| 8 | 坡度 | | 0.15% | 用水准仪测量 |

注　$H$为池壁全高。

表格来源：《海绵城市设施施工及工程质量验收规范》[DB13 (J)/T 211—2016]。

预制混凝土构件安装允许偏差应符合表4-21中的规定。

**表4-21　预制混凝土构件安装允许偏差和检查方法**

| 项次 | 检验项目 | | 允许偏差/mm | 检查方法 |
|---|---|---|---|---|
| 1 | 壁板、梁、柱中心轴线 | | 5 | 用钢尺量 |
| 2 | 壁板、柱高程 | | ±5 | 用水准仪测量 |
| 3 | 壁板及柱垂直度 | $H\leqslant5$m | 5 | 用垂线及尺测量 |
| | | $H>5$m | 8 | |

续表

| 项　次 | 检　验　项　目 | 允许偏差/mm | 检　查　方　法 |
|---|---|---|---|
| 4 | 挑梁高程 | −5 | 用水准仪测量 |
| 5 | 壁板与定位中线半径 | ±7 | 用钢尺量 |

注　*H* 为壁板及柱的高程。

表格来源：《海绵城市设施施工及工程质量验收规范》[DB13 (J)/T 211—2016]。

预制混凝土构件允许偏差应符合表 4－22 中的规定。

**表 4－22　　预制混凝土构件允许偏差**

| 项　次 | 检　验　项　目 | | 允许偏差/mm | 检　查　方　法 |
|---|---|---|---|---|
| 1 | 平整度 | | 5 | 用 2m 直尺量测 |
| 2 | 壁板（梁、柱）断面尺寸 | 长度 | 0，−8 | 用钢尺量 |
| | | 宽度 | ＋4，−2 | |
| | | 厚度 | ＋4，−2 | |
| | | 矢高 | ±2 | |
| 3 | 预埋件 | 中心 | 5 | 用经纬仪测量，纵横轴线各计 1 点 |
| | | 螺栓位置 | 2 | |
| | | 螺栓外露长度 | ＋10，−5 | |
| 4 | 预留孔中心 | | 10 | |

表格来源：《海绵城市设施施工及工程质量验收规范》[DB13 (J)/T 211—2016]。

混凝土浇筑完毕后，应在 12h 内加以覆盖和浇水养护，且养护时间不得小于 4d；混凝土梁板柱壁浇筑完毕后，池壁混凝土须达到设计强度的 50 %以上时方可拆除，池顶板混凝土必须达到设计强度的 75%以上时才能拆除。

**（五）顶板工程施工**

顶板应采用钢筋混凝土预制板安装，安装前应在砌块上表面均匀摊铺一层浆，板与板之间接缝应采用水泥砂浆抹缝粘结。

顶板以上部分土方回填工作之前，应完成顶板施工并处理好预制板间的缝隙。

**（六）防水土工膜施工**

防水土工膜铺设前应对底板和周围的渣土、尖锐物等进行清理。防水土工膜到场后宜采用人工卷铺，两幅土工膜在进行搭接时焊接宽度不应小于 100mm。

底板防水土工膜应在钢筋混凝土底板验收合格后，池体施工完成之前铺设。池壁和顶板防水土工膜应在池体砌筑完工后铺设，防水土工膜与池壁应紧贴。池壁防水土工膜应与底板和顶板防水土工膜拼接。顶板防水土工膜上应垫粗砂保护层，铺设厚度宜为 100mm。

**（七）回填工程施工**

土方回填应在池体验收合格后进行，回填前应清除基坑内的杂物、建筑垃圾并将积水排除干净。

土方回填时，水池四周及顶部先铺设至少 200mm 厚的细砂以保护防渗膜，然后再回填土，土中不得含有尖锐物质和大型石块。回填时应先将四周回填0.8m的高度，然后再回填至水池顶部，四周回填压实时应沿池体对称进行，分层回填，严禁单侧回填，每层回填土的厚度应根据土质情况及所用机具经现场试验后确定，层厚差不得超出100mm。

填方土料应符合设计要求，保证填方的稳定性和强度，如果设计没有要求，则应符合下列规定：

（1）碎石类土、砂土和爆破石渣（粒径不大于每层铺厚的2/3，当用振动碾压时，不超过3/4），可用于表层下的填料。

（2）淤泥和淤泥质土，一般不能用作填料。

（3）碎块草皮和有机质含量大于8%的土，只用于没有压实要求的填方。

（4）含盐量符合规定的盐渍土，一般可用作填料，但土中不得含有盐块、盐晶或含盐植物根茎。

（5）含水量符合要求的黏性土，通常可用作各层填料。含水量通常以手握成团、落地开化为宜。各种土的最优含水量和最大干密度参考数值见表4-23。

**表4-23 各类土的最优含水量和最大干密度**

| 土的种类 | 最优含水量（重量比）/% | 最大干密度/(t/m³) | 土的种类 | 最优含水量（重量比）/% | 最大干密度/(t/m³) |
|---|---|---|---|---|---|
| 砂土 | 8～12 | 1.80～1.88 | 粉土 | 16～22 | 1.61～1.80 |
| 粉质黏土 | 12～15 | 1.85～1.95 | 黏土 | 19～23 | 1.58～1.70 |

注 表中土的最大干密度应以现场实际达到的数字为准；一般性的回填，可不做此项测定。

回填每层的虚铺厚度可按表4-24中的数值选用。

**表4-24 每层回填的虚铺厚度**

| 压实工具 | 虚铺厚度/mm |
|---|---|
| 木夯、铁夯 | ≤200 |
| 轻型压实设备 | 200～250 |

回填土压实后应使防水土工膜与池壁紧贴，四周回填压实度不应小于95%。池顶必须人工夯实，严禁重型机械碾压，池顶0.5m以上回填土压实度应符合地面或道路要求，且不应小于90%。

雨季应检验回填土的含水量，随填、随压，防止松土淋雨；填土时基坑四周被破坏的土堤和排水沟应及时修复；雨天不宜填土。冬季回填时，在管道通过的位置不得回填冻土，其他部位可均匀掺入冻土，其数量不得超过填土总体积的15%，且冻块尺寸不得大于15cm。

此施工工法同样适用于模块蓄水池、硅砂蓄水池等。

若为开敞式蓄水池，则上方无须回填土方。

## 四、模块蓄水池的施工工法

模块蓄水池施工工法中与钢筋混凝土现场浇筑蓄水池工法不同的是池体工程。

模块水池用于收集雨水的储存装置采用成品装配式PP模块，可以采用不同数量组合成不同的容积。PP模块水池的组装应根据工程量计算人工数量，合理安排人工，单体模块箱体组装、箱体搬运以及水池的组装人员应分工进行，模块的组装要用橡胶锤敲击严密。防渗包裹物密封要注意防渗膜的焊接，需要焊枪加强密封的地方必须加强密封，土工布连接紧密。

水井安置于模块内部，水井周边均匀打孔，以保证水井和水池水流相通，土方回填时，水池四周及顶部先铺设至少 200mm 厚的细砂以保护防渗膜，然后再回填土，土中不得含有尖锐物质和大型石块。回填时应先将四周回填 0.8m 的高度，然后再回填至水池顶部。

塑料蓄水模块采用分体式设计，它可在施工现场按一定的顺序组装成蓄水箱体。聚丙烯、聚乙烯材料的性能指标应与《建筑排水用聚丙烯（PP）管材和管件》（CJ/T 278—2008）一致。

塑料蓄水模块单体的性能指标应满足表 4－25 的要求。

**表 4－25　　塑料蓄水模块的性能指标**

<table>
<tr><th>项　目</th><th colspan="3">测 试 条 件</th><th>指标要求</th></tr>
<tr><td>坠落试验</td><td colspan="3">(23±2)℃，1m 高处跌落，边角落地</td><td>无开裂、破损或永久变形</td></tr>
<tr><td rowspan="3">抗压强度试验</td><td>顶部加载</td><td>0.5m≤覆土≤4m</td><td>$200kN/m^2$</td><td rowspan="3">无开裂、破损或永久变形</td></tr>
<tr><td rowspan="2">侧面加载</td><td>0.5m≤埋深≤4m</td><td>$100kN/m^2$</td></tr>
<tr><td>4m<埋深≤7.5m</td><td>$185kN/m^2$</td></tr>
<tr><td>烘箱试验</td><td colspan="3">150℃，30min</td><td>无气泡、分层和破裂</td></tr>
<tr><td>抗冲击性能</td><td colspan="3">(23±2)℃，4kg 砝码，高 2m，试样上覆盖 35cm 厚沙床</td><td>无开裂、破损或永久变形</td></tr>
<tr><td rowspan="2">长期蠕变性能</td><td colspan="3">(23±2)℃，≥1008h</td><td rowspan="2">50 年外推垂直变形≤4%，水池的竖向变形不得超过 $\frac{100mm}{水池高度（mm）}\times 100\%$</td></tr>
<tr><td>顶部加载</td><td>0.5m≤覆土≤4m</td><td>$110kN/m^2$</td></tr>
</table>

塑料蓄水模块的性能指标应满足表 4－26 的要求。

**表 4－26　　塑料蓄水模块的性能指标**

| 项　目 | 测试方法 | 指 标 要 求 |
|---|---|---|
| 流通直径 | 通球试验 | ≥50mm（树池、收集池）；≥150mm（排水渠、调蓄池） |
| 孔隙率 | 满水试验 | ≥90% |
| 清掏 | 钢尺测量 | 最小通道尺寸≥350mm（仅针对调蓄水池） |

塑料蓄水模块水池质量检验，可参考水池骨架安装允许偏差，见表 4－27。

**表 4－27　　塑料蓄水模块水池骨架安装允许偏差表**

| 序号 | 一般项目 | 允许偏差/mm | 检查概率 | | 检查方法 |
|---|---|---|---|---|---|
| | | | 范围 | 点数 | |
| 1 | 轴线 | ≤30 | 20m | 1 | 挂中心线用尺量 |
| 2 | 高程 | ±20 | 20m | 1 | 用水准仪测量 |

表格来源：《海绵城市设施施工及工程质量验收规范》[DB13（J）/T 211—2016]。

## 五、硅砂蓄水池的施工工法

硅砂蓄水池施工工法中与钢筋混凝土现场浇筑蓄水池工法不同的是池体工程。

在池体砌块施工前，应对材料进行检验，检验合格后，方可使用。

池体砌筑前应将砌块用水浸透，待底板验收合格，底板处理平整和洒水湿润后，方可铺浆砌筑。池体砌筑应采用水泥砂浆从下往上逐层进行，层与层之间应采用错缝砌筑。砌筑的水泥砂浆缝宽度应均匀，嵌缝应饱满密实，内壁应采用水泥砂浆勾缝，外壁应采用水泥砂浆错缝挤压密实。水平灰缝的厚度和竖向灰缝宽度宜为 8～12mm。砌筑时砂浆应满铺满挤，挤出的砂浆应随时刮平，严禁用水冲浆灌缝，严禁用敲击砌块的方法纠正偏差。

当砌筑井身不能一次砌完，在二次接高时，应将原砌块表面泥土杂物清理干净，再用水清洗并浸透砌块。

在砌筑池体检查井室时，池体内应同时安装踏步，位置应准确。踏步安装后，在砌筑砂浆或混凝土未达到规定强度前不得踩踏。

管道穿过硅砂蓄水池墙体时，穿墙部位应做好防水。砌筑后的池体应及时养护，不得遭受冲刷、振动或撞击。

**【同 步 测 试】**

1. 各类型蓄水池相比，哪种施工速度最快？哪种密封性最好？哪种使用寿命最长？
2. 地下封闭式蓄水池的施工工序是什么？
3. 地下蓄水池的主体工程包括哪些内容？
4. 屋面蓄水池的雨水处理设施包括哪些内容？
5. 钢筋混凝土蓄水池土方回填时的注意事项有哪些？

**【课 下 活 动】**

分组讨论并形成报告（二选一）：

1. 调查周边的蓄水池工程施工情况，分析其当前工序的施工工法。
2. 根据工程资料，分析施工工法。

## 单元四 低影响开发调节转输设施施工技术

**【学习目标】**

知识目标：1. 掌握植草沟基础知识。
　　　　　2. 了解植草沟施工工序。
　　　　　3. 了解植草沟各工序的施工工法。
技能目标：1. 会根据工程资料确定合理的施工工序。
　　　　　2. 会根据工程资料确定各工序的施工工法。

低影响开发调节设施是指低影响开发“蓄、滞、渗、净、用、排”中主要以“滞、排”为主的设施，包括调节塘、调节池等。低影响开发调节设施的主要功能是削减峰值流量，延缓峰现时间，功能较为单一。施工关键点是，要与雨水管渠同步施工，并注意与雨水管渠的衔接。

低影响开发转输设施是指低影响开发“蓄、滞、渗、净、用、排”中主要以“排”为主的设施，包括植草沟、渗透管、渗透渠等。低影响开发转输设施的主要功能是排放雨水，同时可作为其他各单项低影响开发设施间的转输连接管，转输流速不可过小或过大。施工关键点是控制坡度，若坡度过大，需设置消能坎。低影响开发转输设施可在施工期间作为雨水临时输水通道，一旦降雨停止后，需重新进行场地平整，以避免积水。本单元以植草沟为例，对设施施工的相关基础知识、施工工序、施工工法等进行详细阐述。

## 一、植草沟的基础知识

植草沟指种有植被的地表沟渠，可收集、输送和排放径流雨水，并具有一定的雨水净化作用，可用于衔接其他各单项设施、城市雨水管渠系统和超标雨水径流排放系统。植草沟适用于城市道路和小区道路两侧、地块边界或不透水铺装地面周边，也可用于连接生物滞留设施、下沉式绿地、渗透塘等单个低影响开发设施的连接设施或预处理设施。

植草沟利用植被与浅层缓流对水流进行处理。当水流流经植被时，一方面，通过过滤、渗透、沉降综合作用将污染物（包括雨水中的沉积物和油性物质）去除；另一方面，当雨水流经植草沟时，还可以降低流速。植草沟可以有效地减少悬浮固体颗粒和有机污染物，其去除率同水力停留时间和植草沟长度有密切联系。图 4-10 为植草沟用于集水井预处理设施的设计图。30m 的植草沟对 SS、碳氢化合物、TP、金属的去除率分别为 60%、50%、45%、2%～16%。一般设计时，植草沟长度不宜小于 30m。图 4-11 和图 4-12 分别为植草沟用于小区海绵城市改造工程和停车场改造工程示意图。

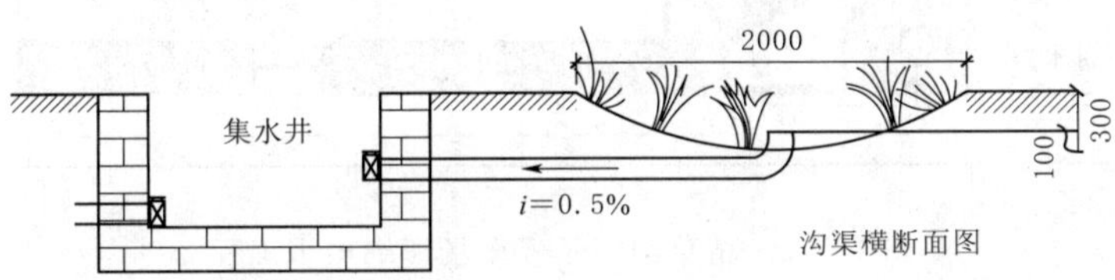


图 4-10　植草沟用于集水井预处理设施设计图（单位：mm）

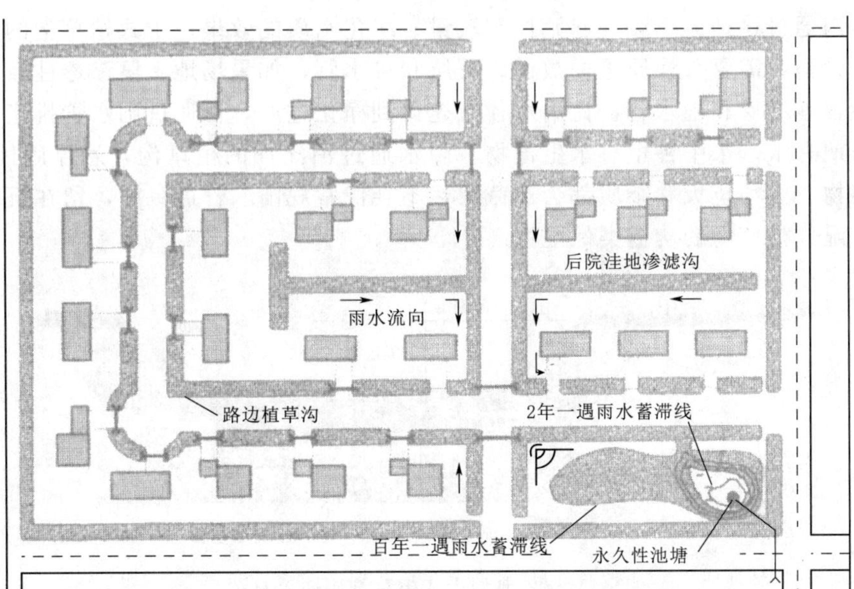


图 4-11　植草沟用于小区海绵城市改造工程

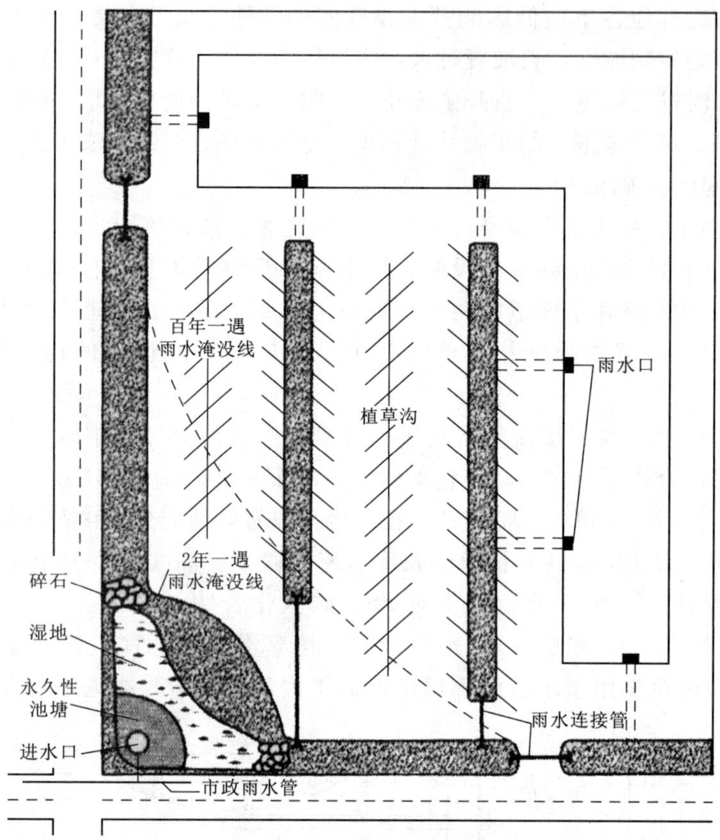


图 4-12　植草沟用于停车场海绵城市工程

植草沟分为渗透型的干式植草沟（图 4-13）和常有水的湿式植草沟（图 4-14）。干式植草沟通过让径流下渗，起到控制流量、净化水质的效果；干式植草沟的构造类似生物滞留设施，需要置换原土，敷设碎石层和排水管；如果场地土壤渗透性较差，则往往通过设置砂滤层和雨水管，让雨水径流先得到净化过滤，再通过雨水管排走。湿式植草沟中长期有水，水中种植有水生植物。雨水通过沼泽样的植草沟，悬浮固体颗粒物、有机污染物、大小垃圾和杂质都会被截留，不会像常规雨水管道一样，留在沉淀井中或管涵中。湿式植草沟的构造类似湿塘。

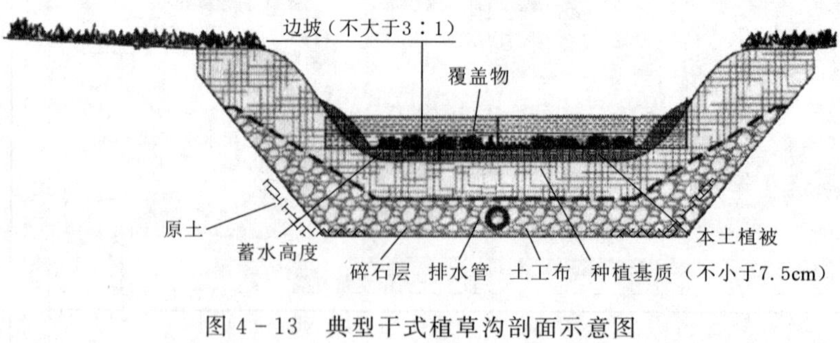


图 4-13　典型干式植草沟剖面示意图

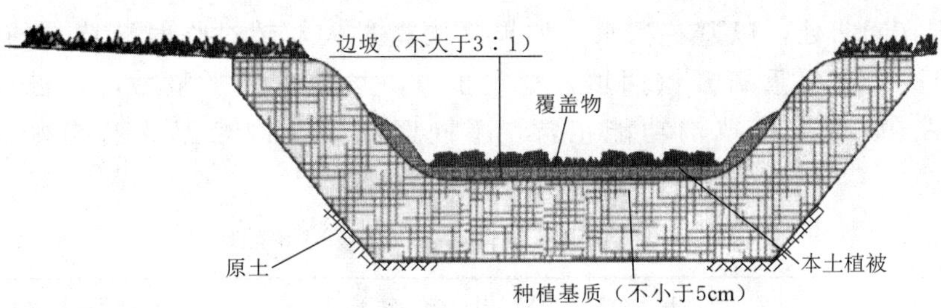


图 4－14　典型湿式植草沟剖面示意图

植草沟在不同强度的降雨中起着不同的作用。当降雨强度较小时，植草沟以下渗作用为主，植草沟基本为常水位状态或干式状态；当降雨强度逐渐增大，随着下渗能力变弱、水位逐渐上升，植草沟以转输径流的作用为主。植草沟能削减 10%～20%的径流峰值，设计时硬化地面同植草沟的面积比宜为 100：1。

当沟底纵坡较大（>2%）时，植草沟可设计垂直于水流方向的消能坎或将植草沟设计成阶梯状，用于控制沟内水流，使得流速不至于过快而冲刷植草沟。消能坎顶高度过高，则植草沟过水能力不足，过低则水流流速过快。

## 二、植草沟的施工工序

植草沟按图 4－15 所列工序施工。

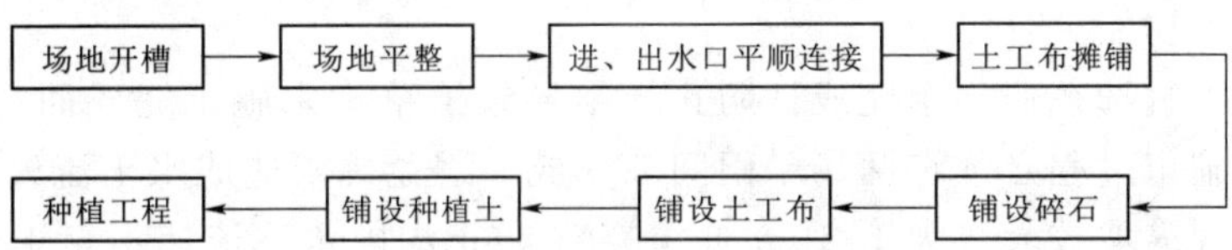


图 4－15　植草沟施工工序

## 三、植草沟的施工工法

### （一）土方开挖、回填和平整

（1）挖掘开始前划定植草沟平整的范围。与此同时，应设置桩柱和临时施工围栏等临时侵蚀控制措施。沿着场地周边安装淤泥栅栏，以防止沉淀物在施工过程中进入周边场地。淤泥栅栏应安装在均匀的高度使水流无法绕过端部。沿下游水体周边安装重型淤泥栅栏，防止沉积物污染。在施工过程中沿着施工区域的周边安装重型淤泥栅栏，以阻止此区域的交通。当淤泥沉积物达到淤泥栅栏高度的 30%时需移除。在清洁过程中应注意避免栅栏被破坏。当防护网织物出现崩塌、撕裂、分解或其他问题，导致防护网织物无法发挥正常功能时，应在发现后 24h 内予以更换。

土方开挖的尺寸、位置和深度均应根据施工图要求，沟底不得超挖，不得虚土贴底、贴坡。植被草沟断面为梯形或三角形时，其边坡（水平：竖直）应大于 3：1，边坡不得小于 2：1。

土方开挖出的材料应堆放在正确场所，用于回填的材料可以暂时存放在临时储存区。

（2）如果植草沟在施工期间遇到降雨，可用于临时地表径流输送，临时输送径流植草沟可转流的径流量低于正常情况下使用的植草沟。一旦降雨停止后，需重新进行场地平整，不能有低凹处，以避免积水。如果降雨量过大，超过临时植草沟的运转能力，造成水土流失，需要重新开挖回填，稳定土方。场地重新平整后，再进行植被种植等后续工序，以确保植草沟功能正常。不同区域植草沟径流转输能力不相同，见表 4-28。

**表 4-28　　植草沟设计转输径流量**

| 植草沟类型 | 适　用　场　地 | 转输径流频率 |
|---|---|---|
| 临时性 | 正在施工区 | 2 年一遇 |
| | 建筑工地 | 5 年一遇 |
| 永久性 | 农业用地 | 10 年一遇 |
| | 矿山复垦区 | 10 年一遇 |
| | 游乐场区 | 10 年一遇 |
| | 建筑密集区 | 10 年一遇 |
| | 居住区 | 10 年一遇 |
| | 工业区 | 10 年一遇 |

如果雨水径流在流入植草沟前有预处理设施，则需要预处理设施完工后，植草沟才能发挥正常使用功能。

植草沟施工宜选在非雨季完成，防止暴雨导致植草沟未施工完成而造成水土流失。植草沟所有的施工过程必须在两场暴雨间隙完成，避免暴雨造成水土流失。

(3) 当沟底纵坡较大（大于 2%）时，为了防止沟内水流流速不至于过快而冲刷植草沟，应设计植草沟消能坎。消能坎顶高程应符合设计要求，高度过高，植草沟过水能力不足，过低则水流流速过快。

(4) 植草沟的平整应使用低影响开发移动设备完成，以防止下层土壤的压实，建议使用宽轨车辆。挖掘设备应从洼地的一侧操作，禁止在底部操作，其他施工机械进场时或设备停放区域尽量在植草沟红线外围。

如果挖掘或其他措施导致基础被大量压实，则被压实的表土（一般为 5cm 的表土）需被移除，用表土和沙子混合物替换，以增加土壤的渗透率，加快雨水径流的下渗速度。

(5) 回填土应置于植草沟中并达到规定的深度（高程）。当植草沟考虑雨水下渗（如干式植草沟），种植土的渗透系数应大于 $5\times10^{-6}$ m/s；不考虑雨水下渗时（如湿式植草沟），其渗透系数应小于 $1\times10^{-8}$ m/s。

(6) 每进行施工工序中的下一步前，需要从植草沟中除去沉积物及排除积水。

(7) 当所有施工工序完毕后，且植草沟已经稳定，需移除临时侵蚀控制措施。

(8) 施工完毕后，需要进行降雨模拟，若出现侵蚀，则需要找出原因并进行维修，直至降雨验收合格。

**(二) 暗渠施工**

植草沟可设置地下穿孔管排水，穿孔管的开孔率、包封措施应满足设计要求。穿孔管（暗渠）应直接铺设在砾石床上。平整和校准的误差在 9mm 之内。一旦管道安装妥当，管道四周应用土工布包裹，土工布渗透率应不小于 4L/min。

管道四周用砾石覆盖，砾石规格根据设计要求或符合表 4－29 的要求。砾石孔隙率宜为 35%～45%，有效粒径宜大于 80%。砾石应深度清洁，冲洗砾石，管道底部砾石厚度为 0.3～0.9m，管道两侧的砾石应具有均匀的深度。砾石用平板夯夯实。

**表 4－29　　砾　石　规　格**

| 筛子尺寸/cm | 通过百分比/% | 筛子尺寸/cm | 通过百分比/% |
|---|---|---|---|
| 50 | 100 | 25 | 30～60 |
| 38 | 85～100 | 1.3 | 0～10 |

植草沟的进、出水口应与周边排水设施平顺衔接。当进、出水口坡度较大时，应设置碎石或其他消能缓冲措施。

### （三）植物种植

植草沟宜种植密集的草皮，植被厚度对植草沟流量的影响程度不同，植被越厚，阻力越大，粗糙系数越大。植草沟土壤不得裸露，防止雨水冲刷沟体；植被高度应适当，过低则雨水净化能力小，过高则影响过水能力，高度一般控制在 100～200mm。

植草沟植被选择要求如下：

（1）草种应耐旱、耐淹，恢复力较强，并能在薄砂和沉积物堆积的环境中生长。

（2）不宜种植乔木及灌木植物，尽量选择适宜当地生长且需肥少的草种。

（3）根系发达。可固定土壤、涵养水土，增强对雨水的阻滞能力，减缓雨水流速。

（4）水体净化。植物根系可吸附、净化雨水径流中的污染物、重金属，具备良好的净化能力。

（5）湿陆两生。选择能够适应长期或短期水淹环境，同时耐受长期干旱的两栖植物种类。

（6）抗逆性强。植物应具有较强抗逆性。

（7）观赏价值。与周围环境协调融合，给人以美的感受。

（8）维护简单。选择管理简单、运行方便的植物类型。

## 【同　步　测　试】

1. 植草沟对哪种类型的污染物去除效果最好？
2. 湿式植草沟的设计面积一般如何确定？
3. 植草沟设置地下穿孔排水管时，管道四周包裹的砾石孔隙率以多少为宜？

## 【课　下　活　动】

分组讨论并形成报告（二选一）：

1. 调查周边的植草沟工程施工情况，分析其当前工序的施工工法。
2. 根据工程资料，分析施工工法。

# 单元五 低影响开发截污净化设施施工技术

**【学习目标】**

知识目标：1. 掌握雨水湿地基础知识。

2. 了解雨水湿地施工工序。

3. 了解雨水湿地各工序的施工工法。

技能目标：1. 会根据工程资料确定合理的施工工序。

2. 会根据工程资料确定各工序的施工工法。

低影响开发截污净化设施是指低影响开发“蓄、滞、渗、净、用、排”中主要以“净”为主的设施，包括雨水湿地、生态驳岸、植被缓冲带、雨水土壤渗滤等。低影响开发截污净化设施的主要功能是通过土壤、填料、植被净化污染物，减轻雨水直接排入管网和河道对水体造成的污染。低影响开发截污净化设施施工的关键点是，具有净化功能的部分基本埋在地下，施工过程中要进行精细化管理，所有材料都要严格筛选、验收，不可碎片化和随意化。本单元以雨水湿地为例，对设施施工的相关基础知识、施工工序、施工工法等进行详细阐述。

## 一、雨水湿地的基础知识

雨水湿地利用物理、水生植物及微生物等作用净化雨水，是一种高效的径流污染控制设施。从实际应用的角度出发，人工湿地系统可分为景观型湿地和功能型湿地两类。

从水流流态、水流的空间位置出发，人工湿地可以分为潜流型人工湿地和表面流型人工湿地。

（1）潜流型人工湿地指水体在地下流动的人工湿地，由填充填料的湿地床和种植在其上的湿地植物组成。潜流型人工湿地又分为水平流、垂直流、复合垂直流。

1）水平流型人工湿地是指湿地中的水在人工介质中保持匀速水平推进流动，水流从进口起在根系层中沿水平方向缓慢流动，出口处设集水装置和水位调节装置。由于该系统中好氧生化反应所需氧气主要来自大气复氧，数量不足，因而导致脱氮效率不高。但对 $BOD_5$、$COD_{Cr}$ 和重金属的去除效果好，受季节影响也较小。

2）垂直流型人工湿地则是水流在人工介质中垂向流动。单向垂直流型人工湿地的水流方向为垂直流向，通常为下行流，出水系统一般设在湿地底部。与水平流型相比，其作用在于提高了氧向污水及基质中的转移效率。其运行时一般采用间歇进水方式。由于垂直流型人工湿地表层为渗透性良好的砂层，水力负荷一般较高，因而对氮、磷去除效果较好，但需要对进水悬浮物浓度进行严格控制。垂直流型潜流湿地污染物通过填料表面和植物根系上的生物膜及其他各种作用来处理。

3）复合垂直流型人工湿地由两个底部相连的池体组成，污水从一个池体垂直向下（向上）流入另一个池体中后垂直向上（向下）流出。复合垂直流型人工湿地可选用不同植物多级串联使用，通过增加污水的停留时间和延长污水的流动路线来提高人工湿地对污染物的去除能力。该类型的人工湿地通常采用连续运行方式，具有较高的污染负荷。

实际上，潜流湿地水流并非完全水平流动或垂直流动，往往是以其中一种方式为主，两种水流方式兼而有之。

（2）表面流型人工湿地指水面在固体介质表面以上，污水从池体进水端水平流向出水端的人工湿地。表面流型人工湿地水流呈推流式前进，从池体入口以一定速度缓慢流过湿地表面，部分水或蒸发或渗入地下，出水由溢流堰流出。这种湿地靠近水表面部分为好氧层，较深部分及底部通常为厌氧层。表面流型人工湿地绝大部分有机物的去除由附着在植物水下茎、杆上的生物膜来完成。

雨水湿地工程包括地基、填料、集水管、布水管、排空管、植物等基本要素，如图 4-16 所示。

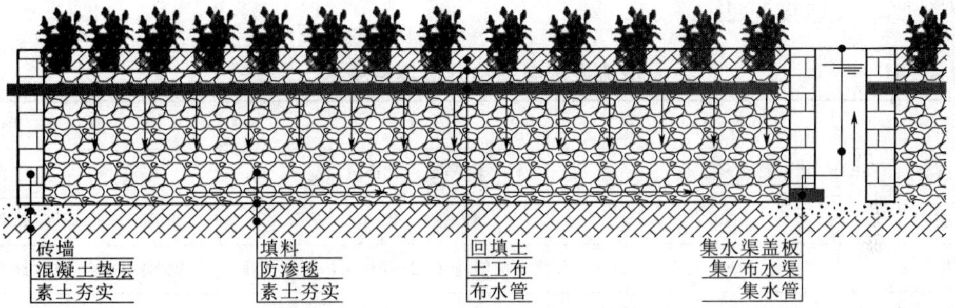


图 4-16　潜流式湿地剖面示意图

表面流型人工湿地同潜流型人工湿地的主要区别在于，较少使用或不用人工填料填充，而代之以 30～46cm 的土层作为基质，水面位于基质层以上，水位一般为 0.3～0.5m。表 4-30 列出了各类型湿地的特征，包括水体流动、水力负荷、去污效果等。

**表 4-30　　不同类型雨水湿地特征一览表**

| 特征 | 表面流型人工湿地 | 水平流型人工湿地 | 垂直流型人工湿地 |
|---|---|---|---|
| 水体流动 | 表面漫流 | 基质下水平流动 | 表面向基质底部纵向流动 |
| 水力负荷 | 较低 | 较高 | 较高 |
| 去污效果 | 一般 | 对 BOD、COD 等有机物和重金属去除效果好 | 对 N、P 去除效果好 |
| 系统控制 | 简单，受季节影响大 | 相对复杂 | 相对复杂 |
| 环境状况 | 夏季有恶臭、孳生蚊蝇现象 | 良好 | 夏季有恶臭、孳生蚊蝇现象 |
| 造价 | 100 元/$m^2$ | 600 元/$m^2$ | 600 元/$m^2$ |

## 二、雨水湿地的施工工序

雨水湿地应按图 4-17 所列工序施工。

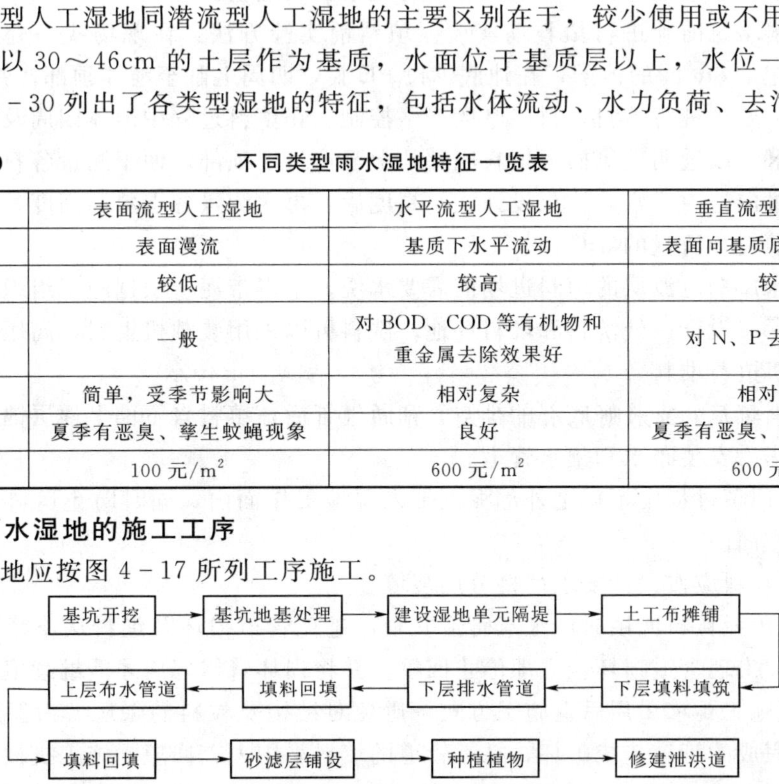


图 4-17　雨水湿地主体工程施工工序

## 三、雨水湿地的施工工法

### （一）地基工程施工

雨水湿地地基工程施工工法同湿塘。

### （二）隔墙工程施工

每级单元池由混凝土隔墙分开，每级上下行单元池由底部开洞的花墙分割。在各单元隔墙、花墙浇筑时，要合理预留施工口，以供回填时材料设备进出。

### （三）填料工程施工

填料应能为植物和微生物提供良好的生长环境，且应具有良好的渗透性。通常选用砾石、粗砂等材料，也可选用沸石、陶粒、钢渣、炉渣等填料。潜流湿地各结构分层填料的材料要求及厚度见表 4-31。

**表 4-31　潜流湿地各结构分层填料要求**

| 分层 | 厚度/mm | 材　料 | 注 意 事 项 |
|---|---|---|---|
| 排水层 | 200～350 | 粒径 8～16mm，砾石 | 需洗净，不应带泥 |
| 过渡层 | 100 | 粒径 4～8mm，砾石 | 需洗净，不应带泥 |
| 滤料层 | 500 | 特殊级配 0.2～6mm，无泥粗砂 | 必须符合级配曲线范围 |
| 覆盖层 | 50（污水喷流范围内局部铺设） | 粒径 8～16mm，砾石 | 根据喷流距离铺设 |

填料不得含有草根、树叶、塑料袋等有机杂物及垃圾。

（1）填料填筑前须进行填料前实验。填料前实验方法：在现场找一处 10m×10m 的位置，下挖 1.8m 深的池子，在池底铺设 PE 膜，四周上翻至池体顶部，并加以固定。根据施工填料要求进行填料，料层厚度严格控制。在填料过程中池体四周及中间位置设置 5 处测量区，以透明玻璃插入填料底部，上至填料层顶部，便于测量各料面实际高度并记录。通过向池内注水，达到设计注水高度后，再次测量各点料面高度。算出沉降差值，以便于填料预留量的计算。

（2）排水层和过渡层的填料进场前需要水洗，不得带泥。根据施工组织设计单元施工填料的先后，设计一处洗料和堆料场地，洗料可以采用装载机上料，高压水冲洗，电动筛和皮带机进行堆料。

（3）填料填筑。安装好底部的排空管和通气管后，填料自下而上逐层铺设，上表层填料铺设完毕后安装布水和集水管道。

1）基质回填过程中不得把外部泥土带入湿地工作面内，同时防止运料车斗内粉末倒入湿地工作面内。

2）各级粒料应按设计要求严格分层装填。

3）湿地单元粒料回填时应注意管道安全，避免管道损坏及细料从花管孔隙或管口进入管内，如出现管道损坏应立即停止回填，并将损坏管修好后才能继续填筑。

4）回填施工要求采用后退施工方式，避免对结构及粒料的碾压。为保证填料时不对已经安装完成的管道造成破坏，靠近管道的填料采用人工回填，施工机械只把填料送入回填面附近即可。

5）填料过程中，为防止破坏底层防渗结构，填料层至少要达到600mm（包括300mmPE膜上的细粒土保护层）后才能在料面上使用机械施工，因此需要先在池内利用底层（300～500mm厚）碎石铺设一条池内环形道路。

6）分级填料最上层填料粒径较小，为防止堵塞上层布水管及集水管孔洞，故在布水管及集水管道两侧各50cm宽、深度为此填料层高的范围内布设16～32mm碎石。

7）分层填料铺设时应严格按照设计高度找平，在填料过程前，在池体墙面上先画出料面应填筑高度（算上预留沉降量），在单元池内以一定间距（通常为15m×15m）设立标尺，以保证填料厚度的挖掘机粗找平控制。细找平控制高程时，主要采用人工两边按照画出的料面高程拉线，人工配合挖掘机和木刮杠顺线找平。填料的最上表层在管道布置完成后的高程找平是关键中的关键，必须由专人负责。

填料工程主要施工工具有推土机、手推车、平头铁锹、喷水用胶管、2m靠尺、小线或细铅丝、钢尺或木折尺。

**（四）管道工程施工**

管道在铺设前，应保证底部碎石自然密实，防止不均匀沉降带来的破坏。湿地上层布水管和集水管，下层排空管和通气管，除接阀井的干管外，其他管道均为开孔花管。管道穿孔可通过冲击钻在每圈开4个直径15mm的孔，间距为100mm。上层布水管和集水管安装时应严格控制其开孔中心与管道中心方向和夹角，管道安装前均需在管端设置堵口，以免填料滑入其中，造成管道堵塞。开孔花管均为孔道布集水，管头密封。为防止泥沙等杂质进入堵塞管道开孔，应在穿孔管四周包裹60目尼龙纱窗网，并将开孔斜45°放置。

湿地中的管道相互连接，管道的施工标高应按照设计施工。管道连接通过PVC连接专用胶，阀门、三通的安装应严格按照操作规程。出水井内竖管不需采用硬连接，应能自由摆动，根据标高现场做相应调整，否则排水管道将无法把水排空，出水管道无法收水及排出会造成湿地的水力关系与设计出现偏差。进水管应比湿地床高出0.5m。出水区末端的陶粒、沸石填料层的底部设置穿孔集水管，并设置转弯头和控制阀门以调节床内的水位。

管道穿墙处理：管道与湿地墙体嵌接部位缝隙应用M7.5水泥砂浆分两次嵌实，不得留孔隙，第一次为墙体中心段，内外壁各留20～30mm，待第一次的水泥砂浆初凝后，再进行第二次嵌实。上述步骤进行完毕，用水泥砂浆在墙外壁沿管外壁周围抹成突起的止水隔环，圆环厚度为20～30mm。穿墙处要按照相关操作规程，保证穿墙处不漏水。

在铺设无纺布后，填料填筑前，布设安装下层排空管和通气管，安装时圆孔与水平呈45°角。排空管在各个单元池首端安装竖向通气管，上端设置通风帽，其高度应符合设计要求，在管道安装完成后及时将通气帽安装上，避免施工过程中杂物进入。

回填管沟时，应用人工先在管子周围填土夯实，并应从管道两边同时进行，直到管顶以上0.5m。在不损坏管道的情况下，才能采用机械填土回填夯实。

溢流管管口设置的格栅网格尺度应以小于种植的水生植物形体、能阻止枯叶、垃圾等进入溢水管为宜，格栅材料应采用耐腐蚀材料或经防腐处理的材料，其强度视设计要求而定。

在已铺设的管道上禁止人员走动，铺设上层碎石填料时应避免局部压力过大破坏管道。

管道工程的主要施工工具有手动钢锯、冲击钻、剪刀、卷尺、塑料绳。

**（五）植被工程施工**

雨水湿地植被施工工法同湿塘。

**【同 步 测 试】**

1. 不同类型雨水湿地的去污效果有何差异？
2. 雨水湿地填料工程包括哪些内容？
3. 雨水湿地填料填筑前应如何开展试验？

**【课 下 活 动】**

分组讨论并形成报告（二选一）：

1. 调查周边的雨水湿地工程施工情况，分析其当前工序的施工工法。
2. 根据工程资料，分析施工工法。

# 单元六 低影响开发设施常用植被的施工要点

**【学习目标】**

知识目标：1. 了解植被在海绵城市建设中的重要作用。
2. 了解常见低影响开发设施植被选择基本要求。
3. 了解乔木、灌木、草本及湿生植物的施工要点。
4. 了解常见水生植物的生长习性和种植方法。

技能目标：1. 认识常见乔木、灌木、草本植物。
2. 会根据工程资料配置合适的水生植物。

植被是低影响开发设施的重要组成部分，设施能否发挥正常作用，同植被类别、施工技术都有重大关系。低影响开发设施植被选择有别于一般的园林景观，适宜选择耐旱、耐涝、有净化能力、维护费用低、美观的乡土植物。乔木、灌木一般栽植在低影响开发设施边缘，本单元从定点放线、挖穴、栽植、修剪等方面规范施工技术；草本植被是低影响开发设施中的常用植被，施工工法简单，但关键点是杜绝任何杂草和入侵植物物种，以免影响草本植被的正常生长；湿生植被主要用于湿地、湿塘等设施，本单元选用几种常见湿生植被，从形态特征、生长习性、耐水深度、种植方法等方面规范施工技术，施工关键点是栽植深度，注意压土，避免漂起为宜。

## 一、植被在低影响开发设施中的重要性

植被是海绵城市建设的基本要素之一，主要有如下作用。

1. 净化作用

植物根系与土壤之间的相互作用可吸收、净化雨水径流中携带的污染物，净化水环

境，是解决雨水面源污染的关键环节之一。植被能实现净化作用，关键也在于正确的选择和配置，如果不合理，就难以充分发挥植被的雨水净化作用。

2. 渗透作用

低影响开发设施中，除了土壤能作为“吸水海绵”，植被的树干和树叶也能分散和促进雨水渗透，根系能穿过石块和土壤，增加土壤松散度，提高土壤渗透性，是解决水体存蓄循环的关键一环。

3. 景观作用

低影响开发设施中的植物可以用来造景，通过植物叶色、花色、枝干丰富的色彩，形成不同类型和不同感受的空间形式。植被是保证海绵城市景观与功能的有效途径。

4. 生境作用

植物可以为生物多样性提供生境，改善空气质量、缓解热岛效应、调节微气候、提高生物多样性。植被选择和配置如果不合理，或生存环境不适当，就难以充分发挥植被的作用。

5. 防侵蚀作用

低影响开发设施不可出现裸露地表，需要通过植物或树皮等覆盖物进行覆盖，植物根系固定土壤，可以防止裸露土壤水土流失。

低影响开发设施植被优先选择多年生地被植物。地被植物是指能覆盖地面的低矮植物，包括草本以及木本植物中的矮小丛木、偃伏性或半蔓性的灌木以及藤木等。通常，低影响开发区域不宜种植大型乔木，有条件的种植小型乔木，或在低影响开发设施周围种植乔木，不同物种搭配选择，形成景观错落感，避免单调，提高群落稳定性、美学及生态价值。

## 二、常用植被的施工要点

### （一）乔木、灌木施工

低影响开发设施中的乔木、灌木通常栽植在设施边缘，一方面使景观搭配错落有致，另一方面也起到安全防护作用。乔木、灌木由于栽植在边缘，因此要选择耐旱耐湿物种。

乔木、灌木的施工工序包括定点放线、挖穴、栽植。

1. 定点放线

定点放线同本项目单元 7 施工准备。

2. 挖穴

挖穴位置根据定点放线时的白灰点为中心向四周扩展挖掘。树穴大小根据树种根系特点或土球大小、土壤情况来决定，一般要比树种的土球大，直径应加宽 40～100cm，深度加深 20～40cm。

挖穴时应将表土和心土分别堆放，并不断修直穴壁达到规定深度，使穴上口沿与底边垂直大小一致，不得上大下小。遇到坚实的土壤时应适当加大穴径，并挖松穴底；土质太差时应对土壤进行过筛处理或全部换土。

一般种植在低影响开发设施边缘的乔木、灌木耐旱也耐湿，碰到个别树种不耐湿但又有景观需求的情况下，可对树穴做如下处理：种植穴要比一般情况下挖得再深一些，穴底可垫一层厚度5cm以上的透水材料；透水层之上再填一层壤土，厚度可为8～20cm。

3. 栽植

乔木、灌木运到现场后，应立即栽植。栽植时，先在树穴内填上混有基肥的表土打底。落叶乔木、灌木栽植深度在土壤下沉后原栽植线与地面平齐，常绿乔木、灌木土球略高于地面5cm。

**（二）草本植物施工**

植被种植可采用种子播种法和栽植法。

种子播种法一般用于结籽量大而且种子容易采集的草种，如羊茅、结缕草、早熟禾等。种子有单播和2～3种混播的。单播时，一般用量为10～20g/m$^2$；混播是在依靠基本种子形成草坪以前的期间内，混种一些覆盖性快的其他种子，如早熟禾85%～90%与翦股颖10%～15%。播种时间，暖季型草种为春播，可在春末夏初播种；冷季型草种为秋播，北方最适合的播种时间是9月上旬。

与种子播种法相比，栽植法能节省大量草源，一般1m$^2$的草块可以栽成5～10m$^2$或更多，最佳种植时间是生长季中期。

植被种植时，需安装保护隔板，种植时间宜选择植被在一年内无需灌溉即可成活的时期。需在栽植后8h内进行彻底浇水养护，充分保持土壤湿度，这是保持植被成活的主要条件。可采用每天或隔天灌溉的养护方式，直至幼苗长至3～6cm或栽植稳定后。

场地应无任何杂草和入侵植物物种。如果现场存在杂草和入侵植物物种，则可以采用以下方法去除：

（1）人工拔除。该方法的主要缺点是费工费时，还会破坏新建植草沟的幼小植被。

（2）生物拮抗抑制杂草。它是指通过加大播种量，或混播先锋草种，或对目标草种的强化施肥（生长促进剂）来实现。

（3）合理修剪抑制杂草。大多数目标物种耐强修剪，而大多数的杂草，尤其是阔叶杂草再生能力差，不耐修剪。通过合理地修剪不仅可以促进植物生长，还可以抑制杂草的生长。

（4）除草剂。针对不同的杂草种类，正确地选择不同的除草剂；正确使用除草剂的剂量，不宜过多，单位面积上除草剂量过多会影响水质和产生药害；不宜过少，否则除草效果不佳。

**（三）湿生植物施工**

湿生植物要选在多晴少雨的季节进行种植。大部分湿生植物在11月至翌年5月挖起移栽。湿生植物在生长季节也可移栽，但要摘除一定量的叶片，不要失水时间过长。生长期中的湿生植物如需长途运输，则宜存放在装有水的容器中。

种植湿生植物一般0.5～1.0m$^2$种植一蔸。栽植深度以不漂起为原则，压泥5～10cm厚。在种植时一定要用泥土压紧压好，以免风浪冲刷而使栽植的根茎漂出水面。根茎芽和节必须埋入泥内，防止抽芽后不入泥而在水中生长。

1. 荷花

（1）生长习性。喜光和温暖，耐寒性强，池底不冻即可越冬。喜湿怕干，但水过深淹没立叶，则生长不良。喜富含腐殖质及微酸性壤土和黏质壤土。

（2）耐水深度为20～80cm。

（3）种植方法。常用分株繁殖和播种繁殖，宜采用分株繁殖。

1）分株繁殖。清明节前后选用主藕2～3节或用子藕作为种藕，每段必须带顶芽和保留尾节，否则水进入藕中，会使种藕腐烂。栽植时用手指保护顶芽，将种藕顺序平铺或20°～30°斜栽在泥中，深度为10～15cm。若不能及时栽种，应将种藕放于背风、背阴处，并在上面覆盖稻草以保持湿润。

2）播种繁殖。莲子无休眠期，只要水温能保持在16℃以上，四季均可播种。莲子在温度、光照适宜的条件下，从播种到开花，春季需要50～60d，秋季需要60～80d。播种繁殖时应选用充分成熟的莲子，莲子外壳坚硬密实，浸种前必须进行人工破口。莲子的一头有小突尖，另一头有小凹点，把有小凹点的那一端挫伤一小口，露出种皮，注意不要破坏种胚，也不要去壳，然后放入温水中浸种催芽。水温20～30℃比较适合，一般1周左右即可发芽，2周后长出细根和2～3片幼嫩的小荷叶，待叶如钱状、根系形成便可单株分栽。

栽植株行距（0.7～1.5m）×（1.5～2.0m）。栽植的关键环节是从种下到立叶长出的一段时间，无论是用莲子种植还是种藕种植，都需要格外的小心与呵护。

栽植后不要立即灌水，待3～5d泥面出现龟裂时再浇灌少量水，刚开始不宜有过深的水，一般以10～15cm深为宜。入夏后逐渐加到50～60cm，水深最多不超过150cm。长藕期间不宜浅、不宜深，故立秋后应适当降低水位。

2. 菖蒲

（1）生长习性。最适宜生长温度为18～23℃，10℃以下生长缓慢，具有一定抗寒性。耐旱，喜半阴，适宜酸性环境。

（2）耐水深度为8cm。

（3）种植方法。繁殖以分株繁殖方法为宜。在早春（清明前后）或生长期内用铁锹将植株连根挖出，洗干净，去除老根、茎及枯叶，再用快刀将地下茎切成若干块状，每块保留好嫩叶、3～4个新芽、新生根进行繁殖。

栽植时按株行距25cm×50cm在设施边坡低洼地浅水挖穴直栽，每穴放入种苗1株。根据施工图布置的需要，也可采用带形、长方形、几何形等栽植方式栽植。栽植不可过深，以根茎顶芽与栽植面平齐为宜。成片栽植时，可沿栽植边际线，与等高线平行开沟。栽植后，沿栽植边线筑围堰灌水，水深1～3cm。

种植菖蒲时要控制温度，注意分株时保留新芽、新根，不然发芽率极低。

3. 芦苇

（1）生长习性。适应力强，喜温暖，耐寒抗旱。生长在浅水中或低湿地中，气候适应性强，适宜pH值为3.7～8.0，为最常见的人工湿地植物。根系发达，可深入地下60～70cm，具有优越的传氧性能，有利于COD的降解，适应性、抗逆性强。

（2）耐水深度为0～60cm。

（3）种植方法。常用的种植方法有分根移栽法、压青苇子法、带根青苇移栽法。

分根移栽法。发芽后，在苇地用铁锹挖长宽20～25cm、带有3～5个幼苗的苗墩，按株行距30cm×40cm在设施边坡低洼地浅水挖穴，每穴放入一丛苗墩直接栽植。

压青苇子法。在雨季（连雨天最好）把健壮的植株用镰刀自地面割下，削去33～40cm左右的嫩尖，平放在预先浇好的泥土上，在每隔2～3个节处压上6～8cm厚的泥土，一般15d左右发芽。发芽前要灌浅水。

带根青苇移栽法。当芦苇生长到0.5～0.6m时，将苇根挖出，截取30～40cm长的粗壮根段，作根茎繁殖。按株行距或按行距30cm开沟，将根茎斜埋沟内，上部露出5～7cm，填土略加镇压，然后灌水略高于栽植面。

种植芦苇时要注意灌水，保持湿润。

4. 香蒲

(1) 生长习性。对土壤要求不严，以含丰富有机质的塘泥最好，较耐寒。宽叶香蒲适宜pH值为3.0～8.5；窄叶香蒲适宜pH值为3.7～8.5，耐苦咸水。

(2) 耐水深度为20～40cm。

(3) 种植方法。常用分株繁殖和播种繁殖，宜采用分株繁殖。

分株繁殖。春季萌芽前将地下根茎取出，切成10cm左右一段，带2～3枚芽，将根茎栽于土中后，茎芽在土中水平生长到30cm多时，顶芽变曲向上生长抽生新叶，向下生长出根系，形成新株。

播种繁殖。多于春季进行，可按条形、长方形、品字形播种繁殖，播后不覆土，注意保持苗床湿润。

浅水位可采用直栽法，深水位采用立柱栽植或拉线栽植。栽植时株行距30cm×30cm。种植后注意浅水养护，避免淹水过深和失水干旱。越冬期间能耐零下9℃低温，当气温升高到35℃以上时，植株生长缓慢。

5. 水葱

(1) 生长习性。阳性，夏宜半阴，喜湿润凉爽通风。最佳生长温度为15～30℃，10℃以下停止生长。耐寒耐阴，北方大部分地区可露地越冬。性强健，不择土壤。

(2) 耐水深度为20～50cm。

(3) 种植方法。繁殖方法以分株繁殖为宜。盆栽2年，地栽不宜超过3年。春季将株丛掘出，用利刀将根状茎切割成直径20cm左右、每墩带有10余个芽的新株丛。

栽植时按30cm×30cm株行距挖穴栽植，也可挖宽40cm、深45cm的栽植沟，栽植株密度为15～20芽/丛，8～12丛/$m^2$。浅水位可直栽，深水位育苗袋栽。栽植穴底或沟底施入有机肥，每穴放入种苗1株。覆土后灌透水，生长季节栽植时应短截茎叶。

6. 凤眼莲

(1) 生长习性。喜温暖湿润、阳光充足的环境，适应性强，耐寒性较差。繁殖能力强，除氮效果佳，需严格控制种植范围，冬季休眠。

(2) 耐水深度为30cm。

(3) 种植方法。多分株繁殖，应每年进行分株更新。分株在春夏季进行，分株时只要将新的植株自母株切下另行栽植即可。

栽植需在水温稳定在18℃以上时进行。对土壤要求不严，以腐殖质土和塘泥为佳，将幼芽直接投放于用浮框或浮漂圈定的栽植区域内，以避免植株在水体中随意漂动。

## 【课 下 活 动】

分组讨论并形成报告：

观察周边至少一种水生植物，并详细记录其生长习性。

# 单元七 施工与管理一般要求

## 一、施工建设基本要求

项目一经批准开工建设，便进入施工阶段。这一阶段是项目决策实施、建成、投产、发挥效益的关键环节。海绵城市建设工程应按照《建设工程项目管理规范》（GB/T 50326—2017）进行管理。施工单位、监理单位必须具备相应资质，施工人员必须具备相应资格，做好施工前、中、后各阶段的相关准备及工作。

海绵工程施工应遵循的国内现有规范见表 4－32。

表 4－32 海绵工程施工相关现有规范

| 序号 | 规 范 名 称 | 标 准 编 号 |
| --- | --- | --- |
| 1 | 《给水排水管道工程施工及验收规范》 | GB 50268—2008 |
| 2 | 《地下工程防水技术规范》 | GB 50108—2008 |
| 3 | 《城镇道路工程施工与质量验收规范》 | CJJ 1—2008 |
| 4 | 《雨水集蓄利用工程技术规范》 | GB/T 50596—2010 |
| 5 | 《透水水泥混凝土路面技术规程》 | CJJ/T 135—2009 |
| 6 | 《透水沥青路面技术规程》 | CJJ/T 190—2012 |
| 7 | 《透水砖路面技术规程》 | CJJ/T 188—2012 |
| 8 | 《园林绿化工程施工及验收规范》 | CJJ 82—2012 |
| 9 | 《人工湿地污水处理工程技术规范》 | HJ 2005—2010 |
| 10 | 《种植屋面工程技术规程》 | JGJ 155—2013 |

施工单位应在工程开工前，编制完成施工组织设计，对关键的分项、分部工程分别编制完成专项施工方案。施工组织设计、专项施工方案必须按规定程序审批后执行，有变更时应办理变更手续。

为了快速、优质完成建设项目，应认真做好以下各方面的准备工作，确保实现计划目标。

### （一）施工准备

1. 组织准备

做好施工组织设计，具体包括：办理施工许可证等有关手续，确定现场组织机构人员名单，建立健全各项规章制度，有效组织机械设备，用物材料进场，协调周边关系。确保执行施工措施的负责人从作业前便遵循和执行这些规定。

2. 技术准备

组织工程内业、外业技术人员熟悉施工图、施工规范、质量要求及安全保证措施等；编制好施工方案，做好必要的工料分析，组织图纸会审，将图纸中存在的疑问会同甲方、设计方认真研究解决；完成技术交底记录，进行工程定位、放线、定桩，同时做好技术培训工作。

对于施工面积超过 300$m^2$ 的工程，需要提供施工现场管理计划，具体要求如下：

（1）估计施工场地的挖掘位置和程度（包括开挖、回填以及表土和淤泥的存储）。

（2）拟定施工场地泥沙控制措施的位置，如排泥渠、泥沙井和泥沙池等。

（3）对开挖量进行准确估计。

（4）制作开挖施工进度表，标明挖开区域的暴露时长。

其他事项包括：

（1）施工前后的场地半米等高线图。

（2）水土保持措施所用的植物类型和栽种位置。

（3）施工时间的估计和完工日期。

（4）尘土和噪声的控制方式。

（5）详细计划现场管理人员，包括泥沙控制人员。

根据具体工程要求，可能需要提供下列材料：

（1）如果开发坡度比超过 1∶4，或者开发地块可能存在地质稳定性问题，则需要提供岩土工程报告（必须由注册岩土工程师撰写）、评估开发区域的地质稳定状况。

（2）施工图纸应说明如何处理工程带来的雨水径流、地表径流增加和径流污染问题。

（3）若拟在距公共排水管 5m 之内，或距排水主干道 10m 之内建造房屋，图纸上必须标明这些排水管或污水管的实测位置和实际埋深。

（4）在公共排水或污水管网上修造建筑物前，还必须提交设计方案和计算方法以供审批。另外，还需提交一份详细的施工计划。

（5）如果开发地块位于洪泛区或是洪水风险区（通常为低洼地带），则需提供一份由注册工程师撰写的洪水风险评估报告，确定 10 年一遇和 100 年一遇的洪水（或涝水）水位，需要保证所有建筑物地面都高于洪水水位。

（6）如果开发地块现有的排水管网有限，则需提供雨水集水区细节和工程计算报告，以确保开发后的雨水峰值与开发前相同，并提供排水径流量的控制方案。

（7）地块开发引起的雨水径流增加，可能加大下游的风险。建议使用生态景观、可透水路面、雨水箱等环境友好的设计方案来有效减少雨水径流。

（8）提供一份详细的现场排水和排污计划，需要清楚地展示建筑物和绿地的位置。

（9）如需改建或增建公共设施，则需要申报工程项目。公共设施是指公共管网、道路、路缘水渠、人行道、路灯等。为多个房产服务的雨水池及泵站也属于公共设施。

3. 施工现场准备

根据施工现场的具体情况，查看坡向并判定径流可能的走向，经济合理地布置施工现场，搭设各种临时设施，调试安装施工准备，做好开工前准备工作，包括但不限于下列事项：

（1）识别自然环境（如道路缘石、雨水渠以及天然水体）。

(2) 识别潜在的环境风险，明确如何通过场地管理来缓解或减少环境风险。

(3) 收集地下管网的资料。

(4) 施工污水的处理。

(5) 施工现场的封闭。

4. 施工资源的准备

根据场地的实际情况，制定溢流应急计划，并准备好随时可用的设备，确保所有员工都接受过良好的培训。施工资源准备包括：①主要的机械设备；②材料准备；③劳动力准备。

**(二) 施工作业**

海绵设施结构的修建应该在汇水区的主要土建工程基本结束和稳定之后进行，以确保海绵设施在正式投入运行前不受施工建设活动的影响。

如果需要在其他工程建设完成前修建海绵设施，那么这些设施需要用土工布覆盖，并直到施工活动完全停止后再种植植被。海绵设施其他施工要求如下：

(1) 施工过程中，应采用围挡措施，将设施与周边进行隔离，以防止施工过程中被重型机械碾压。

(2) 安排在干燥天气进行较大规模的土方及类似作业；施工时应确保径流不进入海绵设施，如已有径流通过，后期建设完成后应及时清除沉积物。

(3) 开挖时，宜考虑基坑结构保护。

(4) 回填时，应避免土层介质过度压实。

(5) 在使用土工布和衬垫时，应仔细安装，防止损坏，并保证安装时材料边缘有一定的重叠厚度。

(6) 施工结束后，应检查设施及出入口的标高是否与设计相符。

施工期间，需按施工场地平面规划和场容管理办法进行检查，在搭建临时设施和基础设施的阶段，做好平面指挥协调，保证材料进场和土石方出场有序，使整个施工阶段井井有条。

入场材料必须按平面布置所规定的位置堆放，场内建筑垃圾及时清理外运出场，使施工现场内始终保持砂石成堆，块材成方，板材码放整齐。

**(三) 竣工验收**

海绵设施交付前必须严格按照相关规范、导则的要求和施工图进行竣工验收，验收合格方能交付使用。施工完成后需要提供竣工图，施工监理需证明施工是按照审批设计来进行的。海绵设施竣工的验收要点如下：

(1) 在竣工验收时，对设施布局、规模、竖向、进水口、溢流排水口、地表导流设施、绿化种植、土壤配比等关键环节进行重点验收。

(2) 有径流量控制要求的海绵设施在验收时，应检查有效蓄水深度及规模。

(3) 生物滞留设施和植草沟等具有入渗功能的海绵设施，应检查设施内蓄积雨水入渗时间是否满足设计要求。

(4) 对于靠近道路、建筑物基础、其他基础设施，或者因水浸泡可能出现地面不均匀沉降的入渗型海绵设施，需检查防渗措施是否到位。

(5) 底部进行了防渗处理的海绵设施，需检查是否设置了排水盲管。有雨水入渗要求的海绵设施在验收时，应检测换填土壤的入渗率。

(6) 以管道等集中入流方式进入的海绵设施，需检查入口处是否采取了散流和消能措施。

## 二、施工建设一般流程

施工建设需要按照施工项目的特点，细分施工涉及的工种，合理选择施工顺序及施工方法。施工建设的常用流程如图 4-18 所示。

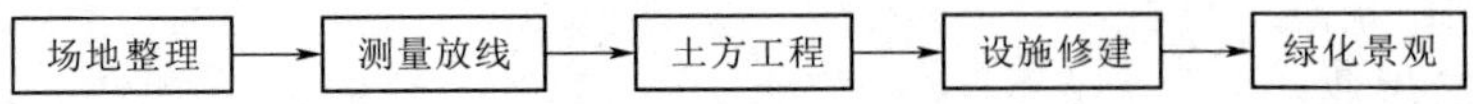


图 4-18 施工建设的常用流程图

### (一) 场地整理

施工前，首先对施工现场进行清理，去除杂物、障碍物等，搭建围挡，为后续工作做好准备。相关细化要求如下：

(1) 场地平整需考虑排水坡度，设计无具体要求时，一般应向排水沟方向坡度不小于 2%，按每 20m 的检查点进行逐点检查。

(2) 对施工区域内及周边的障碍物应做好拆迁处理或防护措施，如建筑物、构筑物、地下管道、电缆、树木等。

(3) 确保施工场地内机械运行正常、道路和排水沟畅通。道路平面级高于施工场地地面。

### (二) 测量放线

测量工作应由专业测量人员完成。测量前应研究设计图纸资料，掌握坐标点、高程点分布情况，做好测量内业和仪器校验工作。测量时应首先建立施工场地内坐标、高程控制网，然后进行基础工程放线。放线工作完成后，由技术负责人组织有关人员对主要的中心点按其精度要求进行复核，复核无误后，提供施工现场的放线资料，报甲方及监理方校对并由监理单位书面下达调整和实施通知书后，方可进行施工作业。

### (三) 土方工程

土方施工操作要点包括以下几个方面：

(1) 土方开挖前应绘制土方开挖图，确定开挖路线、顺序、范围、基底标高、边坡坡度、排水沟、集水井位置以及挖出的土方堆放地点等。绘制土方开挖图应尽可能使用机械挖方，减少机械超挖和人工挖方。

(2) 机械开挖应先深后浅，基底及边坡应预留一层 300～500mm 厚土层，然后人工清底、修坡、找平，以保证基底标高和边坡坡度正确，避免超挖和扰动土层。

(3) 施工中应经常观测原挡土墙的情况。如发现原挡土墙有松动、变形、位移等情况，应及时分析原因，采取有效的措施进行处理。

(4) 对已挖部分的土体进行监测。为保证基础施工阶段的安全，及时掌握挡土体的变形状况，对挡土体进行监测。在护坡一侧设置平行控制线，用经纬仪准线法，定期进行观测，以确保护坡桩的安全。

(5) 雨季开挖面积不宜过大，应逐段、逐片、分期完成、注意边坡稳定，加强对边坡、支撑、围堰等措施的检查。

（6）为保证土方工程顺利进行，必须搞好坑内排水和地面截水、降水、排洪工作。最简易的截水方法是利用挖出的土沿基坑四周或迎水面筑高 500～800mm 土堤截水，同时将地面水通过场地排水沟排泄。

**（四）设施修建**

海绵设施建设的一般流程如图 4－19 所示。

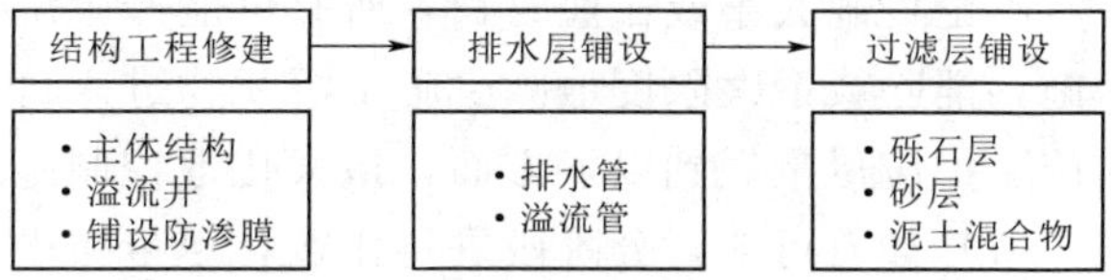


图 4－19　海绵设施建设的一般流程

**（五）绿化景观**

植被的种植应该符合景观设计要求，景观工程施工的主要步骤和技术要求如下：

（1）清理场地。对施工场地内所有垃圾、杂草、杂物进行全面清理。

（2）场地平整。严格按照设计标准和景观要求，土方回填平整至设计标高，对场地进行翻挖，花草种植土层厚度不小于 300mm，花坛种植土层厚度不小于 400mm，破碎表土整理成符合要求的平面或曲面，按图纸设计要求进行整平，标高应符合设计要求，如有特殊情况应与甲方商定处理。

（3）放线定点。根据设计图比例，将设计图纸中各种树木的位置设计布局，映放到实际场地，保证苗木布局符合实际要求，实际情况与图纸发生冲突时，在征得监理同意的前提下，做适当调整。

（4）挖种植穴和施基肥。花灌木采用条形穴，种植穴应比树木根球直径大 300mm 左右，施基肥按作业指导书进行。

（5）苗木规格及运输。选苗时，苗木规格与设计规格不得超过 5%，按设计规格选择苗木。乔木及灌木土球用草绳、蒲团包装，并适当修剪枝叶，防止水分过度蒸发而影响成活率。

（6）种植浇灌。按苗木种植指导书种植，无论何种天气、何种苗木，种植后均应浇足量植根水，并喷洒枝叶保湿。

（7）施工后的清理。对施工后形成的垃圾及时清除，保证绿地及附近地面清洁，不影响居民生活休闲。

**三、环保措施**

随着社会经济的快速发展，各种建设日益增加，而施工造成的环境影响也不断增多。因此施工现场的环境保护变得十分重要。近年来，如何加强施工现场的环境保护，是衡量工程建设团队管理水平和人员综合素质的一项重要指标。

针对工程施工期间面临的敏感环境问题，要实事求是、科学客观地作出环境影响评价，有针对性地安排具体的环保工作，保证施工期间环保工作有序、有效地进行，最大限度地减少施工过程对周围环境造成的不利影响。

在工程施工期间，对噪声、振动、废水、废气和固体废弃物进行全面控制，尽量减少这些污染排放所造成的影响。环境保护工作考核的指标是：在工程施工期间、噪声、振动、废水、废气和固体废弃物的影响满足国家和有关地方性法规的要求。

**(一) 沉积物控制**

施工过程中所产生的黏土、泥土和沙粒等沉积物会对水生环境会造成巨大影响，例如堵塞管道、淤积河道，增加内涝风险；降低水体透明度，影响水体水质和生态环境；甚至导致水生植物、鱼类窒息死亡。

不论场地大小或作业时长，所有可能产生沉积物的工地都需要实施对沉积物的控制措施，消除或最大限度地减少施工沉积物进入自然环境（雨水渠、溪流、海洋或空气）。在施工中应尽量做到以下方面，最大化地控制施工场地的沉积物：

(1) 如有可能，分阶段进行作业，尽量减少每次作业时裸露的泥土。

(2) 定时清除作业场地的泥土和淤泥。

(3) 尽可能快地使受扰区域恢复正常。

(4) 尽可能保护已有的植被，因为草地和灌木等植被可以很好地拦截沉积物。

(5) 定期清扫尘埃并进行恰当的处理，避免其在空气中扩散或进入水体。

(6) 利用过滤袋、土工布、淤泥栅栏、过滤网等保护雨水篦。

(7) 对于大型作业场地或作业区域，特别是靠近河道作业时，在作业区域或贮料堆周围安装淤泥栅栏。

(8) 如果沉积物控制器材发生磨损、损坏或破裂，应采取维护措施。

**(二) 混凝土与沥青污染物控制**

1. 混凝土与沥青污染的危害

固化的混凝土或沥青对环境造成的危害较小，但在被切割或压碎时则可能产生大量污染。当雨水接触到未凝固的混凝土、混凝土粉末、混凝土粉尘或混凝土泥沙时将变成强碱性水。

强碱性水会灼伤甚至杀死所接触到的鱼类、水生昆虫和植物。受污雨水没法通过稀释或过滤达到安全排放的程度，如果任其进入水体，只会进一步扩散污染。

冲洗或切割柏油、沥青的废水含有大量的碳氢化合物（如汽油），对人类和动植物都会造成很大的毒害。和混凝土一样，碳氢化合物很难稀释到安全排放的程度。

2. 控制措施

由于混凝土或沥青作业对环境影响风险高，建议使用排水塞将雨水渠完全封堵，并用潜水泵或吸污车将受污径流从雨水篦中移除。如若不然，则须严格地布置沙袋或筑堤隔离雨水篦。除此之外，还需注意以下事项：

(1) 尽量减少在作业场地使用的水量，从而减少需要处理的水量。

(2) 切割干混凝土或沥青也会产生粉尘，需使用带有真空吸尘器的锯片以最大限度地减少粉尘量。

(3) 使用湿（干）真空吸尘器（大型作业时使用吸污车）收集作业场地的混凝土或沥青污染物以及被污染的径流，或将所有的径流导流到施工基坑或开放地面，使其远离地表径流。

(4) 设备和工具清洗应在指定的冲洗区域进行，这些区域应远离雨水渠、溪流或海岸。

(5) 在混凝土泵下方布置防水布，并形成斜坡，防止其溢流。

### （三）雨水篦保护

在许多城市施工场地附近，都有雨水篦排向现有市政雨水系统。作为一种二次控制措施，在污染物进入雨水系统之前，通过拦截和控制受污染的径流或过滤泥水来保护雨水篦，有助于降低施工活动所带来的环境风险。

雨水篦的保护没有固定的解决方案，很多材料和装置都可以采用，常用的雨水篦保护方式有以下几种：

（1）临时封闭雨水篦。

（2）使用沙袋、过滤柱等圈围雨水篦。

（3）采用过滤布（土工布）包裹雨水篦。

在选择用何种方式保护雨水篦时，首先要考虑其目标：是施工时完全封闭雨水篦，不让雨水篦过流；还是雨水篦仍然过流，只是过滤和拦截雨水径流的沉积物。然后再根据施工的规模和性质、施工场地情况以及污染物的类型选定最合适的方法。

#### 1. 临时封闭雨水篦

在进行水泥浇筑等潜在高污染施工活动时，需要完全隔离雨水篦，这时可以临时封闭雨水篦。需注意，封闭雨水篦后，雨水将完全无法进入这些雨水篦，可能流入下游的雨水篦，如遇强降雨还可能引发洪灾。因此封闭雨水篦只是一种短期、临时的解决方案。在封闭雨水篦前须找出通往雨水篦的通路，通常不止一个雨水篦需要保护。施工过程中应及时清除积水并妥善处理，而施工完成后或者在大雨前应尽快移除控制物。

#### 2. 使用沙袋、过滤柱等圈围雨水篦

（1）找出通往雨水篦的通路，通常不止一个雨水篦需要保护。

（2）在雨水篦附近的上坡位置布置沙袋、沙柱或其他控制物，控制物的数量取决于需控制的雨水量和施工场地的坡度。

（3）确保雨水无法从控制物下面通过，尤其在遇到粗糙的碎石封层道路时。

（4）紧挨雨水篦四周布置沙柱。

（5）为了保护从路牙进入雨水篦的径流，可在雨水篦入口路牙一侧布置过滤柱。

#### 3. 采用过滤布（土工布）包裹雨水篦

过滤法是最常用的雨水篦保护方法，即过滤和拦截沉积物，只允许雨水通过控制物。过滤只适合控制沉积物，因为过滤材料通常无法清除碳氢化合物（燃料和燃油）一类的污染物，也无法中和已经接触到混凝土粉末、尘埃、污水或泥沙的碱性雨水。

（1）过滤时使用的过滤布必须是土工布，最好是针刺无纺布。土工布允许雨水通过的同时能很好地拦截沉积物。

（2）在雨水篦开口处布置过滤布，罩住后部入口，铺至人行道。

（3）可以在格栅和后部入口周围重叠布置足够的过滤布。

（4）将格栅放回原位，小心地放入键槽。

（5）在过滤布的边缘布置过滤柱，将过滤布固定在适当的位置，避免过滤布折叠，同时也加强过滤作用。

（6）安全要求。例如施工场地的人力配置、自行车和人流量、车流量、限速等，使用屏障和路锥确保施工场地附近的公共安全。

（7）维护要求。有些保护雨水篦的控制物可能会快速封闭或阻塞集水坑，因而需要定期维护。

**（四）施工场地的废水排放管理**

良好的排水管理有助于减少沉积物，避免下游地区（如马路道牙、雨水集水坑、地下水以及天然水体）的水质恶化。主要措施包括以下几个方面：

（1）在作业场地附近的上坡位置布置导流措施（如土堤、沙袋等），用以导流场地周围干净的雨水，减少需要处理的施工场地雨水径流。

（2）使用水泵排水时，可通过浮板支撑抽水管，从水面开始排水，避免抽出底部沉积物。

（3）排水后须清除作业场地上遗留的泥浆和过量淤泥，将其移除至隔离区域（如淤泥栅栏内）。

1. 排水量小的情况

排水量不大的情况下，可将泥水直接排放到远离水体的草地或被覆盖的区域。

（1）抽水时使用土工布或过滤袋作为过滤器，减少需要处理的沉积物。

（2）确保水流量不超过地面的渗水能力，即不会导致积水或径流的产生。

（3）每天收工时，应清除所有累积的沉积物。

2. 排水量大的情况

在遇到水量大或者由于场地限制或水质等原因不能选择上述排水措施的情况时，可将泥水排放到便携式容器中，或者使用吸污车。

（1）便携式容器装满后，可先放置一段时间让污水沉淀，然后再将水抽出，排放到草地、植被覆盖区域或有二次控制措施的雨水系统；也可将容器运离作业场地，然后再进行适当的处置。

（2）从容器中抽水时，应从水面开始，确保已经沉淀到容器底部的沉积物不被搅动。

（3）如果场地面积比较大，作业时间比较长，排水量比较大，应使用特殊设计的沉淀物脱水装置。

**四、设施维护**

海绵设施在竣工验收合格后，方可交付使用。海绵设施的管理部门需对设施做好后期维护，确保设施正常发挥其功能。

**（一）维护管理制度**

建立海绵设施的维护管理制度和操作规程，落实设施的维护管理主体及经费来源，明确维护管理质量要求，并加强对管理人员和操作人员的专业技术培训。

公共项目的海绵设施宜由城市道路、排水、园林等相关部门按照职责分工负责维护监管。其他海绵设施宜由该设施的所有者或其委托方负责维护管理，项目所有权发生变更时，维护管理职责随项目同时转移，维护管理质量应满足项目的设计控制目标，并受政府部门监管。对于住宅小区等用地内部的海绵设施，维护与运营资金宜由开发商或物业公司提供。对于公共项目的海绵设施，维护与运营资金来源主要为相关缴费收入和财政补贴。

加强宣传教育和引导，提高公众对海绵城市建设、绿色建筑、城市节水、水生态修复、内涝防治等工作中雨水控制与利用的认识，鼓励公众参与。

### （二）维护管理流程

海绵设施的维护应采用日常巡检和专项巡检相结合的模式。日常巡查频率遵循原有巡查的相关规定；专项巡查频率建议最低为一年两次，分别为每年雨季来临前和雨季后期；应制定各项设施运行维护要点，对海绵设施进行集中专项巡查，以保证设施正常、安全运行。

海绵设施的维护管理应建立、健全维护管理制度和操作规程，所有的维护工作应作维护管理记录。

海绵设施维护管理的工作流程如图 4-20 所示。

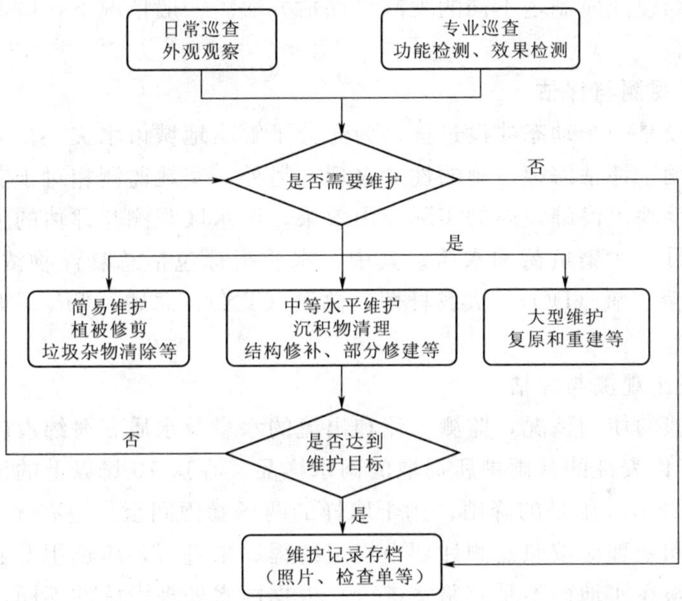


图 4-20　海绵设施维护管理工作流程

### （三）常用维护措施

一般情况下，海绵设施比传统雨水设施的维护费用低，但是维护的技术要求比较高。因此，培养一支专业的海绵设施维护团队对于海绵设施能否长久运作至关重要。大多数海绵设施扮演着景观美化和排水系统的双重角色，这些设施需要长期的维护保养，主要措施包括以下几个方面：

（1）海绵设施的辅助组件（阀门、泵、栅栏等）应始终保持可运作的状态。应根据厂商的建议进行组件定期检查，以确认部件功能的完整性。

（2）每年定期添加天然树皮作为土壤覆盖层，抑制杂草生长和保持水分。

（3）每隔几年检查土壤覆盖层的厚度，如过厚则需移除多余覆盖材料。

（4）根据不同的设施要求，按需要定期修剪植被、除杂草。

（5）注意观察海绵设施的植被，如生长不良则需移除。有时可能需要修剪、疏伐或更换设施上的植物。

(6) 强径流可能造成设施土层的侵蚀，需要及时对侵蚀的地方进行维护，并且防止类似情况再次发生。

(7) 定期清理海绵设施上累积的垃圾和碎屑，检查溢流装置是否阻塞。

## 五、观测与评估

在海绵设施管理过程中，“观测”能让我们跟踪“海绵改造”后项目区域水文、水环境、生态等方面的指标变化。观测不仅包括按照具体的设施维护手册定期观察设施植物生长及检查进水口、溢流口是否堵塞或淤积等简单快速了解设施运行效率的观察方法，也涵盖根据设施结构在关键位置布设监测点，监测设施的运行数据，从而进一步调整优化海绵设施的设计、施工、维护实践。

针对不同海绵设施应制定不同的观测与评估办法。一般情况下，应覆盖汇水区和海绵设施两个层面。

### （一）汇水区观测与评估

海绵城市建设是一个动态建设过程，为充分了解本地城市水文、径流水质情况，汇水区水文参数有助于评估海绵设施的性能表现。另外，实地监测相对于实验室检测更重要，因为它更能反映出海绵设施的实际应用效果。汇水区观测与评估的主要参数包括水力连通性、径流量、污染负荷和水质。其中，水质指标包括总悬浮物浓度（TSS）、酸碱度（pH 值）、溶解氧（DO）、大肠杆菌、总氮（TN）、总磷（TP）、重金属含量（如总锌量、总铜量）。

### （二）海绵设施观测与评估

观察海绵设施的使用情况，监测入流和出流的水量及水质。海绵设施的性能评估宜基于至少 10 场有代表性的暴雨中所提取的雨水样品。在这 10 场以上的记录降雨中，至少应有一场超过 20mm 雨量的降雨。用于取样的两场暴雨间至少应有 3 天的干燥天气。

样品的收集和处理应按照监测计划中规定的程序来进行，应选用专业的实验室来分析样品。监测必须在实地而不是实验室进行。根据雨水处理设施的不同，监测系统或装置可能需要在实地安装运行 6 个月以上。

# 项目五

# 海绵城市建设案例

## 单元一　北京市海绵城市建设案例

### 一、项目区自然条件

#### （一）位置境域

北京市地处东经 115.7°～117.4°、北纬 39.4°～41.6°，中心在北纬 39°54′20″、东经 116°25′29″；位于太行山山脉、燕山山脉与华北平原的交接地带，依山面海。从地理位置来看，北京市南接华北大平原、西临黄土高原、北邻内蒙古高原，正处于中国三级地势阶梯的交接处。由于北京西部是太行山山脉余脉的西山，北部是燕山山脉的军都山，两山在南口关沟相交，形成一个向东南展开的半圆形大山湾，称为“北京湾”（图 5-1），它所围绕的小平原即为“北京小平原”。诚如古人所言：“幽州之地，左环沧海，右拥太行，北枕居庸，南襟河济，诚天府之国”。

图 5-1　北京湾示意图

#### （二）地形地貌

北京的西、北和东北三面群山环绕，东南是缓缓向渤海倾斜的北京平原，总体地势西北高、东南低。北京平原的海拔为 20～60m，山地一般海拔为 1000～1500m，与河北交界的东灵山海拔为 2309m，是北京市的最高峰。北京市总面积 16410.54km$^2$，其中山区面积 10200km$^2$，约占总面积的 62%；平原区面积 6200km$^2$，约占总面积的 38%。

#### （三）气候环境

北京的气候为典型的北温带半湿润大陆性季风气候，夏季高温多雨，冬季寒冷干燥，春、秋短促，全年无霜期 180～200d。年平均降雨量 600mm，季节分配很不均匀，全年降水的 80%集中在夏季 6—8 月。年平均日照时数为 2000～2800h。夏季正当雨季，日照时数减少，月均日照在 230h 左右；秋季日照时数虽没有春季多，但比夏季要多，月均日照 230～245h；冬季是一年中日照时数最少的季节，月均日照不足 200h，一般为 170～190h。

### (四) 河流水系

北京没有天然湖泊，但有85座水库，其中大型水库有密云水库、官厅水库、怀柔水库、海子水库。北京天然河道自西向东贯穿五大水系（永定河水系、潮白河水系、北运河水系、拒马河水系和蓟运河水系），多由西北部山地发源，向东南蜿蜒流经平原地区，最后汇入渤海。

### (五) 动植物资源

1. 植物资源

北京市地带性植被类型是暖温带落叶阔叶林并间有温性针叶林的分布。海拔800m以下的低山带代表性的植被类型是栓皮栎林、栎林、油松林和侧柏林；海拔800m以上的中山带，森林覆盖率增大，其下部以辽东栎林为主；海拔1800～2000m，桦树增多，在森林群落破坏严重的地段，为二色胡枝子、榛属、绣线菊属占优势的灌丛；海拔1800～1900m以上的山顶生长着山地杂类草甸。

大部分平原地区已成为农田和城镇，只在河岸两旁局部洼地发育着以芦苇、香蒲、慈菇等为主的洼生植被，但多数洼地已被开辟为鱼塘，在搁荒地及田埂、路旁多杂草；湖泊、水塘中发育着沉水和浮叶的水生植被。

2. 动物资源

北京地区的动物区系有属于蒙新区东部草原、长白山地、松辽平原的区系成分，也有东洋界季风区、长江南北的动物区系成分，故北京的动物区系有由古北界向东洋界过渡的动物区系特征。截至2009年，此动物区系中有兽类约40种，鸟类约220种，爬行动物16种，两栖动物7种，鱼类60种。

## 二、项目区社会经济条件

### (一) 行政区划

北京辖东城区、西城区、朝阳区、海淀区、丰台区、石景山区、顺义区、通州区、大兴区、房山区、门头沟区、昌平区、平谷区、密云区、怀柔区、延庆区等16个区，共147个街道、33个乡和144个镇。

### (二) 人口

截至2021年年末，北京市常住人口2188.6万人，比2020年末减少0.4万人。其中，城镇人口1916.1万人，占常住人口的比例为87.5%；常住外来人口834.8万人，占常住人口的比例为38.1%。出生人口13.9万人，常住人口出生率为6.35‰，死亡率为5.39‰，自然增长率为0.96‰。全年城镇新增就业26.9万人，比2020年增加0.8万人。

### (三) 经济

2022年，北京市实现地区生产总值41610.9亿元，按不变价格计算，比2021年增长0.7%。其中，第一产业增加值111.5亿元，下降1.6%；第二产业增加值6605.1亿元，下降11.4%；第三产业增加值34894.3亿元，增长3.4%。按常住人口计算，全市人均地区生产总值为19.0万元。2022年北京地区进出口总值36445.5亿元，比2021年增长19.7%。其中，进口30555.5亿元，增长25.7%；出口5890.0亿元，下降3.8%。2022年数字经济实现增加值17330.2亿元，按现价计算，比2021年增长

4.4%，占全市地区生产总值的比重达到41.6%，比2021年提高1.2个百分点。

**(四) 经济发展模式**

“十二五”以来，北京在淘汰转移落后产能、培育高科技产业、大力发展服务业等方面走在全国前列，第三产业占比高居全国榜首，北京的经济发展方向与全国经济转型升级模式高度吻合。“十三五”时期，北京进一步强化自身总部经济、服务经济、科技经济和绿色经济的发展定位，紧紧抓住首都非核心功能疏解、京津冀协同化发展等地域互补、区域协同的发展机遇，开启精准化、高端化、首都化的发展模式，通过提质增效，不断提升首都北京的城市竞争力和幸福指数。但是，北京经济的特殊功能定位和实体行业相对弱化的产业布局，也使得首都经济发展面临新的挑战和制约因素。

**三、北京市雨水资源利用现状**

我国大部分城市的形成和发展都与水有不解之缘。恰恰因为这个原因，由于不合理的土地利用和水资源开发利用方式，导致水生态系统功能全面退化，从而引发以水为骨架的区域生态系统全面恶化，水安全格局成为生态安全格局中的核心。因此，水生态基础设施的构建可以成为综合解决城市生态问题的一个关键途径。北京市即为一个典型案例。

在过去30年中，北京市总人口翻了一番。伴随人口的增长，北京城区面积已经拓展了700%。蔓延式、摊大饼式的城市扩张使得城市没有为生物和水预留科学合理的空间，弹性的生态网络缺失。城市水系的结构发生了巨大的改变，湿地面积大幅减少；河流断流、水库干涸；河流廊道内硬化地表面积不断增加。水系结构的变化直接导致其功能的衰退，水体自净能力、地下水回补能力、洪涝的调蓄能力都随之下降，从而引发河流污染、城区内涝频发、生物栖息地丧失、地下水位下降等生态问题，也因此导致一系列的资源（土地资源、水资源）利用矛盾（如雨涝频繁与河流湖泊干涸并存）；公园绿地与区域水系统割裂，导致雨涝时，公园的雨水排往城市雨水管道，白白浪费，也增加了市政排水系统的压力，而干旱时，绿地又需要浇灌，与城市竞争用水；非生态化的河道建设方式不但没有使其成为日常通勤和游憩的通道，反而成为市民活动的障碍。

上述问题的产生，究其原因有以下四个方面：第一，北京地处北温带大陆性季风气候带，年降雨量为400～700mm，且季节性分配极不均匀，全年降水的80%集中在夏季3个月内；第二，北京地处大平原与中国第二个高山台阶之间的交接地带，水短流急，河流季节性明显；第三，人口聚集度高，城市蔓延，大量不透水地面覆盖，极大地改变了自然水文状况；第四，现代城市建设中不科学的城市规划和建设、单一目标的水利工程和环境工程，都极大破坏了自然水系和湿地，包括大规模的河渠硬化工程、自然湿地系统的消失、城市绿地的“小脚化”等。

**(一) 水资源紧缺**

北京水资源储量为18.27亿$m^3$，外地入境水资源量为19.15亿$m^3$，合计水资源总量为37.42亿$m^3$。由于北京地下近似闭合流域，其地下出入境水量为零。北京地表水出境水量为14.38亿$m^3$，各种损耗为3.32亿$m^3$，因此实际可用水量仅为19.72亿$m^3$。根据水利部调查统计，近10年来，北京以年均不足21亿$m^3$的水资源量，维持着36亿$m^3$的用水需求，每年超采量达5亿$m^3$。

随着改革开放和城市发展，北京发生了巨大变化，城市用水量大幅度增加。北京市地处海河流域，是一座人口密集、水资源短缺的特大城市，而且人口、资源与环境之间的矛盾十分突出，水污染状况相当严峻。南水北调中线通水后，北京市生活刚性需水得到基本满足，有效缓解了水资源紧张状况，地下水全面超采的趋势有所缓解，但人均水资源量仍远低于国际公认的年人均 500$m^3$ 的极度缺水标准，生态环境用水需求仍存在较大缺口。同时非首都功能和人口疏解，将使北京城市副中心、新机场、新城等重点功能区的区域水资源供需矛盾更加凸显。

水资源开发利用，是水资源使用价值得以实现的前提，也是水资源价值的增值过程。水资源的开发利用，应该在可承受范围内，否则就会出现各种问题。目前，北京市水资源开发利用存在的问题主要表现在以下几个方面。

1. 水资源供需矛盾加剧

北京市人均占有水资源量为 400$m^3$，占我国人均水资源量的 1/6，占全世界人均水资源量的 1/25，在 130 多个国家首都中名列百位之后。在 20 世纪五六十年代，北京水资源供需没有多大矛盾，70 年代以后，缺水成为北京的严重问题之一。随着时间的推进、经济的发展、生活水平的提高，水资源的需求进一步增加，水资源供需矛盾更加尖锐。

2. 地下水严重超采

北京市地下水平均补给量为 37.80 亿 $m^3/a$，地下水可开采量约为 24.5 亿 $m^3/a$。当开采量大于可开采量时，会引起一系列的水文地质环境问题。如，地面沉降（主要分布在城区的东部和东北部，八里庄至大郊亭一带沉降幅度最大），水井供水衰减或报废，水质发生变化等。

3. 污水资源化程度不高

污水是被污染、使用价值不高的水资源，污水资源化是指污水处理后变成可供用水部门使用的合格水源。实现污水资源化，是缓解北京水资源紧缺、防治水污染的一条重要途径，是当前水源建设中一项势在必行的紧迫任务，也是改善首都环境、建设清洁美丽城市不可或缺的重要任务。但需注意的是，污水资源的利用虽然解决了部分农业用水的紧缺局面，也产生了一系列问题，如产品质量下降等。

**（二）水污染严重**

水资源开发利用过程中，水质是重要的指标之一，水资源量、质的协调统一是水资源充分发挥效益不可缺少的条件。目前，北京市水环境问题仍比较突出。在监测的 80 条河段中，受污染的河段 51 条，长度 1100km，占监测河流长度的 50.8%。其中：重度污染 11 段，占监测河流长度的 10.1%；严重污染 21 条段，占监测河流长度的 16.6%。

水质污染主要集中于城郊区。据有关专家估算，北京市由于水污染所造成的直接工农业经济损失约占国民生产总值的 1%，加上间接损失或达 3%。城乡结合部污水收集是全市污水治理的最大短板，中心城污水收集率约为 83%，而城乡结合部仅为 33%；城乡结合部污水无序排放严重，中心城每天约有 50 万 $m^3$ 污水未经处理直排入河。另外，村镇污水处理设施覆盖不足、运行率低，3111 个村庄中有污水处理设施的仅有 681 个，覆盖率仅为 22%。农村污水处理是最大盲区，雨污合流是最大死角。全市有规模以上直接入河排污口 836 个，夏季雨天仍有大量污水入河，全市共有黑臭水体 141 条河段。潮白河、永定河平原段曾常年断流，多年超采形成的地下水超采区还大面积存在，水土流失还未得到全面治理，湖泊湿地水面尚未得到有效恢复。社会各界对水环境、水生态改善的呼声强烈。

**（三）雨洪资源利用不足**

北京是一个旱涝并存的典型城市，每年的供水缺口在10亿$m^3$以上，但其降水总量少且年内分布不均，约85%的降水集中在汛期，并常以暴雨形式出现，造成频繁而严重的城市内涝；同时，大量雨水通过排水系统直接排放出境，得不到充分利用，每年约有66%的雨水资源白白流失。

经过多年来的科研、示范、工程建设，雨水利用工程对缓解局部地区防洪压力、涵养地下水、增加可用资源量、改善生态环境效果明显。但是，北京市中心城区雨水利用工程真正有效控制和利用暴雨径流的面积较小，不到中心城区面积的10%，对中心城区整体暴雨径流的控制效果还很微弱。另外，近些年北京城区的暴雨呈局地性、短历时、冲击性强的态势，城区积滞水灾害频繁发生，汛期仍有大量雨水白白流走。我们不得不认真思考在雨水利用的研究、应用等方面存在的问题，以及今后的发展方向和发展思路，以便充分发挥城市雨水利用措施的防洪减灾、资源利用和生态改良作用。

尽管在海绵城市建设方面，北京市具有一定的基础，但是距全面建成海绵城市、打造和谐宜居首都的目标还有较大差距，需要深入学习和贯彻落实习总书记关于“加强海绵城市建设”的讲话精神和“节水优先、空间均衡、系统治理、两手发力”治水思路，全面开展海绵城市建设，在京津冀协同发展的大背景下，建设和谐、生态、宜居的中国特色世界城市。因此，如何留住雨水并回补地下水，如何将这些留在地表的水与生物保护相结合，如何与文化遗产相结合，如何与游憩系统、慢行系统相结合，均是亟须通过水生态基础设施的构建来系统解决的城市生态问题。同时，水生态基础设施对于这个还在继续发展中的特大城市而言，其更大的意义在于构成了城市增长的“底线”和高效、明智的保护策略，不仅是空间意义上的边界，也是生态质量上的保障，维系了核心的生态过程和区域生态系统的骨架结构，使得北京市还可以承载更多、容纳更多。

## 四、北京市海绵城市主要发展阶段

2009年开始，北京市海绵城市建设进入发展、推广阶段，这一阶段随着城市雨水管理理念的逐步发展和技术体系的不断完善，基于北京市水资源短缺、城市积滞水及水环境恶化等实际问题与现实需求，走出了具有自身特色的雨水管控发展路径，并形成了不同时期的技术特点。

**（一）资源利用，化害为宝（2009—2013年）**

随着城市的开发建设，北京的水资源短缺和积滞水问题愈发显著，这一时期的城市雨水管控重心是，将汛期多余的雨水转化为可利用的资源。2009年，《北京市建设项目水土保持方案技术导则》中纳入雨水利用相关要求，新增雨水利用率指标。同年，北京市发展改革委、水务局及环保局联合发文，要求建设项目水保方案作为环评审批的前置条件，进一步落实对建设项目的雨水资源利用要求，在全市范围推广应用雨水资源利用技术。2012年，北京市规划委员会印发的《新建建设工程雨水控制与利用技术要点

（暂行）》（市规发〔2012〕1316 号）中，明确提出建设项目雨水利用规划设计的要求，包括雨水控制利用量、雨水综合利用率等指标，以及雨水回用用途等要求。同年，北京未来科学城编制了雨水利用专项规划，从雨水排除、雨水利用、内涝防治、水土保持与园区景观绿化等有机结合的角度出发，提出雨水控制利用各项指标，并指导实际工程建设，严格落实雨水利用相关要求。2013 年，北京市启动实施水影响评价工作，将水影响评价作为建设项目可研审批前置条件，严格控制建设项目雨水排除，积极鼓励雨水的就地收集与利用。

**（二）水量管理，水质提升（2013—2015 年）**

2013 年，北京市启动了第一个三年治污行动方案，明确提出了消除黑臭水体、控制城市面源污染的目标。2015 年，北京市政府印发了《北京市水污染防治工作方案》，明确雨污分流改造、控制城市与农村面源污染及整治城市黑臭水体等任务。一系列文件的出台，标志着这一时期雨水管理的重点从水量管理扩展到水量、水质综合治理，也成为后期北京市海绵城市管控的关键环节。

**（三）海绵城市综合管控（2015 年至今）**

2015 年，随着国家海绵城市建设试点工作的启动，北京市积极响应，编制了实施方案，部署开展海绵城市建设工作，并于 2016 年成功入选国家第二批海绵城市建设试点城市。在传统雨水综合利用技术的基础上，充分融合“渗、滞、蓄、净、用、排”为核心的海绵城市建设理念和技术，以北京城市副中心国家试点区为龙头，在市域范围内全面落实海绵城市建设要求。2018 年，北京市和各区启动海绵城市专项规划编制任务，并进一步完成各类实施方案的编制工作，标志着北京城市雨水管控全面进入以海绵城市建设为核心的综合管控时期。

**五、北京市海绵城市建设的技术模式**

北京市针对海绵城市建设实际需求，分别针对城市雨水径流污染的形成、传输和排放过程进行单项技术研发：在城市雨水径流污染形成过程中，以场地开发对水文过程影响最小化为目标，研发基于源头初雨分流、促渗减排和滞蓄调节的雨水径流调控技术，包括屋顶滞蓄排放、结构透水铺装和倒置生物滞留等技术；在超标降雨径流污染物传输过程中，综合管网及其附属设施调蓄等过程控制手段，研发基于水力旋流控排、截流控污、过滤净化等原理的雨水径流调节与截污净化集成技术，包括多功能雨水口、高镂空渗透管和通用型截污挂篮等技术；在径流污染外排过程中，利用局地汇水分区出口、地块小区排口及排水分区末端等重要节点，研究以集中入渗、多功能调蓄及生态净化等为目标的技术方案，包括辐射井强化入渗、延时调节塘和调蓄池智能控制等技术。

经过近 30 年的研究探索与实践积累，北京市形成了以源头控制为基础、以分区管控为架构、以水系治理为网络，具有上下游一体化、大中小全尺度自身特色的多层级海绵城市建设技术模式体系。

（1）新旧兼顾，源头雨水分类管控。针对老旧小区，以问题为导向，着重发挥渗滞技术空间利用灵活的优势，量“地”定制源头雨水控制及污染削减措施；针对新建小区，以目标为导向，严格落实海绵城市建设指标，将不同下垫面雨水进行初雨分流、促渗减排和滞蓄调节。

（2）点线结合，过程雨水重点治理。针对城区机动车道路降雨径流的水质、水量特性，建立了环保型雨水口＋截污挂篮、初期雨水调蓄池、孔口道牙＋生物滞留槽及暗沟式透水硬路肩等雨水利用与清洁排放技术模式；针对立交桥区雨水特点，建立了上跨式立交桥分散收集利用，下凹式立交桥集用＋积滞水防控的多层次立交桥区全过程径流减控技术模式；针对管网传输过程中的雨水特性，构建分级节点设施调控与管道自身能力挖潜相结合的技术模式。

（3）水系统筹，入河雨水统一调度。发挥信息化与智慧化技术优势，构建基于海绵模型的河湖水网调度技术模式。通过划定城市河道防汛特征水位、制定防汛网格化管理机制等手段，提高入河雨水的统一管理精度，提升城市水系海绵功能。

（4）区域协调，超标雨水集中调蓄。通过分区配湖，利用砂石坑、老河湾或公共绿地蓄洪，合理安排蓄滞洪区调蓄等措施，为区域内超标准雨水安排合理的通道和调蓄空间，构建了包括西蓄工程、通州堰、南苑湿地公园、温榆河公园及宋庄蓄滞洪区等在内的大尺度海绵调蓄模式。

（5）点面同治，污染雨水分类削减。针对合流制污染治理，构建了分流改造、截流控污与厂网一体化相结合的综合技术模式；针对面源污染，构建了集初期雨水弃除、清管行动、入河污染物削减及河湖水环境提升于一体的全过程治理技术模式。

## 六、设计目标和理念

### （一）规划目标

2016 年 4 月，北京和天津作为华北地区的代表性区域，入选全国第二批海绵城市建设试点。北京市海绵城市建设将率先在通州区和延庆区进行试点。通州将结合副中心建设，按照高水平标准建设要求，建设平原海绵城市，延庆则将结合世园会建设，按照生态文明新典范建设要求，建设山区海绵城市。根据《北京城市总体规划》，到 2030 年，北京市 80％以上的城市建成区要达到“海绵城市”标准，实现水环境质量达标、水生态系统全面恢复等要求。

北京海绵城市建设主要结合城市开发、旧城改造、市政基础设施及公共服务设施建设，加快启动重点功能区、开发区、社区、公园等海绵城市示范区建设。到 2020 年，建成区 20％的面积完成海绵体建设，新建区海绵体建设与主体工程同步规划、同步建设、同步投入使用。通过增加储水空间，将雨水留下来；通过改造硬质铺装，将雨水渗下去；通过延长回流路径，将雨水净化好。2020 年城市建成区 20％的面积实现 70％雨水就地消纳和利用，2030 年城市建成区 80％的面积实现 70％雨水就地消纳和利用，如图 5－2 所示。使得中心城、新城主要道路立交桥标准内降雨不发生积水，城市内涝得到有效防治；中心城、北京城市副中心达到防洪标准，防洪安全得到有效保障，实现“小雨不积水、大雨不内涝、水体不黑臭、热岛有缓解”，将北京建成宜居的、充满活力的、缺水地区建设海绵城市的典范。

### （二）规划原则

1. 节水优先、量水发展

严格落实节水优先方针，坚持以水定城、以水定地、以水定人、以水定产，深入发

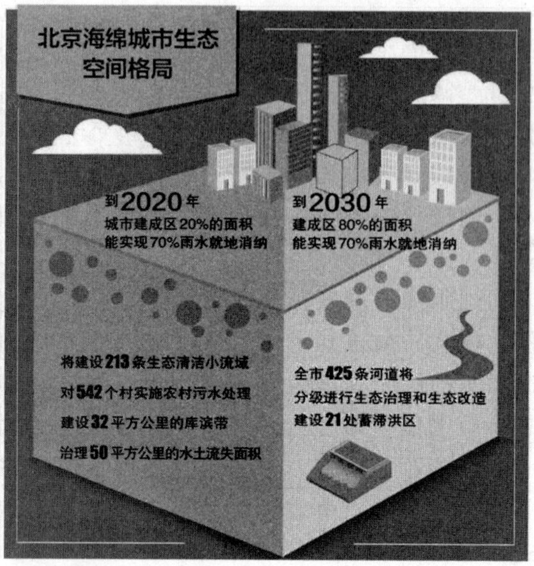


图 5-2 北京市海绵城市规划目标

挥水的约束引导和服务保障功能。北京水安全问题的症结是人口无序过快增长，深层次原因是功能过度集聚。必须坚持以水定城、以水定地、以水定人、以水定产的原则，坚定不移地推动首都人口和功能疏解，坚定不移地推动“城市病”治理向纵深发展，绝不把难题留给后人。

综合国内有关专家对北京水资源承载能力的分析测算，南水北调 10 亿 $m^3$ 水进京后，北京市适宜承载人口在 2300 万人以内。对于北京而言，水是最重要的自然资源，在城市资源环境承载能力中起着决定性的作用。从人均水资源可利用量这一重要指标看，北京目前的水平与建设国际一流、和谐宜居之都的目标要求还有相当的差距。因此，要充分发挥水务的约束引导功能，抓紧制定水资源保障和利用策略，处理好水资源保障底线和水资源约束底线的关系，加快推进由强调水务服务保障功能向突出水务引导约束功能的转变。特别是在城市规模和格局规划上，要充分考虑水资源的刚性约束，在区域规划布局和功能定位上，要充分考虑水资源配置、污水收集处理、水土保持和防洪排涝格局。在城市总体规划修改中，要增加水务相关约束性指标和要求，同时要落实最严格的水资源管理制度，全面实施规划水资源论证和建设项目水影响评价审查制度，严格落实节水“三同时”制度。

2. 空间均衡、统筹协调

坚持各区域人口规模、产业结构、土地开发与水务支撑条件相协调，减小或消除区域之间、城乡之间的水务基础设施差距，促进城乡水务公共服务均等化，推进京津冀协同发展。

必须将此提升到城市规划层面以及职能部门相互配合的操作层面，即“规划引领”“生态优先”。也就是说，要以各层级规划为控制途径，一方面保护现有可能影响城市水生态的敏感区域，限制开发；另一方面将低影响开发这一理念植根于新开发或需要改造的城区。

首先要解决的是在允许开发建设的区域内需要控制多少雨水径流量、哪些地方应建设低影响开发雨水系统、为这些设施预留多少用地空间等问题。因此，各地要因地制宜确定年径流总量控制率及其对应的设计降雨量，将这个指标作为控制目标，并制定城市低影响开发雨水系统的规划原则和实施策略，确定重点实施区域，优化土地利用布局。

低影响开发雨水系统规划必须与城市水系规划、绿地系统规划、城市排水防涝综合规划等相关专项规划相衔接。一方面，要针对城市道路、绿地、河湖水系等不同用地类型的特点，将低影响开发设施的量化要求纳入专项规划，明确各地块的控制目标；另一方面，对城市总体规划的用地提出调整建议，充分考虑用地性质的兼容性，优化用地布局。

在控制性详细规划层面，需要进一步细化城市总体规划提出的控制目标。要综合考虑不同用地的空间关系、建设主体、排水防涝要求等因素，明确每个地块的年径流总量控制率及其对应的设计降雨量。在进行修建性详细规划时，需要将上述指标作为各地块的约束条件，详细确定地块内具体的低影响开发设施布局、规模、建设时序、资金安排等内容，确保各地块实现低影响开发的目标。

3. 系统治理、突出重点

系统考虑水资源开发利用与节约保护、防洪减灾与水生态修复、污水处理与再生水利用等问题，重点解决水资源短缺、水环境恶化、河水断流、地下水超采等突出问题。要以城市建筑与小区、城市道路、绿地与广场、水系等建设为载体，城市规划、设计、施工及工程管理等各部门、各专业要统筹配合，突破传统的“以排为主”的城市雨水管理理念，通过“渗、滞、蓄、净、用、排”等多种生态化技术，构建低影响开发雨水系统。

对于建筑与小区，可以让屋顶绿起来，在滞留雨水的同时起到节能减排、缓解热岛效应的功效；人行道、广场可以采用透水铺装；有条件的小区绿地应“沉下去”，让雨水进入下沉式绿地进行调蓄、下渗与净化，而不是直接通过下水道排放；可将小区的景观水体作为调蓄、净化与利用雨水的综合设施。

城市道路是径流雨水及其污染物产生的主要场所之一，对城市道路径流雨水的控制尤为重要。人行道可采用透水铺装，道路绿化带可下沉，若绿化带空间不足，还可将路面雨水引入周边公共绿地进行消纳。

城市绿地与广场应建成具有雨水调蓄功能的多功能“雨洪公园”，城市水系应具备足够的雨水调蓄与排放能力，滨水绿带应具备净化城市所汇入雨水的能力，水系岸线应设计为生态驳岸，提高水系的自净能力。

维持和恢复城市绿地与水体的吸水、渗水、净水能力，是建设海绵城市的重要手段。因此，在保证城市道路、绿地原有功能的同时，还要合理规划用地布局与竖向设计，使低影响开发雨水设施与城市雨水管渠系统、超标雨水径流排放系统有效衔接，充分发挥城市“绿色”基础设施与“灰色”基础设施协同作战的能力。

4. 两手发力、改革创新

坚持政府作用和市场机制协调发力，充分发挥市场在水权交易、污水处理、水生态建设等方面的作用。加强改革创新，激发活力，促进水务全面发展。海绵城市建设既要实现生态目标，也要满足现有城市功能。因此，低影响开发设施建设必须以建筑与小区、绿地与广场、城市道路等城市基础设施作为载体，这就要考虑城市基础设施安全运行和城市水安全的问题、各地区水文条件差异性、规划指标及项目操作层面的可实施性，这就是“安全为重”“因地制宜”“统筹建设”的含义所在。为此，各城市可根据自身的水文条件、水安全要求、水资源状况，确定符合自身需要的海绵城市建设目标，创新建设和管理模式。

**（三）规划格局**

构建多类型、多层次、多功能、成网络的高质量绿色空间体系。强化西北部山区的重要生态源地和生态屏障功能，完善以绿兴业、以绿惠民政策机制，不断扩大绿色生态空间。着力建设以绿为体、林水相依的绿色景观系统，增强游憩及生态服务功能，重塑城市和自然的关系。以三类环型公园、九条放射状楔形绿地为主体，通过河流水系、道路廊道、城市绿道等绿廊绿带相连接，共同构建“一屏、三环、五河、九楔”网络化的市域绿色空间结构［《北京城市总体规划（2016—2035 年）》］。

1. 一屏：山区生态屏障

充分发挥山区整体生态屏障作用，加强生态保育和生态修复，提高生态资源数量和质量，严格控制浅山区开发规模和强度，充分发挥山区水源涵养、水土保持、防风固沙、生物多样性保护等重要的生态服务功能。

2. 三环：一道绿隔城市公园环、二道绿隔郊野公园环、环首都森林湿地公园环

推进第一道绿化隔离地区公园建设，力争实现全部公园化；提高第二道绿化隔离地区绿色空间比重，推进郊野公园建设，形成以郊野公园和生态农业为主的环状绿化带；合力推进环首都森林湿地公园建设。

3. 五河：永定河、潮白河、北运河、拒马河、蓟运河水系为主构成的河湖水系

以五河为主线，形成河湖水系绿色生态走廊。逐步改善河湖水质，保障生态基流，提升河流防洪排涝能力，保护和修复水生态系统，加强滨水地区生态化治理，营造水清、岸绿、安全、宜人的滨水空间。

4. 九楔：九条楔形绿色廊道

打通九条连接中心城区、新城及跨界城市组团的楔形生态空间，形成联系西北部山区和东南部平原地区的多条大型生态廊道。加强植树造林，提高森林覆盖率，构建生态廊道和城镇建设相互交融的空间格局。

在此规划格局上，充分发挥“山区保护、山前渗透、蓝绿交融、城镇减排”的作用，将占全市面积 62%的山区作为北京的生态涵养区，重点进行生态建设和水源保护；基于五扇山前土壤渗透性好，是北京最主要的地下水补给区，在此重点建设大型蓄水空间；通过三环、五河、九楔的河湖、绿地等主要海绵体，建设控制消纳雨水的主要存蓄空间；在人类活动集中地的城镇建设区，重点减排，并利用蓝绿营造宜居空间。

**（四）规划项目**

在协调部署北京全市海绵城市建设的基础上，北京的海绵城市建设将率先在通州区和延庆区进行试点。通州将结合副中心建设，按照高水平标准建设要求建设平原海绵城市，延庆则将结合世园会建设，按照生态文明新典范建设要求建设山区海绵城市。

1. 城市红线

习近平总书记在视察北京工作时指出，要“控制城乡建设用地规模和开发强度，划定城市增长边界和生态红线，遏制城市‘摊大饼’式发展。”为贯彻落实总书记的指示要求，北京市规划和自然资源委员会结合海绵城市建设需求，开展了生态红线和城市增长边界划定工作，将市域空间划分为生态红线区、集中建设区和限制建设区。

北京市将具有重要生态价值的森林、河流湖泊等现状生态资源和风景名胜区、水源保护区等法定保护空间划入生态红线区，初步划定生态红线区面积约占市域面积的70%以上。初步划定集中建设区面积约占市域面积的16%。

2. 绿地系统建设

北京市绿地系统建设主要包括构建清河、坝河、通惠河、凉水河、永定河、温榆河和北运河等7条水系绿廊；规划北中轴、来广营、机场路、通惠河、东南角、凉水河、菜户营、永定河引水渠和六郎庄等9块楔形绿地；对四环丰台区段、五环海淀朝阳段、京通快速路、阜石路、京哈高速、京沪高速、京藏高速、京包铁路、京秦铁路、京沪铁路、京山铁路、京广铁路和京石客专等13条通道进行绿化，以及建设若干大型生态节点和小型绿地。

从空间结构和功能的角度出发，北京绿道可分为市级绿道、区级绿道和社区绿道三个层级。各级绿道相互连通，形成有机整体。市级绿道是全市绿道体系的骨架，串联全市重点生态空间、人文历史景观和主要功能区等，对市域生态环境的保护和休闲游憩体系的构建具有重要意义；区级绿道主要起到承接市级绿道的作用，串联市级绿道未纳入的重要绿色空间、文化景观等，主要服务于本区县的居民；社区绿道是在社区或绿地内部形成的绿道微循环系统，主要服务于周边居民。

北京市绿道建设将依托绿色空间、河湖水系、风景名胜、历史文化等自然和人文资源，构建层次分明、功能多样、内涵丰富、顺畅便捷的绿道系统。以市级绿道带动区级、社区绿道建设，形成市、区、社区三级绿道网络。到2035年，中心城区建成的市、区、社区三级绿道总长度将增加到约750km。

《北京市级绿道系统规划》提出了本市“三环、三翼、多廊”的绿道总体布局，覆盖全市16个区，串联通州副中心和10个郊区城区，包括28条主要绿道线路，规划市级绿道线路长度超过1200km。“三环”绿道即环城公园环绿道、郊野公园环绿道、森林公园环绿道；“三翼”绿道即东翼大河绿道、西翼山水绿道、北翼山水绿道；“多廊”绿道主要是沿城市河湖水系，由中心城向外辐射的滨水绿道。

将风景名胜区、森林公园、湿地公园、郊野公园、地质公园、城市公园等六类具有休闲游憩功能的近郊绿色空间纳入全市公园体系。新建温榆河公园等一批城市公园。加强浅山区生态环境保护，构建浅山休闲游憩带。完善市级绿道体系，形成由文化观光型绿道、带状廊道游憩型绿道和河道滨水休闲型绿道共同组成的绿道体系。到2035年建成市级绿道1240km以上，示范带动1000km以上区级及社区绿道建设。优化城市绿地布局，结合体育、文化设施，打造绿荫文化健康网络体系。到2035年，建成区人均公园绿地面积提高到17 $m^2$，建成区公园绿地500m服务半径覆盖率提高到95%。

3. 城市水系建设

落实《加快推进河湖水系连通及水资源循环利用工作的意见》，加快推进“三环水系”及各区水系连通和循环利用工程建设，着力构建流域相济、多线连通、多层循环、生态健康的水网体系，形成“三环、三带、多点”的水网格局，为建设国际一流和谐宜居之都提供“水清、岸绿、安全、宜人”的优美水环境。

构建由水体、滨水绿化廊道、滨水空间共同组成的蓝网系统。“蓝网”系统是由水体、滨水绿化廊道、滨水城市空间共同构建的中心城区滨水公共开放空间廊道系统。通过改善流域生态环境，恢复历史水系，提高滨水空间品质，将蓝网建设成为服务市民生活、展现城市历史和现代魅力的亮丽风景线。到2035年，中心城区景观水系岸线长度增加到约500km。

(1) 水系连通及循环工程建设。按照河网、湖泊的空间分布，打通河湖间的水力联系；建设南水北调与五大水系的连通工程，增加清水补充；加快完善再生水调水管网体系，科学调度闸坝，建设河湖水质净化循环工程，增加河湖生态水量，增强水体流动性；推进大运河引水段、玉河南段、前门月亮湾地区护城河等历史河湖景观恢复，基本形成中心城“三环水系”格局和郊区各行政区各具特色的区域水系连通格局。

(2) 三大河流绿色生态廊道建设。重点启动永定河绿色生态廊道工程建设，作为京津冀生态领域合作的突破口。实施北运河综合治理，加快水质还清，2020年北京城市副中心段河道水质主要指标基本达到地表水Ⅳ类标准，恢复历史漕运河道景观。实施潮白河绿色生态走廊建设。通过科学合理划定城市的“蓝线”“绿线”等开发边界，最大限度地保护原有的河流、湖泊、湿地、坑塘、沟渠等“海绵体”不受开发活动的影响，维持城市开发前的自然水文特征。

(3) 清水亲水河道建设。加强河道系统治理，按照“一河一策”的原则，制定黑臭水体治理工作方案，通过采取控源截污、垃圾清理、清淤疏浚、水体循环、生态修复等措施，对全市141条河段约665km的黑臭水体进行治理。统筹截污治污、水源保障和生态治理，完成清河、凉水河、通惠河等河流水环境治理，加快还清城市河湖。加强河湖水系及周边环境综合整治，提高水系连通性，恢复河道生态功能，构建流域相济、多线连通、多层循环、生态健康的水网体系。加强河湖蓝线管理，保护自然水域、湿地、坑塘等蓝色空间。逐步恢复河滨带、库滨带的自然生态系统，改善河岸生态微循环，提高水体自净功能。统筹岸线景观建设，打造功能复合、开合有致的滨水空间。提高河道的亲水性，满足市民休闲、娱乐、观赏、体验等多种需求。

(4) 蓄滞洪区和湿地工程建设。按照构建山水林田湖生命共同体的思路，结合北京市蓄滞洪（涝）区建设，重点在房山区琉璃河，大兴区长子营，通州区宋庄、台湖、张家湾、西集及北运河延芳淀、潮白河与凉水河周边等区域，新建湿地3000$hm^2$，充分发挥湿地的雨洪滞蓄、水质净化、地下水回补、气候调节等功能。

此外，落实国务院办公厅《关于推进海绵城市建设的指导意见》要求，加快防洪排涝工程建设，加强流域洪水调控与管理，保障人民群众生命财产和城市运行安全。坚持“上蓄、中疏、下排、有效蓄滞利用雨洪”的防洪原则，实施永定河、潮白河、北运河等骨干河道及中小河道治理，完成南海子、南旱河、宋庄等6处蓄滞洪区建设。积极推进永定河陈家庄水库前期工作，进一步提高防洪安全保障能力。

(5) 雨水管理系统。按照雨水源头消减、过程控制、通道畅通的原则，落实国家规范新要求，全市新建改造雨水管道1427km，实施郊区新城下凹桥区泵站改造，治理排涝河道265km，新建蓄涝区17处；开展地下深层排蓄廊道研究，适时启动工程建设，进一步完善中心城“西蓄、东排、南北分洪”的防洪排涝格局。

在全市新建重点功能区、市交通委的“十三五”道路建设和改造计划及各区申报的停车场改造计划中，全部增加了“海绵”内容，这些道路、广场也将为吸水、储水出力。新建区全部按照地方标准的要求，建设雨水控制利用小区。建筑面积超过2000$m^2$时，每1000$m^2$硬化面积配建调蓄容积不小于30 $m^3$的雨水调蓄设施。绿地中至少应有50%为用于滞留雨水的下凹式绿地。建筑及小区、公共停车场、人行道、步行道、自行车道和休闲广场、室外庭院的透水铺装率不小于70%。老旧小区改造和棚户区改造，把雨水控制利用作为项目内容之一进行重点考核。

(6) 治污截污工程。来自水务部门的规划显示，针对水源保护、涵养和水土流失治理等项目，北京将建设213条生态清洁小流域，对542个村实施农村污水处理，建设32$km^2$的库滨带，并治理50$km^2$的水土流失面积。这些项目覆盖的面积将达到2594$km^2$，相当于5895个天安门广场。同时，全市425条河道将分级进行生态治理和生态改造。另外，全市还计划建设21处蓄滞洪区，体积相当于32个昆明湖。

按照《京津冀协同发展规划纲要》中“六河五湖四库”的相关要求，积极推动永定河、潮白河、北运河全流域综合治理，优先推动永定河全线生态功能恢复，协同治理流域污染，尽早实现跨界河流断面水质达到相应功能区的标准。实施密云水库上游河北省张家口市和承德市600$km^2$生态清洁小流域建设。研究建立水资源生态补偿机制，加大对水源涵养功能区生态保护及农业节水项目的支持。

结合北京市全力推进污水处理和再生水利用设施建设三年行动方案，全市新建污水处理厂41座，污水处理能力由398万$m^3$/d提高到672万$m^3$/d；新建污水管线2678km；全市污水处理率达到87.9%。实施污水处理厂升级改造，在全国率先将再生水主要出水指标提升到地表水Ⅳ类标准。加快推进河湖水系连通及水资源循环利用工程建设，实施南护城河、永定河引水渠等主要河道清淤和“六海”、动物园湖等重点水域水质改善工程，着力打造“三环”水系。实施永定河城市段18.4km生态修复，建成园博湖、晓月湖、莲石湖等“五湖一线一湿地”大型河道公园，新增水域面积385$hm^2$，为市民休闲和沿岸发展提供优良的生态环境保障。

## 七、北京市海绵城市建设的主要经验

(1) 多层级规划管控。为充分发挥规划引领作用，北京市结合本次城市总体规划编制工作，积极探索并建立了“1+16+N”的海绵城市规划体系。“1”即《北京市海绵城市专项规划》，“16”即16个区根据市级专项规划制定的区级海绵城市专项规划，“N”即包括未来科学城、怀柔科学城、亦庄经济开发区、大兴新机场、城市绿心及环球主题公园等重点片区的海绵城市专项规划，标志着北京城市雨水管控全面进入以海绵城市建设为核心的综合管控时期。

(2) 水影响评价管控。借助水影响评价审批制度改革契机，纳入海绵城市管控要求，将径流系数、雨水调蓄设施规模等关键海绵指标纳入其中，确保所有土地储备开发和建设项目实施均能符合海绵城市要求。近几年全市累计建成下凹式绿地 1190hm$^2$、透水铺装 1149hm$^2$，形成有效调蓄容积 93 万 m$^3$。

(3) 为保证海绵城市建设的规范化，北京市发布了一系列地方标准。在推广阶段初期，发布了《透水砖路面施工与验收规程》(DB11/T 686—2009) 和《透水混凝土路面技术规程》(DB11/775—2010) 2 项地方标准。2013 年起，发布了《雨水控制与利用工程设计规范》(DB11/685— 2013)、《下凹桥区雨水调蓄排放设计规范》(DB11/T 1068—2014) 等 5 项相关设计规范。2015 年之后，在规划方面，编制了《城镇雨水系统规划设计暴雨径流计算标准》(DB11/T 969—2016)、《海绵城市规划编制与评估标准》(DB11/T 1742—2020)；在设计方面，编制了《集雨型绿地工程设计规范》(DB 11/T 1436—2017)、《海绵城市建设设计标准》(DB11T 1743—2020)、《雨水控制与利用工程设计规范》(DB11/685—2013) 等；施工验收方面，编制了《雨水控制与利用工程施工及验收规范》《海绵化城市道路系统工程施工及质量验收规范》，发布标准图集 2 项；监测评估方面，编制了《海绵城市建设效果监测与评估规范》(DB11/T 1673—2019) 和《城市雨水管渠流量监测基本要求》(DB11/T 1720—2020) 2 项地方标准。

## 单元二　黄冈海绵城市规划与城市控制性规划的结合

### 一、项目概况

#### (一) 区位与自然环境条件

黄冈市位于湖北省东部，大别山南麓，长江中游北岸。东连浠水，北接团风，西南与鄂州隔江相望，距武汉 60km；地理坐标为东经 114°25′～116°8′、北纬 29°45′～31°35′。项目规划范围为黄冈市黄州区行政管辖范围，总面积 363km$^2$。

黄冈市地处亚热带，位于典型的季风区内，为亚热带季风性湿润气候。规划范围内降水充沛，雨热同季，适宜多种作物生长，但春夏之交有梅雨，入伏有干旱。

根据当地气象局提供的降雨数据，1970—2014 年的年均降雨量为 1399.2mm。其中：春季降雨量为 425.2mm，占全年降雨量的 30.4%；夏季降雨量为 606.0mm，占全年降雨量的 43.3%；秋季降雨量为 188.8mm，占全年降雨量的 13.5%；冬季降雨量为 179.2mm，占全年降雨量的 12.8%。20 年一遇 24h 总降雨量为 264mm。

黄冈市地势东北部高、西南部低，地貌以江河冲积平原为主，丘陵岗地兼有，湖泊湿地众多。规划范围内的地形特点为中部高、南北低，东门路作为中心城区的最高处，自西向东横穿整个黄冈市中心城区，将城区分为南片和北片。

规划区周边水网纵横，河流、湖泊数量众多，均属长江水系。主要水系包括：长江、巴河、三台河、遗爱湖、白潭湖、青砖湖、黄婆汊、余家潭、蔡家潭、幸福水库等。黄冈市丰富的水资源为海绵城市建设提供了得天独厚的条件。

#### (二) 研究目标

本研究的目标是，建立黄冈市的水生态基础设施，为黄冈市建设海绵城市提供科学的理论依据与可行的落实途径。同时为黄冈市构建“资源节约、环境友好”的两型社会搭建生态框架，为实现黄冈市“社会和谐、生态协调”的城乡一体化提出适宜的城市发展战略与空间布局方向。为此目标，需要应对以下几个方面的挑战。

## 二、问题与挑战

### （一）问题

1. 水源单一

黄州区现有 2 座水厂（二水厂、三水厂）的水源地均为长江，水源极为单一。水厂通过水泵从长江抽水供给城区使用，耗能较大。其中，二水厂预沉池建在长江堤外岸边河套中，每年长江洪水期，受城市雨污水排放顶托倒灌的影响，会有数十天水质严重超标无法供水。单一的人工水源不但耗费能源，而且难以保障城市的各类用水。

2. 洪涝隐患

黄冈市地势低洼，汛期黄州城区长江外江高水位持续时间长且消落缓慢，城区内雨水无法外排，极易引起内涝，再加上目前城区排涝泵站能力不足，导致黄冈市存在较大的内涝风险。2014 年 7 月，黄冈市普降大到暴雨，黄州城区建新社区的华窑小区内发生严重内涝，威胁到一楼住户的安全，后由市防汛抗旱应急救援队紧急抢排内涝，灾情才得以排除。

城市水域由于养殖蓄水等人为原因，导致水位长期超过调蓄水位，也无法发挥城市水域应有的调蓄作用。以遗爱湖为例，由于蓄水养鱼，遗爱湖水位长期超过最高调蓄水位近 0.5m，导致其无法发挥应有的调蓄作用，同时壅高的水位顶托了上游排水管道，使其排水不畅，加大了内涝发生的概率。

在此背景下，黄冈市上位排水规划中，依旧视洪水为猛兽，以“排”为主，而现有排水管网标准低，早已无法满足城市扩张后的雨水排放需求。随着城市化建设的进一步扩张，未来流域排涝压力还会日益增大，而高筑大堤、用简单的工程防洪思维对待城外的长江，破坏了城与水的有机联系。

3. 水体污染

由于郊区湖库水产养殖业的迅速发展，乡镇工业和生活污水的任意排放，加之农村大量化肥和农药的使用，污染物通过雨水径流进入湖库，使得郊区湖库水质也逐渐下降，局部水域有机污染严重。黄州中心城区湖泊水质为Ⅴ类～劣Ⅴ类，水体呈现中、重度富营养化状态，已严重影响城区人民生活环境及城市景观和形象品质。同时，由于黄冈市城市发展迅速，城市不透水地面面积迅速增长，雨水径流量随之增加。受大气沉淀物、生活垃圾、道路交通量和路面材料的影响，增加的雨水径流造成了大规模的面源污染，使整个城市的水生态环境日趋恶化。

4. 生物栖息地破坏

随着黄冈市城市建设的迅速扩张，以自然水体为主的生物栖息地正在逐渐减少，多种人工干扰也对生物过程造成了负面影响。城市的无序开发对自然水体的侵占使得鸟类、鱼类、两栖类等动物的核心栖息地数量下降，面积减少。其中一些关键性生态格局的破坏则导致了生物栖息地的破碎化，生物数量与生物多样性锐减。

5. 人文景观衰落

黄冈市的自然山水格局尤其是水系格局是孕育当地丰富历史文化的载体。然而，城市化对自然山水格局的破坏使得大量与人文景观相辅相成的自然环境不复存在，导致文化遗产的完整性与文化认同感降低。过分人工化的游憩系统则损害了极具地方特色的游憩过程与审美体验过程。譬如，曾经的黄州古城护城河不复存在，城墙也逐渐沦为残垣断壁；当年“惊涛拍岸”的东坡赤壁，如今却被硬化的臭水沟和建设区包围，早已没有了“白露横江，水光接天”的景致。没有壮丽的自然水体景观作为背景，赤壁山上的横江馆、涵晖楼、栖霞楼、月波楼和竹楼等著名建筑也自然没有了古时的雅趣。

**（二）挑战**

1. 如何系统治理复杂的水“综合征”

为解决水源、洪涝、水质等水问题，黄冈市规划建设了大量泵站和市政管网，硬化了河渠。但是这些单一目标的工程措施和“灰色”基础设施难以解决黄冈市复杂、系统的水“综合征”，反而加剧了水资源的浪费，徒增下游地区的防洪压力，同时进一步破坏了滨水生物的栖息地。在此背景下，黄冈市亟须一套前瞻性的、能够综合解决水问题的方案，指导未来的城市规划与建设。

2. 如何具体落实海绵城市的理念

自海绵城市的概念被官方文件明确提出以来，其理念已得到广泛认同，各界人士对其内涵的理解也愈发深刻。然而，如何将海绵城市理念落实到规划编制中，并最终指导海绵城市的建设实践，是广大城市决策者和城市工作者面临的现实问题，也是黄冈市建设海绵城市面临的一大挑战。

3. 如何使海绵城市规划与传统规划有效衔接

在海绵城市的概念提出之前，黄冈市已经制定了城市总体规划，同时为部分片区编制了控制性详细规划，这些规划尚未考虑海绵城市建设的要求，多数也没有遵循海绵城市的基本理念。黄冈市的海绵城市规划如何与这些传统规划尤其是与控制性详细规划等法定规划相协调，是必须解决的一道难题。

**（三）对策**

1. 建立水生态基础设施，综合解决水问题

黄冈市所面临的水问题“综合征”，其产生的本质是水生态系统整体功能的失调。因此，解决黄冈市水问题的出路不在于河道与水体本身，而在于水体之外的环境。规划将研究对象从黄冈市的水体本身扩展到整个水生态系统，基于景观安全格局的理论与方法，构建了一套以保障综合水生态系统服务的可持续性为目标的水生态基础设施。其基本原理为：以水文过程分析与计算为基础，结合生物过程、文化遗产保护以及人文游憩过程分析，识别出对于区域水系统、生物系统、人文游憩系统具有关键意义的景观要素，包括水安全格局、生物安全格局和游憩安全格局。将 3 个景观格局进行系统空间整合，构成一个以水为核心的综合生态安全格局，并以此为基础构建黄冈生态基础设施。

（1）水安全格局。在不断的人为改造与干扰之下，黄冈市的地表水系逐渐减少，原始的自然水系统也逐渐被人工管理下的工程化系统所代替。目前，黄冈市中心城区的一切城市用水包括生态环境用水皆需要人工从长江抽取；而区域内的雨水未得到充分利用，污水未得到充分处理就经人工管道或硬化河渠直接排走；汛期的暴雨径流还需要沿江的大功率泵站进行人工排除。

基于对黄冈市水系统现状的分析，规划通过“恢复河渠”“串联湿地”两大核心战略识别黄冈市水安全格局，力图建立符合自然雨水径流过程的空间格局，恢复自然水系统的生态系统服务功能，从而综合解决水源、雨洪、水质等问题。

域内的自然河流水系与潜在地表径流廊道对于雨水资源的传输、洪水的自然宣泄以及水质的提升净化都至关重要。规划在地理信息系统的支持下，利用径流模型和数字高程模型模拟地表径流过程，结合现状水系分布判别不同安全水平下的河、渠等水系廊道及其缓冲区。通过恢复 25 $km^2$ 水系廊道的自然形态，并在廊道缓冲区范围内建立乡土植物为主的植被缓冲带，达到恢复廊道两岸生态系统的目标。

沿水系廊道分散分布的水库、湖泊、坑塘、湿地以及一些低洼地是与水系廊道相互补充的调节滞蓄系统，它们具有调蓄、净化等多重功能。规划以流域为基本单元，通过计算与黄冈市中心城区相关的自然流域的暴雨径流量、灌溉需水量等，综合分析得出各个流域所必需的调蓄体规模为 3758 万 $m^3$。在此基础上，串联距离水系廊道较近的具有相应调蓄规模的水库、坑塘等分散的调蓄体，与水系廊道共同构成黄冈市的生态海绵系统。该系统共 95 $km^2$，占规划总面积的 26.2%。

（2）生物安全格局。伴随着地表水系的减少，黄冈市生物栖息地数量也在急剧下降，而一些工程化的基础设施建设则使得生物栖息地日趋破碎化。

为保障黄冈市水生态系统完整的生态服务，规划通过“保护栖息地”“构建生物网”两大核心战略识别黄冈市生物安全格局。力图建立符合生物栖息、迁徙规律的生物保护网络，恢复整体生态系统的健康；在地理信息系统的支持下，规划基于栖息地适宜性分析，识别规划范围内适合当地生物栖息的景观类型，同时通过模拟物种在这些景观类型中克服阻力运动的过程，判别核心栖息地以外的缓冲区、生物迁徙廊道等其他景观要素。由于大白鹭适宜栖息的环境特征与当地其他主要生物的栖息地基本接近，因此主要选择大白鹭来研究当地生物栖息地的适宜性分布。主要的适宜栖息地包括水域、滩涂、林地等，基于核心栖息地构建的生物保护网络共 121$km^2$，占规划总面积的 33.3%。

（3）游憩安全格局。除调蓄、净化、生物保护之外，游憩体验也是黄冈市水生态基础设施不可或缺的一项生态系统服务。规划通过“保护游憩点”“构建游憩网”两大核心战略识别黄冈市游憩安全格局。力图维护黄冈市地方乡土文化体验的连续性与完整性。

黄冈市悠久的历史文化给当地带来了丰富的游憩资源。东坡赤壁、禹王城等文化遗址，遗爱湖、白潭湖等自然景观，寺庙、宗祠等宗教景观以及黄冈中学等学校，都是当地游憩体验过程的重要载体。规划以这些游憩资源点为源，将游憩体验过程视作一种沿着不同线型要素扩展的过程，通过地理信息系统对线型景观要素进行游憩廊道适宜性评价。利用河渠、古驿道、乡间道等适宜的游憩廊道串联游憩资源点，构成了黄冈市的慢行游憩体验网络。该网络共 102$km^2$，占规划总面积的 28.1%。

将水安全格局、生物安全格局、游憩安全格局综合叠加，得到以河流水系为骨架，串联了关键的调蓄水体、生物栖息地和人文游憩景观的综合生态安全格局，总面积 105$km^2$，占规划总面积的 28.9%。综合生态安全格局可为水生态基础设施的空间界定提供科学的理论依据。

2. 多尺度落实水生态基础设施

水环境与水生态问题是跨尺度的系统性问题。因此，海绵城市理念在黄冈市的具体落实也应分多个尺度进行。规划以综合生态安全格局为基础，分宏观、中观、微观3个尺度，落实黄冈市水生态基础设施。不同尺度的水生态基础设施规划目标不同，落实方法也有差异。

(1) 宏观水生态基础设施落实。宏观层面的水生态基础设施规划旨在划定区域水生态红线，保障城市生态空间，作为城市总体规划修编的先决条件与依据。其主要控制指标包括年径流总量控制率与区域防洪排涝标准。根据黄冈市的自然环境条件，确定规划后年径流总量控制率为85%，同时在20年一遇24h暴雨条件下无洪涝灾害。

为保证宏观水生态基础设施能够实际落地，规划将综合生态安全格局与黄冈市已制定的城乡总体规划、土地利用总体规划、城市蓝线规划、城市绿地系统规划分别进行博弈协调，最终划定黄冈市中心城区的水生态红线。协调后的水生态红线总面积143.8$km^2$，占规划总面积的39.6%。在水生态红线的基础上，规划将宏观生态基础设施划分为22个地块，通过地块控制导则的方式进行空间上的落实与控制。具体控制方法为，以地理坐标落实宏观生态基础设施的空间位置，以强制性的控制指标与引导性的控制导则控制宏观水生态基础设施的建设。控制指标包含面积、宽度、水岸植被缓冲带宽度、岸线自然化率、植被覆盖率、用地兼容性、建设开发强度等。通过面积、宽度等指标可以控制生态基础设施用地的基本规模；通过水岸植被缓冲带宽度、岸线自然化率、植被覆盖率等指标可以保障水生态基础设施的基本生态系统服务；通过用地兼容性与建设开发强度等指标则可以维系整体生态系统的健康。

(2) 中观水生态基础设施落实。中观层面的水生态基础设施规划旨在制定3个分区（禹王工业区、南湖工业区、城东新区）的水生态基础设施控制性规划，达到合理组织城区地表径流、确保城区水系统与区域水系统自然衔接的目标。中观层面水生态基础设施的主要控制指标为年径流总量控制率，规划后，各分区的年径流总量控制率皆应达到85%。

目前，3个分区皆已编制控制性详细规划，因此中观层面的水生态基础设施落实必须与各个分区的控制性详细规划相结合。

首先，要在水文计算的基础上，利用GIS技术，结合各分区现有水系分析得出各分区理想的水生态基础设施。各分区的理想水生态基础设施应保障分区内20年一遇24h暴雨条件下无内涝，同时保证分区的年径流总量控制率达到85%。

然后在此基础上，将各分区理想的水生态基础设施与控制性详细规划进行对比，并以多种模式完善控制性详细规划中的水生态系统，最终在基本不改变控规用地布局与用地指标的前提下，保障各个分区的年径流总量控制率和综合生态系统服务功能。

规划后禹王工业区水生态基础设施面积352$hm^2$；南湖工业区水生态基础设施面积280$hm^2$；城东新区水生态基础设施面积528$hm^2$。中观层面的水生态基础设施控制方法与宏观相似，也是将生态基础设施划分成地块，通过地块控制图则的方式进行空间上的落实与控制。

(3) 微观水生态基础设施落实——以安国寺为例。微观层面的水生态基础设施落实旨在将区域和城区水生态基础设施的生态服务功能延伸到每一个地块。规划选取区域和城市水生态基础设施的典型地段，以生态系统服务为导向进行场地设计，将海绵城市与水生态基础设施的理念落实到具体的场地当中。

位于黄州古城西南的安国寺是黄冈市重要的文化遗产与宗教景观。该寺历史文化底蕴深厚，苏东坡等许多风流名士在此留下了诗词歌赋，至今仍是鄂东地区重要的宗教活动场所。由于寺庙所处地段地势较低洼，场地内的大型池塘——放生池还是周边地区潜在的雨水调蓄体。可见，安国寺是黄冈老城水生态基础设施网络中重要的节点。

随着城市建设的扩张，如今寺院内部功能庞杂，外部高楼林立，环境混乱，与千年古寺的氛围相差甚远，其宗教价值、审美启智等文化服务功能大幅下降。而由于人工化的雨水管网代替了原有的自然水系，安国寺内的放生池并未发挥调蓄功能，反而周边时有内涝发生。同时，池塘与周边水体的联系被人为割裂，滨水生境也遭到人为破坏，如今的放生池水体孤立，垃圾堆积，水质较差。设计以生态系统服务为导向，通过“净水土”“净心”“净眼”三大战略恢复安国寺的调蓄、净化功能与精神宗教价值、审美启智功能，综合解决安国寺的雨涝、水质、文化、游憩等问题。

其中，“净水土”即通过恢复安国寺放生池的滨水生境，并在寺院内部新增下凹式绿地，增强寺院内部水体、绿地的调蓄、净化等生态服务功能。同时加强寺院内部绿地、水体与周边水体、社区的联系，使其成为服务于周边地区的“城市海绵”。“净心”即拆除安国寺周边无关建筑，突出其宗教文化功能，同时优化配套服务设施体系，恢复其精神与宗教价值，进一步提升其生态系统服务功能。“净眼”即通过大量种植乔木，遮挡寺庙外的不良视线，形成绿荫下的休憩空间，达到提升游憩及审美启智功能的目标。

3. 水生态基础设施规划与控规结合——以禹王工业区为例

原则上，水生态基础设施规划应作为控制性详细规划的先决条件。但是，经批准后的控制性详细规划具有法定效力，修改起来非常困难。因此，对于黄冈市的 3 个分区，为了构建水生态基础设施而过多地改变控制性详细规划是不现实的，也是不可行的。

规划以各分区现状用地特征与理想的水生态基础设施为基础，试图在不改变已有控规用地布局与用地指标的前提下，通过多种可行的用地改造模式，完善控制性详细规划中的生态水系统，从而以最小的改动达到保障分区水生态系统服务的目的。

以禹王工业区为例，该区现有水体面积共 $747hm^2$，其中分区内的大型湖泊——黄婆汊面积 $166hm^2$，另有 16 条沟渠与大量坑塘湿地共 $581hm^2$。这些水系网络是该片区水生态基础设施的重要组成部分。

由于现行规划对于这些潜在的水生态基础设施不够重视，目前已经审批、正在建设或待建的项目即将侵占 1 条沟渠和约 $50hm^2$ 的坑塘湿地。如不及时落实水生态基础设施规划，根据现行分区控规，未来还有更多的坑塘湿地将被侵占。由此可见，生态基础设施规划与控规的结合迫在眉睫。

规划首先计算了在分区年径流总量控制率达到 85%且 20 年一遇 24h 暴雨无内涝的情况下所需要的调蓄规模。根据计算结果，通过模拟分区暴雨径流过程，结合分区现有水体，判别出能够保证该调蓄规模的理想水生态基础设施。禹王工业区的理想水生态基础设施需要保留 160hm² 坑塘湿地、15 条沟渠，而分区控制性规划只保留了 104hm² 坑塘湿地和 9 条沟渠。可见，理想的水生态基础设施的实施难度很大。

鉴于此，规划并不直接采用理想的水生态基础设施，而是在尊重控规水系的基础上，通过 3 种用地改造模式对控规中的水系统进行生态化改善，尽可能多地将雨水就地存蓄在分区内部，同时提供更多的生态系统服务。

(1) 模式 1：保留关键沟渠，衔接控规水系。现行控规中的规划水系共 270hm²，部分水系已经开始建设。根据理想的生态基础设施布局，控规水系之外还有 10 条沟渠对于地表水过程具有关键意义，且仍未被已批用地侵占，同时与控规中的用地无明显冲突。规划据此提出第一种结合模式，即在尊重控规水系的前提下，保留与控规用地性质无明显冲突的关键沟渠，并通过局部开挖水体，使其与控规水系以及其他洪水调蓄与排泄体系相互衔接，从而加强整体水系的连通性，并有效提升整体水系的雨洪滞蓄功能。对于部分遭到人为破坏的沟渠，需通过改善沿岸植被状况、恢复自然滨水生境来提高其自然调蓄与净化等生态服务功能。

(2) 模式 2：保留关键坑塘，协调控规用地。为保证 85%的年径流总量控制率，分区控规中水体的调蓄规模尚有 36 万 m³ 的缺口。根据理想的生态基础设施布局，控规水系之外还有大量分散的坑塘湿地仍未被已批用地侵占，同时还能与控规中的用地相协调。规划据此提出第二种结合模式，即利用这些未被侵占、同时能与控规中的用地相协调的关键坑塘共 72hm²，补足调蓄规模的缺口。这些保留的坑塘通过特定改造，不仅可以调蓄雨水，同时还能服务于规划用地，实现土地的复合利用。如，保留规划污水处理厂周边的大面积坑塘湿地，可作为未来污水处理厂的配套净化湿地；而保留规划商业、居住用地周边的小型坑塘，未来可作为分散式的雨水管理设施和景观水体等。

(3) 模式 3：利用控规道路绿地，完善自然排水网络。在保留并改造关键沟渠与坑塘之后，分区范围内还有部分地块周边缺乏地表自然排水系统。规划针对传统控制性详细规划中道路绿地面积较大且生态效益较低的现状，提出第三种结合模式，即在自然水系不覆盖的区域，利用道路绿地建立连续的生物滞留带、植草沟、下沉式绿地等生态化的人工地表排水系统，并将其与自然水系相衔接，达到进一步完善区域自然排水网络的目的。

通过 3 种改造模式对控规水系的完善，分区内部基本实现了自然调蓄、自然排水、自然净化的全覆盖，保障了城市的海绵功能。

黄冈海绵城市规划针对当地复杂的水问题“综合征”，以保障生态系统服务的可持续性为导向，跨系统地建立了黄冈市水生态基础设施，同时跨尺度地落实了水生态红线，为全国尤其是华中地区的海绵城市建设提供了可资参考的经验。

规划在水生态基础设施建设与传统控制性详细规划的结合方面作出了创造性地尝试。通过多种用地改造模式，在基本不改变控规用地的前提下，完善控规中的水生态系统，保障生态系统服务的可持续性。这种水生态基础设施与传统规划结合来建设海绵城市的途径亦可供其他城市借鉴。

# 项目六

# 技术创新与未来展望

## 单元一 技术创新

### 一、创新型可持续海绵材料发展

技术发展的分水岭即将到来，一些陈旧的理念和技术也将被颠覆。在此过程中，落后于技术的设计将毫无用武之地，正面应对技术升级并进一步与其融合，会成就新的竞争优势。技术也将带来海绵城市建设领域中材料成本的降低，一些初期供给不足的特殊材料，或将成为基本型的建设材料。从中选择优质、优价的材料，识别其在海绵城市中的实质性作用效果，也将是纷繁的材料对设计师提出的新的挑战。同时，更丰富的材料也将触发更多样的设计形态，海绵城市的景观风貌也将愈加多元。

例如，再生骨料透水混凝土是通过对废弃混凝土骨料和细骨料进行科学配比而成的，其各项性能均优于天然骨料，降低了建设成本，同时还能满足海绵城市建设对设施吸水、透水的要求，提高了废弃混凝土的利用率。

生态砂基透水砖是海绵城市建设过程中出现的新型透水材料之一，能有效解决传统透水材料通过孔隙透水易被灰尘堵塞及透水与强度、透水与保水相矛盾的技术难题，具有良好的透水、透气性能。

土壤有机覆盖物因其保持土壤水分、增加土壤养分及吸滞、降解污染等优势被逐步应用到海绵城市建设中。例如，天津水上公园在建设过程中大面积使用了土壤有机覆盖物，不仅解决了树草矛盾的问题，还节约了水资源和养护成本，改善了局部空气质量，对于城市的绿色可持续发展有着重要意义。

### 二、基于大数据分析的可持续海绵设计

近年来，我国在海绵城市建设实践过程中，由于目标不长远、着眼点狭隘或急于求成等原因，出现了海绵城市规划设计“碎片化”的现象。在某些城市，规划者不注意或不善于对城市问题进行综合梳理，缺乏对城市或流域全局的整体把握和科学系统方案的制定，仅停留在一些简单、盲目的“支离破碎”的项目上。再加上设计过程中对数据收集不足、联网管理滞后等因素，严重影响了城市精细化管理水平的提升，与生态城市的智慧可持续发展背道而驰。

在当今互联网时代背景下，海绵城市也将依托新兴大数据信息技术，从城市水生态

这一整体出发，基于城市雨洪可持续发展理论，系统地治理城市水问题。

在制度方面，海绵城市建设要充分调动政府、企业、社会组织和市民等多元主体的参与积极性，在组织、资金、公众参与等层面进行协同治理，构建各主体间信息共享、反馈互动、协同治理的合作机制，实现海绵城市的可持续发展。在信息管理方面，海绵城市设计中要融入智慧城市的理念，通过物联网、云计算、大数据等信息技术，把各种各样的集中或分布式的能源、绿色设施和海绵城市建设设施协同起来。通过数采仪、无线网络、水质水压表等在线监测设备，实时感知城市给排水系统的运行状态，并采用可视化的方式有机整合水务管理部门与供排水设施，形成"城市水务物联网"，构建具有自组织、自感知、自预防和自应对等特性的海绵城市。让海绵城市在管理上贯彻协同治理思想，在运行操作上运用智能信息技术，也让城市在生态上更具弹性和韧性，从而实现人与生态的可持续发展。

### 三、应用于海绵城市设计的 GIS 分析

将智慧创新型海绵城市理念应用于城市运营管理中，可以在多方面得到显著体现。例如：可以实现对排水和雨水收集进行智能化控制，实时判断是否发生堵塞及渗漏问题；对水体的污染情况进行实时反馈以便及时寻找污染源；实时智能监测雨水量以实现防洪排涝预警；监测雨情实现智能化灌溉等。在城市空间格局中运用 3S 技术，对各种空间数据和属性数据进行科学有效地关联分析，有助于城市科学、合理、有序开发，保护生态敏感区域，确保海绵城市后期运营良好，达到综合效益最大化。

GIS 技术主要用于地理空间信息的采集、输入、收集、分析和管理，具有强大的地理空间分析和表现能力。在坚持尊重场地并综合考虑区域特征的理念下进行城市规划及相关设计工作得到越来越多人的认可，GIS 技术在空间规划设计领域的应用已日趋成熟，可以为海绵城市设计提供强大的分析工具和技术支撑。通过模型构建将规划问题模块化，便于城市设计中多个问题的协同解决，并且，海量大数据的运用也会使设计结果更加合理化、科学化和定量化。

## 单元二　海绵城市可持续发展理念的延伸应用

### 一、在城市更新规划设计方面的应用

随着城镇化建设逐步完成，海绵城市将更多地延伸到存量的城市更新中去。相对于新建区域的规划设计，城市存量空间的海绵升级将面临更为复杂的问题，也需要更有实施性的规划方案。

随着可持续发展理念的提出，海绵城市理念在城市更新建设中得到越来越多的关注。城市更新规划设计中，更加注重采用大数据统计进行科学计算，应用新材料进行建设，从而提升城市对雨水的净化、处理和利用能力，使城市在适应环境变化以及应对雨水带来的自然灾害方面具有良好的"弹性"，减少城市内涝等问题。在城市更新规划设计阶段，将更新区域的海绵城市建设划分为宏观、中观与微观层面进行分析。宏观层面为流域尺度，主要与土地利用规划、城市总体规划相结合，在物联网、云计算、大数据信息技术支持下，以水安全格局为核心，体现源头控制、预防为主的原则，综合雨洪调

蓄、水质净化、栖息地保护、文化遗产保护及生态休憩等方面的功能，形成区域的生态基础设施，构成宏观尺度的“海绵城市”，实现生态防洪和区域性的生态雨洪管理目标。中观层面主要为城区、乡镇、村域尺度，或是城市新区和功能区块，与城市控制性规划相衔接，综合解决更新建设区域内的水系和湿地规划、绿地分布规划、绿道及慢行系统规划，及其与城市建筑和基础设施格局的相互衔接关系，利用智能信息技术和模拟技术，实现局地的雨洪管理目标。微观层面为具体的海绵体，与城市规划的修建性详细规划相结合，根据开发活动和雨洪产生、迁移和传输三个阶段的特点，同时考虑原有城市基底的布局、创新型可持续海绵材料的优势，做出 LID 设施的选择和设计。

### 二、在海绵城市建设方面的应用

海绵城市建设主要针对传统城市建设过程中对径流雨水的处理不够科学合理等方面，从源头到末端，对雨水的渗透、净化、储蓄和利用进行科学管理。

雨水渗透管理主要体现在城市建设过程中减少不透水路面面积，增加透水材料的应用，增加雨水对地下水的补给，减少城市内涝风险。由于传统透水材料应用多方受限，更多的创新型环保透水材料应运而生，如生态砂基透水砖、土壤有机覆盖物等。雨水净化和调蓄则依靠植被缓冲带、初期雨水弃流过滤设施、雨水湿地等低影响开发技术，以及在提升城市景观基础上衍生出的雨水花园、生态树池等雨水调蓄净化设施。

在强化城市雨水管理设施后，基于大数据构建一体化城市管理平台，从源头（雨水径流数据的动态化采集，雨水在城市区域的积存、渗透和净化的数字感知），到末端，实现城市雨水资源体系的建模、统计、收集和利用过程的数字化动态监测，实现地表水污染源和指标的实时监测；对海绵城市的建设、管理和运维业务提供技术支撑，在全面数据感知的基础上为宏观层面的指挥协调、服务监管、异常预警和辅助决策等提供过程数字化、管理可视化、决策数据化的能力。

### 三、在城市运营中的应用

在互联网信息发达的今天，城市运营正趋于系统性、协同性和智能性。海绵城市以城市整体规划为出发点，整体协调调配城市水资源，改变传统城市“快速排水”和“集中处理”的规划设计理念，考虑水资源的循环利用，并与径流污染控制相衔接，将城市变成一个能够持续“自然积存、自然渗透、自然净化”的生态可持续发展的城市。可持续海绵城市还与城市绿地系统、水系布局和市政工程建设相结合，并融入物联网、大数据、云计算等智慧手段，以及创新型海绵材料，在城市运营中充分发挥最大弹性调蓄功能。

### 四、海绵城市后期运营评估办法

海绵城市建设体系涵盖了规划、设计、建设、管理和维护等多个层面的内容。一直以来，关于海绵城市建设的后期运营、维护、监督和评价等环节均缺乏较为成熟的理论及规范。对此，住建部出台了《海绵城市建设绩效评价与考核办法（试行）》（以下简称《办法》），规定采取实地考察、查阅资料、监测数据分析相结合的方式，来评估海绵城市的后期运营情况。

《办法》将海绵城市建设考核指标分为以下 6 个方面：①水生态，具体包括年径流总量控制率、生态岸线恢复、地下水位和城市热岛效应等 4 个指标；②水环境，包括水环境质量和城市面源污染控制等 2 个指标；③水资源，由污水再生利用率、雨水资源利用率和管网漏损控制等 3 个指标构成；④水安全，包括城市暴雨内涝灾害防治及饮用水安全 2 个指标；⑤制度建设及执行情况，具体包括规划建设管控制度，蓝线、绿线划定与保护，技术规范与标准建设，投融资机制建设，绩效考核与奖励机制和产业化等 6 个指标；⑥显示度，包括连片示范效应 1 指标，要求 60%以上的海绵城市建设区域达到海绵城市建设要求，形成整体效应。各指标评价的方法、要求见表 6－1。

**表 6－1　海绵城市建设绩效评价与考核指标**

| 类别 | 项 | 指标 | 要　求 | 方　法 | 性质 |
|---|---|---|---|---|---|
| 一、水生态 | 1 | 年径流总量控制率 | 当地降雨形成的径流总量，达到《海绵城市建设技术指南》规定的年径流总量控制要求。在低于年径流总量控制率所对应的降雨量时，海绵城市建设区域不得出现雨水外排现象 | 根据实际情况，在地块雨水排放口、关键管网节点安装观测计量装置及雨量监测装置，连续(不少于一年、监测频率不低于 15min/次）进行监测；结合气象部门提供的降雨数据、相关设计图纸、现场勘测情况、设施规模及衔接关系等进行分析，必要时通过模型模拟分析计算 | 定量（约束性） |
| | 2 | 生态岸线恢复 | 在不影响防洪安全的前提下，对城市河湖水系岸线、加装盖板的天然河渠等进行生态修复，达到蓝线控制要求，恢复其生态功能 | 查看相关设计图纸、规划，现场检查等 | 定量（约束性） |
| | 3 | 地下水位 | 年均地下水潜水位保持稳定，或下降趋势明显得到遏制，平均降幅低于历史同期。年均降雨量超过 1000mm 的地区不评价此项指标 | 查看地下潜水水位监测数据 | 定量（约束性，分类指导） |
| | 4 | 城市热岛效应 | 热岛强度得到缓解。海绵城市建设区域夏季（按 6—9 月）日平均气温不高于同期其他区域的日均气温，或与同区域历史同期（扣除自然气温变化影响）相比呈现下降趋势 | 查阅气象资料，可通过红外遥感监测评价 | 定量（鼓励性） |
| 二、水环境 | 5 | 水环境质量 | 不得出现黑臭现象。海绵城市建设区域内的河湖水系水质不低于《地表水环境质量标准》Ⅳ类标准，且优于海绵城市建设前的水质。当城市内河水系存在上游来水时，下游断面主要指标不得低于来水指标 | 委托具有计量认证资质的检测机构开展水质检测 | 定量（约束性） |
| | | | 地下水监测点位水质不低于《地下水质量标准》Ⅲ类标准，或不劣于海绵城市建设前 | 委托具有计量认证资质的检测机构开展水质检测 | 定量（鼓励性） |

续表

| 类别 | 项 | 指标 | 要　求 | 方　法 | 性质 |
| --- | --- | --- | --- | --- | --- |
| 二、水环境 | 6 | 城市面源污染控制 | 雨水径流污染、合流制管渠溢流污染得到有效控制。①雨水管网不得有污水直接排入水体；②非降雨时段，合流制管渠不得有污水直排水体；③雨水直排或合流制管渠溢流进入城市内河水系的，应采取生态治理后入河，确保海绵城市建设区域内的河湖水系水质不低于地表Ⅳ类 | 查看管网排放口，辅助以必要的流量监测手段，并委托具有计量认证资质的检测机构开展水质检测 | 定量（约束性） |
| 三、水资源 | 7 | 污水再生利用率 | 人均水资源量低于500m$^3$和城区内水体水环境质量低于Ⅳ类标准的城市，污水再生利用率不低于20%。再生水包括污水经处理后，通过管道及输配设施、水车等输送用于市政杂用、工业农业、园林绿地灌溉等用水，以及经过人工湿地、生态处理等方式，主要指标达到或优于地表Ⅳ类要求的污水处理厂尾水 | 统计污水处理厂（再生水厂、中水站等）的污水再生利用量和污水处理量 | 定量（约束性，分类指导） |
|  | 8 | 雨水资源利用率 | 雨水收集并用于道路浇洒、园林绿地灌溉、市政杂用、工农业生产、冷却等的雨水总量（按年计算，不包括汇入景观、水体的雨水量和自然渗透的雨水量），与年均降雨量（折算成毫米数）的比值；或雨水利用量替代的自来水比例等达到各地根据实际确定的目标 | 查看相应计量装置、计量统计数据和计算报告等 | 定量（约束性，分类指导） |
|  | 9 | 管网漏损控制 | 供水管网漏损率不高于12% | 查看相关统计数据 | 定量（鼓励性） |
| 四、水安全 | 10 | 城市暴雨内涝灾害防治 | 历史积水点彻底消除或明显减少，或者在同等降雨条件下积水程度显著减轻。城市内涝得到有效防范，达到《室外排水设计规范》规定的标准 | 查看降雨记录、监测记录等，必要时通过模型辅助判断 | 定量（约束性） |
|  | 11 | 饮用水安全 | 饮用水水源地水质达到国家标准要求：以地表水为水源的，一级保护区水质达到《地表水环境质量标准》Ⅱ类标准和饮用水源补充、特定项目的要求，二级保护区水质达到《地表水环境质量标准》Ⅲ类标准和饮用水源补充、特定项目的要求。以地下水为水源的，水质达到《地下水质量标准》Ⅲ类标准的要求。自来水厂出厂水、管网水和龙头水达到《生活饮用水卫生标准》的要求 | 查看水源地水质检测报告和自来水厂出厂水、管网水、龙头水水质检测报告。检测报告须由有资质的检测单位出具 | 定量（鼓励性） |

续表

| 类别 | 项 | 指 | 要　求 | 方　法 | 性质 |
|---|---|---|---|---|---|
| 五、制度建设及执行情况 | 12 | 规划建设管控制度 | 建立海绵城市建设的规划（土地出让、两证一书）、建设（施工图审查、竣工验收等）方面的管理制度和机制 | 查看出台的城市控详规、相关法规、政策文件等 | 定性（约束性） |
| | 13 | 蓝线、绿线划定与保护 | 在城市规划中划定蓝线、绿线并制定相应管理规定。 | 查看当地相关城市规划及出台的法规、政策文件。 | 定性（约束性） |
| | 14 | 技术规范与标准建设 | 制定较为健全、规范的技术文件，能够保障当地海绵城市建设的顺利实施 | 查看地方出台的海绵城市工程技术、设计施工相关标准、技术规范、图集、导则、指南等 | 定性（约束性） |
| | 15 | 投融资机制建设 | 制定海绵城市建设投融资、PPP管理方面的制度机制 | 查看出台的政策文件等 | 定性（约束性） |
| | 16 | 绩效考核与奖励机制 | ①对于吸引社会资本参与的海绵城市建设项目，须建立按效果付费的绩效考评机制，与海绵城市建设成效相关的奖励机制等；②对于政府投资建设、运行、维护的海绵城市建设项目，须建立与海绵城市建设成效相关的责任落实与考核机制等 | 查看出台的政策文件等 | 定性（约束性） |
| | 17 | 产业化 | 制定促进相关企业发展的优惠政策等 | 查看出台的政策文件、研发与产业基地建设等情况 | 定性（鼓励性） |
| 六、显示度 | 18 | 连片示范效应 | 60%以上的海绵城市建设区域达到海绵城市建设要求，形成整体效应 | 查看规划设计文件、相关工程的竣工验收资料；现场查看 | 定性（约束性） |

## 五、海绵城市的经济效益分析

对于海绵城市的经济账，目前社会上有一些认识误区，认为建设成本过高，投入产出比不高，部分地区还处于观望态度。对于开发者而言，主要聚焦建设期成本，而对于更关注项目长期效益的管理者和公众而言，则聚焦项目的综合收益。通过对海绵城市全周期（包括建设期和运营期）的考量，运用费用评估法、生命周期评价法等方法，可以构建更加全面、准确的海绵城市经济评价体系，基于对成本一收益的综合权衡、评估，实现海绵城市资源的合理有效配置和效益最大化。

### （一）成本评估

海绵城市工程成本通过低影响开发设施单价及数量、规模计算得到，主要包括铺装、绿地、渗滤管材等设施成本，针对每个城市的不同需求和特点，数量、类型可以各有侧重。比如，在干旱地区，应以雨水回收利用为主；在太湖等区域，则应以污染控制为主；在山区则应以控制水土流失为主。即使在同一个城市，也可以在不同的区域分别制定最适合的规划目标和建设方案，让建设投入更有针对性，降低成本。

海绵城市优先鼓励旧城改造，旧城建设比新城建设难度更大，建设成本更高。一般而言，平均建设成本约 1 亿元/$km^2$。其中：新城区每平方公里投入 0.6 亿～1 亿元，老城区每平方公里造价约 1 亿～1.5 亿元。部分低影响开发单项设施单价估算见表 6-2。

表 6-2 部分低影响开发单项设施单价估算一览表（北京地区）

| 低影响开发设施 | 单位造价估算/(元/$m^2$) | 低影响开发设施 | 单位造价估算/(元/$m^2$) |
|---|---|---|---|
| 透水铺装 | 60～200 | 雨水湿地 | 500～700 |
| 绿色屋顶 | 100～300 | 蓄水池 | 800～1200 |
| 狭义下沉式绿地 | 40～50 | 调节塘 | 200～400 |
| 生物滞留设施 | 150～800 | 植草沟 | 30～200 |
| 湿塘 | 400～600 | 人工土壤渗滤 | 800～1200 |

### （二）海绵城市与传统模式成本比较

海绵城市建设在保护性开发思路指导下，排水管网等工程量减少，场地清理费用降低，调蓄设施往往与城市既有绿地、园林、水体相结合，净增成本比较低。因此，相比传统的灰色基础设施建设，海绵城市一般会节约 20%～40%的造价，具有一定的成本优势。LID 设施与传统设施单价成本对比及与传统方案建设成本对比见表 6-3 和表 6-4。

表 6-3 LID 设施与传统设施单价成本对比

| 低影响开发措施 | 单价/(元/$m^2$) | 传统排水模式 | 单价/(元/$m^2$) |
|---|---|---|---|
| 透水铺装 | 60～200 | 硬质铺装 | 70～220 |
| 狭义下沉式绿地 | 40～50 | 绿化 | 40～200 |
| 生物滞留设施 | 150～800 | *DN*800 混凝土管 | 350～400 |
| 雨水塘 | 300～600 | *DN*1000 混凝土管 | 600～650 |
| 雨水湿地 | 500～700 | *DN*1200 混凝土管 | 800～850 |
| 植草沟 | 30～200 | *DN*1500 混凝土管 | 1600～1700 |

表 6-4 LID 方案与传统方案建设成本对比（以美国西雅图第二大道项目为例）

| 对比项目 | 传统规划费用/美元 | LID 建设费用/美元 | 节省费用/美元 | 节省比例/% |
|---|---|---|---|---|
| 场地整理 | 65084 | 88173 | −23089 | −35 |
| 雨水管理 | 372988 | 264212 | 108776 | 29 |
| 整体铺设及人行道 | 287646 | 147368 | 140278 | 49 |
| 景观 | 78729 | 113034 | −34 305 | −44 |
| 杂费 | 64356 | 38761 | 25595 | 40 |
| 总费用 | 868803 | 651548 | 217255 | 25 |

### （三）收益评估

1. 直接收益评估

直接收益指雨水利用转化而来的直接经济效益，以及因减少相关工程节省机会成本带来的费用减省，主要包括以下四个方面：

（1）雨水收集利用和增补地下水收益。当前，全国 660 多个城市中，缺水城市有 400 多个，其中严重缺水城市 114 个（北方城市 71 个，南方城市 43 个）。水资源本身就是一笔珍贵的财富，海绵城市通过雨水收集或增补地下水多获取的这部分水量，可通过水价折合成直接经济收益。

首先，需要计算水量。一是雨水收集量，可通过设计的雨水收集设施的规模尺寸统计，也可按降雨量的 10%～20%经验值进行估算；二是增补地下水量，新区低影响开发不影响地表径流，几乎不会减少地下水量，但是对于旧区改造而言，低影响开发可增加 20%～30%的地下水下渗。

其次，确定水价。美国一般以森林协会的一项全国性研究结果作为计算依据，1 立方英尺（$0.028m^3$）的雨水收集将带来 2 美元的经济效益（由于考虑长期生态效益，因此标准较高）。在我国，一般以水价作为节水利用的收益标准。以北京地区为例，经过沉淀过滤处理后的雨水一般达到Ⅳ类水标准，略低于南水北调出渠水质，但优于污水处理厂出来的中水。南水北调初期供水在北京的出渠价为 2.33 元/$m^3$，污水处理厂的中水价为 1～2 元/$m^3$，海绵城市雨水价可取其中间值，约 1.5 元/$m^3$ 进行计算。

（2）减少治污费用带来的收益。海绵城市有助于减少面源污染，可节省治污费用，减少污染带来的社会损失。可参考生活污水排污费（约 0.7 元/$m^3$）进行计算。

（3）节省城市排水设施运行维护带来的收益。海绵城市可有效减少向市政管网排放的雨水量，节省城市排水设施运行维护的部分费用。城市排水管网运维费用约为 0.15 元/$m^3$，因此海绵城市每留存 $1m^3$ 雨水，即可节省 0.08 元的直接费用。

（4）节省城市河湖改造等水利工程投资带来的收益。海绵城市可减轻河道行洪压力，进而节省可观的河道整治和拓宽费用。一般情况下，河道拓宽改造工程费用约为 1000 万～1800 万元/$km^2$，通过海绵城市设计可节省 40%～80%的河湖水利工程费用，并延长河湖工程改扩建的周期。

综合来看，海绵城市设计通过水资源集约利用和对相关费用的节省，可直接产生可观的经济收益。

2. 间接收益/外部收益评估

间接收益是指由项目引起的而在直接收益中未得到反映的那部分收益，亦称外部收益。海绵城市建设具有很强的正外部性，在其带来的外部收益中，一部分较为主观，难以量化分析和比较，可采用定量与定性分析相结合的方式对其经济收益进行评估。

（1）提升区域内的房地产价值。海绵城市建设将显著改善城市环境，提升土地和房产价值。计算步骤如下：①估算区域内土地房屋现状价格，建成区数据较好获取，新区可通过土地基准地价表结合周边类似地块出让价推算土地价格，通过比较类似地块的房价或租金推算物业价格；②确定土地房屋增值参数，根据海绵城市相关建设经验，LID 实施后土地价值增幅为 12%～25%，住宅、商业等物业增幅为 15%～30%；③现状价格乘以增值幅度，即为海绵城市建设带来的土地出让收益和物业增值收益。

（2）带动财税、就业和相关产业发展。如前所述，海绵城市建设将产生一个庞大的产业链系统，其上游和下游产业将极大地受惠于低影响开发的实施，创造一个年投资规模上万亿的蓝海市场，给政府带来GDP和税收，给企业带来产业发展机会，从深层次影响和优化产业结构，并带来大量的相关就业机会。在宏观层面，海绵城市对产业和就业所产生的经济效益和社会效益难以衡量。在微观项目核算层面，可根据海绵城市具体项目的投资，运用支出法推算其带来的GDP。每平方公里海绵城市项目建设可带来约12个直接就业人口和30个间接就业人口，就业乘数效应约为2.5。

# 参 考 文 献


[1] 住房和城乡建设部．海绵城市建设技术指南——低影响开发雨水系统构建（试行）［M］. 北京：中国建筑工业出版社，2021.

[2] 住房和城乡建设部，国家市场监督管理总局．海绵城市建设评价标准：GB/T 51345—2018［S］. 北京：中国建筑工业出版社，2019.

[3] 中国建筑工业出版社．海绵城市标准汇编［M］. 北京：中国建筑工业出版社，2016.

[4] 谢映霞，章卫军．海绵城市典型设施建设技术指引［M］. 北京：中国建筑工业出版社，2020.

[5] 韩志刚，许申来，周影列，等．海绵城市低影响开发设施的施工技术［M］. 北京：科学出版社，2018.

[6] 正和恒基．海绵城市＋水环境治理的可持续实践［M］. 南京：江苏凤凰科学技术出版社，2019.

[7] 间邱杰．海绵城市设计图解［M］. 南京：江苏凤凰科学技术出版社，2017.

[8] 李丹，韩元，孟莹莹，等．海绵城市：北京城市副中心建设实践［M］. 南京：江苏凤凰科学技术出版社，2022.

[9] 俞孔坚．海绵城市：理论与实践［M］. 北京：中国建筑工业出版社，2016.